U0397445

数学核心素养研究丛书

数学素养与
数学项目学习

Mathematical Literacies and
Project-Based Mathematics
Learning

徐斌艳
等著

华东师范大学出版社
·上海·

图书在版编目(CIP)数据

数学素养与数学项目学习/徐斌艳等著. —上海:华东师
范大学出版社,2021
(数学核心素养研究丛书)
ISBN 978 - 7 - 5760 - 1328 - 3

Ⅰ.①数…　Ⅱ.①徐…　Ⅲ.①数学教学-教学研究
Ⅳ.①O1 - 4

中国版本图书馆 CIP 数据核字(2021)第 061589 号

数学素养与数学项目学习

著　　者　徐斌艳　黄 健　李沐慧　王骞雨　孙煜颖　郑 欣
总 策 划　倪 明
项目编辑　汤 琪
责任编辑　石 战
责任校对　时东明
装帧设计　卢晓红

出版发行　华东师范大学出版社
社　　址　上海市中山北路 3663 号　邮编 200062
网　　址　www. ecnupress. com. cn
电　　话　021 - 60821666　行政传真 021 - 62572105
客服电话　021 - 62865537　门市(邮购)电话 021 - 62869887
地　　址　上海市中山北路 3663 号华东师范大学校内先锋路口
网　　店　http://hdsdcbs.tmall.com

印 刷 者　浙江临安曙光印务有限公司
开　　本　787 毫米×1092 毫米　1/16
印　　张　22.25
字　　数　338 千字
版　　次　2021 年 7 月第 1 版
印　　次　2023 年 12 月第 4 次
印　　数　10301—12400
书　　号　ISBN 978 - 7 - 5760 - 1328 - 3
定　　价　68.00 元

出 版 人　王 焰

如发现图书内容有差错,
或有更好的建议,请扫描
下面的二维码联系我们。

内容提要

　　近年来,核心素养驱动的数学课程改革成为全球潮流,随着国际性重大评价项目与相关研究的开展,各国教育相关部门也依据各种理论基础制定了不同的数学素养框架。面对新时代对提高全体国民素质和人才培养质量的要求,适应经济、科技的迅猛发展和社会生活的深刻变化,我国的《普通高中数学课程标准(2017 年版 2020 年修订)》指出,数学学科核心素养是具有数学特征的思维品质、关键能力以及情感、态度与价值观的综合体现,是在数学学习和应用的过程中逐步形成和发展的,具体包括:数学抽象、逻辑推理、数学建模、直观想象、数学运算和数据分析。本书对比了各国课程标准及相关研究,从数学课程培养的人才观与数学观、数学活动理论等视角出发,以我国高中数学课程标准的素养框架为蓝本整合得出了本书立足的数学核心素养框架标准,在 6 个素养的基础上增添了数学交流、数学情感与问题提出 3 个数学素养成分,并对其探讨、开发、实施有助于各个素养成分落实的数学项目学习活动。

　　项目学习(project-based learning)是由问题驱动的学习探究活动,强调学生在教师的帮助下针对问题创建项目、组织探究,最终创造出解决问题的产品。数学项目学习的发展伴随着丰富的教育学理论指导,包括杜威的"从做中学"、学习环境理论、活动理论、礼节性学习等。数学项目学习的内涵丰富多样,设计数学项目学习的要素有:设计挑战性问题(主题);考虑知识网络与素养要求;激发学生主动探索、交流反馈;创作有形产品;合理评价。数学项目对学生数学素养的培养具有多重意义,其学习过程有助于培养学生的数学建模素养。同时,数学项目学习还可以提升学生的学习主动性,引导学生用数学方法对数据进行整理、分析,提升数学运算、数据分析素养。数学项目中真实复杂的问题情境能够锻炼学生的反思性思维,创造产品的过程则可以提升学生的动手能力,培养直观想象等数学素养。

本书分别针对小学、初中、高中，阐述数学素养与数学项目学习的融合。从内容的呈现和方法的选用上，通过描述、解析具体的数学项目案例，为各个学段的教师设计、实施数学项目学习提供多样的参考及建议，并分析这些数学项目可能涉及的数学素养培养。

Abstract

In recent years, mathematics curriculum reform driven by core literacies has become a global trend. With the development of major international assessment projects and related researches, some education-related departments in various countries have formulated different mathematical literacy frameworks according to various theoretical bases. In order to face the requirements of improving the quality of all citizens and the quality of talents training in the new age, adapt to the rapid development of economy, science and technology and profound changes in social life, China's *Mathematics Curriculum Standards for Senior High Schools* (*2017 Edition*, *2020 Revision*) points out that the core mathematical literacies are a comprehensive embodiment of thinking quality, key competencies, as well as emotions, attitudes and values with mathematical characteristics. They are gradually formed and developed in the process of mathematics learning and application, including mathematical abstraction, logical reasoning, mathematical modeling, intuitive imagination, mathematical operation and data analysis. This book sums up the mathematical core literacies framework standards based on the comparison of the curriculum standards of various countries and related researches and the literacy framework of China's senior high school curriculum standards from the perspective of talent view and mathematics view of mathematics curriculum training, mathematics activity theory, etc. On the basis of the six literacies, this book adds three mathematical literacy components: mathematical communication, mathematical emotion and problem-posing and intends to explore, develop and implement mathematics project-based learning activities that are helpful for the implementation of various literacy components.

Project-based learning is a problem-driven inquiry activity, which emphasizes that students create projects, organize inquiry and eventually create products to solve problems with teachers' help. The development of mathematics project-based learning is guided by abundant pedagogical theories, including Dewey's "learning by doing", the learning environment theory, the activity theory, the courtesy learning theory and so on. The connotation of mathematics project-based learning is rich and diverse. The elements of designing mathematics project-based learning include designing challenging problems (topics); considering knowledge network and literacy requirements; stimulating students to actively explore and exchange feedback; creating tangible products and making reasonable evaluations. Mathematics project-based learning is of multiple significance to cultivate students' mathematical literacy, and its learning process helps to cultivate students' mathematical modeling literacy. At the same time, mathematics project-based learning can also enhance students' learning initiative, guide students to organize and analyze data with mathematical methods, and improve their mathematical operation and data analysis literacies. The real and complex problem situations in mathematics project-based learning can exercise students' reflective thinking, and the process of creating products can promote students' practical ability and cultivate their mathematical literacies such as intuitive imagination.

This book aims at expounding the integration of mathematical literacies and mathematics project-based learning in primary schools, junior high schools and senior high schools respectively. In terms of contents and methods, through the description and analysis of specific mathematics project-based learning cases, this book also provides a variety of references and suggestions for teachers in each of the stages to design and implement mathematics project-based learning, and analyzes the training of mathematical literacies that these mathematical projects may involve in.

目　录

Contents

总　序

　　为了落实十八大提出的"立德树人"的根本任务,教育部 2014 年制定了
《关于全面深化课程改革落实立德树人根本任务的意见》文件,其中提到:"教
育部将组织研究提出各学段学生发展核心素养体系,明确学生应具备的适应
终身发展和社会发展需要的必备品格和关键能力……依据学生发展核心素养
体系,进一步明确各学段、各学科具体的育人目标和任务。"并且对正在进行中
的普通高中课程标准的修订工作提出明确要求:要研制学科核心素养,把学
科核心素养贯穿课程标准的始终。《普通高中数学课程标准(2017 年版)》(本
文中,简称《标准(2017 年版)》)于 2017 年正式颁布。

　　作为教育目标的核心素养,是 1997 年由经济合作与发展组织
(OECD)最先提出来的,后来联合国教科文组织、欧盟以及美国等国家都
开始研究核心素养。通过查阅相关资料,我认为,提出核心素养的目的是
要把以人为本的教育理念落到实处,要把教育目标落实到人,要对培养的
人进行描述。具体来说,核心素养大概可以这样描述:后天形成的、与特
定情境有关的、通过人的行为表现出来的知识、能力与态度,涉及人与社
会、人与自己、人与工具三个方面。因此可以认为,核心素养是后天养成的,是
在特定情境中表现出来的,是可以观察和考核的,主要包括知识、能力和态度。
而人与社会、人与自己、人与工具这三个方面与北京师范大学研究小组的结论
基本一致。

　　基于上面的原则,我们需要描述,通过高中阶段的数学教育,培养出来的
人是什么样的。数学是基础教育阶段最为重要的学科之一,不管接受教育的
人将来从事的工作是否与数学有关,基础教育阶段数学教育的终极培养目标
都可以描述为:会用数学的眼光观察世界;会用数学的思维思考世界;会用数
学的语言表达世界。本质上,这"三会"就是数学核心素养;也就是说,这"三

会"是超越具体数学内容的数学教学课程目标。① 可以看到,数学核心素养是每个公民在工作和生活中可以表现出来的数学特质,是每个公民都应当具备的素养。在《标准(2017 年版)》的课程性质中进一步描述为:"数学在形成人的理性思维、科学精神和促进个人智力发展的过程中发挥着不可替代的作用。数学素养是现代社会每一个人应该具备的基本素养。数学教育承载着落实立德树人根本任务、发展素质教育的功能。数学教育帮助学生掌握现代生活和进一步学习所必需的数学知识、技能、思想和方法;提升学生的数学素养,引导学生会用数学眼光观察世界,会用数学思维思考世界,会用数学语言表达世界……"②

上面提到的"三会"过于宽泛,为了教师能够在数学教育的过程中有机地融入数学核心素养,需要把"三会"具体化,赋予内涵。于是《标准(2017 年版)》对数学核心素养作了具体描述:"数学学科核心素养是数学课程目标的集中体现,是具有数学基本特征的思维品质、关键能力以及情感、态度与价值观的综合体现,是在数学学习和应用的过程中逐步形成和发展的。数学学科核心素养包括:数学抽象、逻辑推理、数学建模、直观想象、数学运算和数据分析。这些数学学科核心素养既相对独立、又相互交融,是一个有机的整体。"③

数学的研究源于对现实世界的抽象,通过抽象得到数学的研究对象,基于抽象结构,借助符号运算、形式推理、模型构建等数学方法,理解和表达现实世界中事物的本质、关系和规律。正是因为有了数学抽象,才形成了数学的第一个基本特征,就是数学的一般性。当然,与数学抽象关系很密切的是直观想象,直观想象是实现数学抽象的思维基础,因此在高中数学阶段,也把直观想象作为核心素养的一个要素提出来。

数学的发展主要依赖的是逻辑推理,通过逻辑推理得到数学的结论,也就是数学命题。所谓推理就是从一个或几个已有的命题得出新命题的思维过

① 史宁中,林玉慈,陶剑,等. 关于高中数学教育中的数学核心素养——史宁中教授访谈之七[J]. 课程·教材·教法,2017(4):9.
② 中华人民共和国教育部. 普通高中数学课程标准(2017 年版)[S]. 北京:人民教育出版社,2018:2.
③ 同②4.

程,其中的命题是指可供判断正确或者错误的陈述句;所谓逻辑推理,就是从一些前提或者事实出发,依据一定的规则得到或者验证命题的思维过程。正是因为有了逻辑推理,才形成了数学的第二个基本特征,就是数学的严谨性。虽然数学运算属于逻辑推理,但高中阶段数学运算很重要,因此也把数学运算作为核心素养的一个要素提出来。

数学模型使得数学回归于外部世界,构建了数学与现实世界的桥梁。在现代社会,几乎所有的学科在科学化的过程中都要使用数学的语言,除却数学符号的表达之外,主要是通过建立数学模型刻画研究对象的性质、关系和规律。正是因为有了数学建模,才形成了数学的第三个基本特征,就是数学应用的广泛性。因为在大数据时代,数据分析变得越来越重要,逐渐形成了一种新的数学语言,所以也把数据分析作为核心素养的一个要素提出来。

上面所说的数学的三个基本特征,是全世界几代数学家的共识。这样,高中阶段的数学核心素养就包括六个要素,可以简称为"六核",其中最为重要的有三个,这就是:数学抽象、逻辑推理和数学建模。或许可以设想:这三个要素不仅适用于高中,而且应当贯穿基础教育阶段数学教育的全过程,甚至可以延伸到大学、延伸到研究生阶段的数学教育;这三个要素是构成数学三个基本特征的思维基础;这三个要素的哲学思考就是前面所说的"三会",是对数学教育最终要培养什么样人的描述。义务教育阶段的课程标准正在进行新一轮的修订,数学核心素养也必将会有所体现。

发展学生的核心素养必然要在学科的教育教学研究与实践中实现,为了帮助教师们更好地解读课程改革的育人目标,更好地解读数学课程标准,在实际教学过程中更好地落实核心素养的理念。华东师范大学出版社及时地组织了一批在这个领域进行深入研究的专家,编写了这套《数学核心素养研究丛书》。

华东师范大学出版社以"大教育"为出版理念,出版了许多高品质的教育理论著作、教材及教育普及读物,在读者心目中有良好的口碑。

这套《数学核心素养研究丛书》包括中学数学课程、小学数学课程以及从大学的视角看待中小学数学课程,涉及课程教材建设、课堂教学实践、教学创新、教学评价研究等,通过不同视角探讨核心素养在数学学科中的体现与落实,以期帮助教师更好地在实践中对高中数学课程标准的理念加以贯彻落实,并引导义务教育阶段的数学教育向数学核心素养的方向发展。

本丛书在立意上追求并构建与时代发展相适应的数学教育,在内容载体的选择上覆盖整个中小学数学课程,在操作上强调数学教学实践。希望本丛书对我国中小学数学课程改革发挥一定的引领作用,能帮助广大数学教师把握数学教育发展的基本理念和方向,增强立德树人的意识和数学育人的自觉性,提升专业素养和教学能力,掌握用于培养学生的"四基""四能""三会"的方式方法,从而切实提高数学教学质量,为把学生培养成符合新时代要求的全面发展的人才作出应有贡献。

史宁中

2019 年 3 月

前　言

本书系教育部人文社会科学重点研究基地重大项目"中国学生数学素养测评研究"(项目批准号:16JJD880023)的成果之一。我们始终坚持将基础研究与实践研究相结合,因此,在构建并测评数学素养的同时,希望借助教学实践,将数学素养的培养落到实处,与一线教师分享数学素养的研究成果,共同经历开展数学素养教学的过程。

10多年前我们开始了数学项目学习的实践研究,通过与教师和未来教师的共同设计,积累了丰富的数学项目活动,在华东师范大学出版社的支持下,曾于2007年出版《数学中的项目活动(高中)》和《数学中的项目活动(初中)》[徐斌艳,路德维希(M. Ludwig)主编]两册实用设计方案。我们一直坚持着对数学项目活动的探索和研究。这一内容一方面作为未来教师(教育硕士)课程的组成部分,另一方面也是教师培训中常用的内容。这样长期探索积累的成果分为两类,一类是未来教师设计的精彩的数学项目方案,另一类是教师或者未来教师主动在课堂教学中实施的数学项目案例。设计的方案或实施的案例都直接表明,数学项目活动是在学校教育中落实数学素养的有效路径。

自课题启动以来,我们努力将数学素养融入到数学项目学习中,一方面论证数学素养与中小学数学项目学习的联系,另一方面结合中小学数学单元内容,按照项目设计要素,以数学素养发展为目标,开展数学项目活动的设计与实施。

本书旨在回答这些相关问题:数学素养有哪些?数学项目是什么?如何将数学素养与数学项目学习联系起来?哪些数学单元内容适用项目学习的开展?在数学项目设计中如何关注数学素养?数学项目学习案例实施中如何说明数学素养得到锻炼?围绕上述问题,形成本书的结构。

第一章从课程视角和研究视角梳理数学素养的构成及其内涵。课程视角主要关注若干发达国家和中国数学课程中关于数学素养的构成与要求,从研究视角主要梳理已有研究成果中提出的数学素养内涵。我们没有把数学素养限定在我国 2018 年颁布的《普通高中数学课程标准(2017 版)》中提出的数学素养内涵上,而是以开放的视角,吸纳从课程和研究视角下得出的数学素养成分。

第二章在分析数学项目方法的由来时,提炼出当下数学项目学习的特点,并且与数学素养建立联系,阐述数学项目设计中如何充分体现数学素养的要求。另外,对数学项目学习的理论基础进行梳理。

第三章至第八章分别针对小学、初中和高中阐述数学素养与数学项目学习的融合,分析具体数学项目案例。

首先阐述小学阶段设计数学项目的可能以及建议(第三章),并分析这些数学项目可能涉及到的数学素养。紧接着第四章,针对所设计的项目,选择若干子活动,详细说明完整的实施过程,并对实施中表现出的数学素养加以说明。

第五至第八章分别介绍初中和高中的数学项目。首先围绕数学内容,提出项目主题,设计特定的数学项目活动,并分析其中伴随的数学素养(第五章和第七章)。然后以具体的项目活动为例,详细说明完整的实施过程,并对实施中表现出的数学素养加以说明(第六章和第八章)。

本书写作注重具体案例的设计与分析,分别说明如何设计数学素养驱动的数学项目活动,如何开展这样的数学项目学习活动。书中例子鲜活,便于教师操作或者落实。本书的写作得到研究生的支持,边写作边研讨,分工合作完成编写。其中第一和第二章由徐斌艳编写,第三和第四章由孙煜颖和黄健完成,第五和第六章由李沐慧和黄健完成,第七和第八章由郑欣和王莺雨完成。徐斌艳负责全书的统稿和校对。

感谢华东师范大学出版社编辑团队的精心策划与管理,感谢倪明等老师为著作出版提出的建议及提供的各种服务。期待大家愿意使用此书,并提出宝贵意见和建议,一起为落实"立德树人"教育目标而努力!

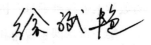

华东师范大学教师教育学院、课程与教学研究所

2019.12

第一章 数学素养的多元视角

数学素养成为世界各国数学课程改革关注的焦点,关于数学素养的学术研究也不断丰富,本章主要从国际课程改革以及学术研究角度探讨数学素养的内涵及其教育价值。

第一节 课程视角下的数学素养

核心素养驱动的数学课程改革成为全球潮流。这一潮流的形成一方面原因来自重大国际评价研究项目的影响,另一方面原因与各国教育政策和人才培养目标密切相关。

一、国际评价项目中的数学素养

进入 21 世纪,两大国际评价研究项目 TIMSS 和 PISA 引发世界各国对教育的思考与改革。TIMSS 的全称为"国际数学与科学趋势研究"(Trends in International Mathematics and Science Study),它由国际教育成就评价协会(The International Association for the Evaluation of Educational Achievement)发起和组织,主要测评学生数学和科学方面的知识和能力,从而评价实施课程是否落实了预期课程的目标,学生最终获得的课程又在多大的程度达到了预期课程的要求。IEA 分别于 20 世纪 60 年代初和 1995 年组织了第一次和第三次国际数学和科学测评。随后,每四年进行一次,测评年级固定在 4 年级和 8 年级。TIMSS 测评框架的制定与参与国预期的课程目标密切相关,因此随着世界各国课程发展,TIMSS 的测评框架也做出相应调整。以数学学科为例,TIMSS 参与国近年来关注学生数学的思考、问题解决和交流技能。相应地,从 TIMSS1995 到 TIMSS2007 和 TIMSS2015,测评框架在内容维度、认知维度和态度维度上进行调整(见表 1.1.1)。[①]

表 1.1.1　TIMSS 数学学科测评框架内容维度的变化

年级	TIMSS 1995	TIMSS 2015
4 年级	6 个内容维度,包括整数;分数和比例;测量、估计和数字感觉;数据表示、分析和概率;几何;模式、关系和功能	3 个内容维度,包括数字;几何形状和尺寸;数据显示
8 年级	6 个内容维度,包括分数和数字感觉;几何;代数;数据表示;测量;比例	4 个内容维度,包括数字;代数;几何;数据和概率

TIMSS 的测评框架对内容进行整合,从较小知识点的测试转变为对较综合内容主题的测评。从认知维度看,在评估学生了解、应用和推理三个认知水平的同时,更为关注问题解决和数学探究维度。TIMSS 框架对态度的关注也从培养积极的态度细化为评估学生的数学信仰、鉴赏、信心和毅力等。

PISA 是另一个有重大影响的项目,全称为"国际学生评估项目"(Programme for International Student Assessment),由国际经济合作与发展组织(Organization for Economic Co-operation and Development,简称 OECD)主持。该项目启动于 2000 年,每三年开展一次,主要从阅读素养、数学素养和科学素养三个领域评估学生适应未来生活的能力。因此 PISA 评价内容以成人生活中的重要指标和技能为依据,根据社会生活对个人能力要求而定,测试的对象为 15 周岁的学生。

PISA2003 将数学素养定义为:个人能够鉴别和理解数学在世界中所起作用的能力;能进行有根据的数学判断的能力,以及作为一个有建设性、关心社会、善于思考的公民为满足个人生活需要而使用和从事数学活动的能力。[②]

PISA2012 更为直观地表述数学素养,它指的是个人在不同的情境中表达、应用、解释数学的能力,包括通过数学推理、使用数学概念、规则、事实和工

---

① 郑超超,杨涛. TIMSS 课程模型及测评框架的演变及启示[J]. 外国中小学教育,2019(6):25-32.
② OECD (2006). Assessing scientific, reading and mathematical literacy: A framework for PISA 2006 [EB/OL]. [2008-03-30]. http://www.oecd.org/dataoecd/38/51/33707192.pdf.

具来描述、解释和预测各种现象。数学素养应该有助于个人认识到数学在世界中所起的作用,以及有助于作为一个有建设性、参与性、善于思考的公民作出有根据的数学判断与决策。[①]

以 2012 年的 PISA 为例,该国际项目主要从内容、过程、情境三个维度测评学生的数学素养(如表 1.1.2)。

表 1.1.2　PISA 2012 数学素养测评维度

维度	要　素
内容维度	变换与关系;空间与图形;数量;不确定性与数据
过程维度	表达;应用;解释
情境维度	个人;职业;社会;科学

在 PISA2012 中,表达指数学化地表达问题情境;应用指应用数学概念、事实、规则及推理;解释指解释、使用并评价数学结果。通过表达、应用、解释这三个过程维度考查学生的如下数学素养:数学交流;数学化;数学表征;数学推理与论证;设计问题解决策略;运用符号化、形式化、技术性的语言和运算;使用辅助数学工具。

二、国际数学课程中的数学素养

与 TIMSS 相比,PISA 直接提出了数学素养之概念,并赋予翔实的内涵。这些素养内涵一方面参考世界相关国家对数学素养的界定(如借鉴丹麦的数学素养框架),另一方面,素养测评的结果为相关国家或地区反思数学课程改革提供有意义的参考。

(一)美国数学课程中的数学素养

20 世纪 80 年代中期,为帮助教师明确学生所需掌握的知识和技能,全美

---

① OECD (2012). PISA 2012 mathematics framework [EB/OL]. http://www.oecd.org/dataoecd/8/38/46961598.pdf.

数学教师理事会(National Council of Teachers of Mathematics,简称 NCTM)成立了委员会来制定一些教育标准。其中,1989 年出台的《学校数学课程与评价标准》,它不仅对全美各州提出相对的统一要求起到一定作用,而且助推了全球范围内开展基于标准的数学课程改革。这个标准较大的一个贡献是提出了对当下数学教育发展仍然有影响的五大数学素养,包括能认识数学价值;有数学学习自信;会成为数学问题解决者;会数学交流;会数学推理。[①]

随后,美国国家教育与科学委员会(The National Council on Education and the Disciplines,简称 NCED)的负责人斯蒂恩(L. A. Steen)于 1990 年提出数学素养的不同价值取向,且将数学素养分为 5 类,如表 1.1.3。

表 1.1.3   数学素养价值取向分类表

价值取向	数学素养涵义
实用数学素养	着眼于个体利益,将统计等数学技能应用于日常生活中
公民数学素养	着眼于社会利益,在于确认公民拥有能了解来自重要公共议题的数学概念
专业数学素养	着眼于工作场合的需求,不同工作皆对数学能力有所需求
休闲数学素养	着眼于考量许多休闲娱乐皆需要的数学素养
文化数学素养	着眼于个体能体会数学的力量与美

2001 年,斯蒂恩又提出具备数学素养的公民需要知道更多的公式和程式。有用数学的眼光观察世界的预感性,定量地思考普通争论中的利益和危险。在仔细评估的基础上有信心处理复杂问题。数学素养能够使人们用数学工具思考自己,机智地回答专家提出的问题、很自信地面对权威。他所给出的数学素养包括:对数学的自信;文化欣赏;解释数据;逻辑思考;决策;情境中的数学;数感;实践技能;必备的知识;符号感。[②]

尽管如此,多次 TIMSS 和 PISA 项目的测评数据显示美国学生数学素养成绩低于国际平均水平,这督促政府和专业协会出台改革政策。2009 年 11 月

① 全美数学教师理事会.美国学校数学教育的原则和标准[M].北京:人民教育出版社,2004.
② 康世刚.数学素养生成的教学研究[D].重庆:西南大学,2009:29.

美国教育部发布《"力争上游"计划实施摘要》(*Race to the Top Program Executive Summary*),美国联邦政府投资 40 多亿美元,推进教育改革。"力争上游"计划关键是采用新型评价标准,以保证能够让学生在大学或工作岗位上取得成功,并最终在全球经济范围内具备竞争力。[①]

　　在这样的背景下,2010 年全美州长协会和首席州立学校官员理事会合作出台《美国州际核心数学课程标准》(*Common Core State Standards for Mathematics*,简称 CCSSM)。各州自行决定是否采用 CCSSM。CCSSM 的开发遵循了相关准则,包括要与成功升入大学或进入职场的期望一致,要包括数学主要内容以及数学知识的高水平应用技能等。[②] CCSSM 提出了相当于数学素养的 8 大能力作为数学教学的重要基础:理解问题并能坚持不懈地解决问题;抽象化、量化地进行推理;构建可行的论证,评判他人的推理;数学建模;合理使用恰当的工具;关注准确性;寻求并使用结构;在不断的推理中寻求并表征规律。

(二) 英国数学课程中的数学素养

　　20 世纪 70 年代中期爆发的经济危机使英国政府对当时的教育不能适应社会经济发展感到失望,同时舆论也要求政府干预教育,监控学校教育质量。为此,对数学学科而言,政府于 1978 年成立了科克罗夫特(W. H. Cockcroft)博士为首的"学校数学教学调查委员会",对英国中小学数学教学进行深入的调查研究,该委员会于 1983 年向英国政府提交了数学教学改革的纲领性文件——《科克罗夫特报告》,它成为英国 80 年代学校数学教育和课程改革的纲领性文件。[③] 报告认为数学教育的根本目的是为了满足学生今后在成人生活、就业和进一步学习这三方面需要,同时指出满足这些需要的数学素养包括两层含义:一是指个人具有处理日常生活中所必需的运用数学技能的能力;二是有能力理解和正确评价用数学专门术语表征的信息,如曲线图、图表或表示

① 凡勇昆,邹志辉.美国基础教育改革战略新走向——"力争上游"计划述评[J].比较教育研究,2011 (7):82 - 86.
② 全美州长协会和首席州立学校官员理事会.美国州际核心数学课程标准:历史、内容和实施[M].蔡金法,孙伟,等译、编.北京:人民教育出版社,2016:7,254 - 257.
③ 孙晓天.数学课程发展的国际视野[M].北京:高等教育出版社,2003:49.

增长与减少的百分数图等。报告同时对为满足学生这些需要，学校应提供的课程内容与教学方法进行了分析。《科克罗夫特报告》公布以后，引起了全世界对提高学生数学素养以满足他们今后生活需要的关注。

英国政府于 20 世纪 90 年代中期推出了与国家数学课程发展和实施有紧密关系的国家数学素养策略（National Numeracy Strategy，简称 NNS）。在这个策略下，数学素养指人们生活在现代社会所需的进行基本数学运算、定量思考、理解用数学术语（尤其是各种图表）表达的信息等，含有基础性和实用性的意义。英国政府对数学素养的再次关注起源于人们对英国工业竞争力的忧虑引起的对雇员的数学素养的关注，因为一般认为劳动力的基本数学素养和工业竞争力存在相关性。NNS 的实施给数学教师的教学方法带来了较大的影响，NNS 提倡的教学方法基于以下四个原则：每天开设专门的数学课；对全班和小组进行直接教学及口头互动交流；注重心算；控制分化，让所有学生参与相同主题的学习。

然而，在 PISA 中英国学生的表现并不理想，这与英国学生在国内的水平考试（如 GCSE、A-Level）中成绩连年上升形成鲜明对比，英国民众对学校教育质量忧心忡忡，英国政府与学术界对此也高度重视。2010 年英国联合政府颁布《教学的重要性》白皮书等官方文件，并于 2014 年陆续颁布新的"5—16 岁各学科国家课程标准"，[①] 其官方文件为《英国国家课程》（*The national curriculum in England*）。这个由英国教育部颁布的文件首先明确提出英国国家课程的目标在于：为学生提供成为有教养公民必需的基本知识，向他们介绍思想和观点的最精华之处，帮助他们形成对人类创造与成就的鉴赏力。[②] 其中数学课程的具体目标为：发展熟练性、数学推理和问题解决。这三大目标的提出延续了英国政府对数学与其他领域关联性的高度重视，这次课程强调，高质量的数学教育能为学生奠定理解世界的基础，发展数学推理能力，欣赏数学美和数学力量，享受数学的乐趣和好奇心。[③] 这些也是英国数学

① 张建珍，郭婧. 英国课程改革的"知识转向"[J]. 教育研究，2017(8)：152-158.

② Department for Education. The national curriculum in England [S]. Framework document，2014.

③ 廖运章，卢建川. 2014 英国国家数学课程述评[J]. 课程·教材·教法，2015(4)：116-120.

课程对数学素养要求的集中体现。

(三)德国数学课程中的数学素养

PISA 测试结果也直接影响德国教育改革的走向。德国文化与教育部长联席会议(KMK)首次颁布全联邦性的各学科教育标准,为各联邦州的学业测评建立统一标准,以保障学校质量的均衡发展,并通过评价促进学生发展。[①]

德国数学教育标准的功能之一是评价学生数学素养(能力)水平,以便反映学生能力水平的个性差异。为此,德国提出了包括六大数学素养成分的模型:数学论证、数学地解决问题、数学建模、数学表征的应用、数学符号、公式以及技巧的熟练掌握与数学交流。德国数学教育标准又根据各个能力所要求的不同认知水平,将它们分为三个不同水平。对数学素养成分的界定如下:

1. 数学论证

数学论证能力是指会把数学思想与数学的逻辑证明结合起来,能理解并批判性地判断各种形式的数学论证,如结论与假设的证明,数学定理与公式的推导,或者数学方法的有效性的检验。这些素养的培养应该贯穿于整个基础教育阶段,让学生从最简单直观的思考开始,直到严格证明的学习与应用。另外数学论证素养还包括,学生能认识到某些不依赖具体内容的数学证明方法的普适性。

另外,标准将数学论证能力分为如下三个水平:

水平一:能够重复并应用常见的论证过程(利用已知的定理、方法以及推论),会给出简单的运算或证明,用日常知识进行论证。

水平二:理解、阐述或提出直观的多步骤论证过程。

水平三:使用、阐述或提出复杂的论证过程;依据关于适用性、逻辑性等标准判断各种不同的论证方法。

教育标准强调,数学论证的质量不依赖于其形式化程度,人们可以用各种不同的表达方式合理地表述相关的数学论证。

---

① 徐斌艳.关于德国数学教育标准中的数学能力模型[J].课程·教材·教法,2007(9):84-87.

2. 数学地解决问题

数学地解决问题的能力是指：拥有适当的数学策略去发现问题解决思路或方法，并加以反思。这里的策略包括各种数学原则和辅助工具的使用，而不仅仅是数学算法的使用。这些策略在问题解决过程中应该是目标指向的，如利用分解原则、类比原则，或者根据已给数据进行推导；收集数据进行证明；系统尝试；用数学图象、表格等将问题直观化。

数学地解决问题的能力又被分解为三个水平：

水平一：通过辨析以及选择某个容易想到的策略，解决某个简单的数学问题。

水平二：通过多步骤的策略性方法找出问题解决的途径。

水平三：构建一种精制的策略，进行完整的证明，或者概括出某个结论；反思检验各种不同的解决方案。

3. 数学建模

数学建模能力则强调用数学方法去理解现实相关的情景，提出解决方案，并认清和判断现实中的数学。这里数学模型起着关键作用，它是关于现实的简洁的数学表征，这种表征只考虑某些特定的因素，便于处理现实问题。我们一方面可以用数学模型描述真实现象，如海藻的繁殖或者幸运转盘游戏（描述性模型）；另一方面可将模型用于表现某些事实的特定意图，如选举程序或者产品评估（标识性模型）。

数学建模过程分为如下步骤：

（1）理解现实问题情景；

（2）简化并结构化所描述的情景；

（3）将被简化的现实情景翻译为数学问题；

（4）用数学手段解决所提出的数学问题；

（5）根据具体的现实情景解读并检验数学结果。

每个步骤对应某种数学能力，这些能力构成数学建模能力的全部。这里关键是翻译过程，学生有目标地在数学以外的情景与数学内部的内容之间建立联系。这种翻译过程也发生在数学内部，如将几何问题代数化等，这个过程也被称为数学内部的建模。

数学建模能力又被分解为三个水平：

水平一：熟练并直接辨别可利用的标准模型（如勾股定理）；直接将现实情景转换成数学问题；直接分析说明数学结果。

水平二：在一定的限制条件下进行建模；分析说明这类建模的结果；将数学模型对应适当的现实情景，或者调整模型使其适应现实情景。

水平三：针对复杂情景建立某个模型，在这模型中需要重新定义假设、变量、关系以及限制条件；检验、评价并且比较模型。

4. 数学表征的应用

数学表征的应用的能力包括，不仅会自己提出对数学对象的表征，而且理解性地应用已经给出的数学表征。这里除了图象表征形式，例如示意图、插图、照片、真实事件的草图、统计图表等；还有其他的表征，如公式、语言表征、动作/身体语言、程序语言等。

数学教育标准强调，某些表征例如插图不一定是数学信息的载体，可能仅仅起着美化作用或激发兴趣的作用，因此仅仅根据是否使用了表征，还不足以判断学生是否表现出数学表达的应用能力。在数学中要求把数学表征看作是数学内容的载体，只有当学生用某种表征形式来表达数学内容时，才有可能培养学生的数学表达应用能力，例如提出或改变数学表征的能力；解释或评价给出的数学表征能力；转换各种不同的表征形式的能力。

这一能力又被分解为三个水平：

水平一：针对数学对象与情景提出标准化表征并加以利用。

水平二：清晰地解释或者改变给出的数学表征；转换不同的表征形式。

水平三：理解并应用不熟悉的数学表征；针对问题制作自己的表征形式；有目的地评价各种不同的表征。

5. 数学符号、公式以及技能的熟练掌握

这个能力包括数学符号与公式的使用或者数学技能技巧的应用。符号与公式的使用可以被看作"知道是什么"，例如知道直接可以回忆起来的内容（两点之间的中垂线的定义，或者结合律的应用）；技能的应用是指"知道如何"，例

如应用某种算法,保证运算的自动运行(已知 $a+5=12$,计算 a)。这些能力又被分解为如下三个水平:

水平一：使用基本的解决方法;直接应用公式和符号;直接利用简单的数学工具(如公式表、计算器等)。

水平二：综合应用数学方法;熟练变量、项、等式以及函数;有目的地根据情境和目标选择并使用数学工具。

水平三：应用复杂数学方法;判断解答以及检验过程;反思数学工具应用的多样性以及可能的局限性。

6. 数学交流

数学交流能力包括对文本的理解或者数学的语言表达,也包括对数学思考、解决方式以及结果的清晰的书面或口头表达。数学交流能力一方面能够接受数学事实、理解数学事实或判断数学事实;另一方面会表达数学事实,因此对认知有很高的要求。数学交流能力可以具体化为如下三个水平:

水平一：表达简单的数学事实;从简短的数学类文本中识别并选择信息;

水平二：理解并表述数学解决方法、思考以及结果;解释他人对数学类文本的说明(正确的或错误的);从数学类文本中识别和选择信息(信息的复杂程度不直接对应数学运算的难度);

水平三：设计能完整呈现某个复杂的解决与论证过程的方案;领会复杂数学类文本的意义,比较、评价并纠正他人的理解。

德国数学教育标准中提出的素养模型,不是静态指标,而是强调素养的发展是一个可持续的过程,它要求教学能从学生现有能力出发,根据现有学习内容,设计符合学生发展并且促进发展的数学类问题,使得所有学习者在整个学习生涯中数学素养得到可持续发展。

(四)丹麦数学课程中的数学素养

2000 年起丹麦开展了名为 KOM 的数学课程改革项目,并针对"掌握数学"展开讨论。[①] 丹麦学者尼斯(M. Niss)指出,"掌握数学"就意味着拥有数学素养

---

① 徐斌艳. 中学数学课程发展研究[M]. 上海：上海教育出版社,2019：171 - 173.

(mathematical literacy)，它指能在不同的数学背景与情景内外理解、判断和使用数学。这个项目中的能力特别强调，人们面对所给情景的数学挑战时，能够富有洞察力地准备行动，也就是说素养以行动为前提，素养不是简单地基于知识或者技能。在尼斯看来，素养具有情景性，素养发展是一个可持续的过程。该项目提出8大具体素养，它们是数学思维、表征、符号和形式化能力、交流、辅助材料与工具使用能力、推理、建模以及拟题与解题（数学题处理）能力。

在丹麦的这个数学素养模型中，数学思维能力内涵为能提出有数学意义的问题，并能辨识何种答案为数学答案；对于给定的概念，能清楚掌握其适用范畴；透过抽象化与类比扩展数学概念的范围；辨识各类数学叙述（条件、定义、定理、假设臆测、数量值、案例）。

数学表征能力内涵为能解读、诠释及辨识数学对象、现象、情境的各类表征；了解相同数学对象不同表征间的关系，并掌握不同表征的优势与限制；可以在表征之间进行选择与转化。

符号化与形式化能力内涵为解读与诠释符号的形式数学语言，并了解它们与日常语言的关系；了解数学语言的语境及语法；日常语言与数学公式或（符号）语言间的转换；处理和转换包含符号与公式的叙述与表达式。

数学交流能力内涵是指了解别人以书面、视觉及口语所传达的数学信息；能使用精确的数学语言表达自己的思想（口语的、视觉的或书面的）。

辅助材料或工具使用的能力意指知道已有的数学活动工具或辅助工具的性质，并清楚其功能与限制；能批判地使用这些工具或辅助工具。

数学推理能力则包括能理解别人论证的条理，并能评估该论证是否有效；知道什么是数学证明，并能区分数学证明与直观的不同；能从论证的条理中找到基本的想法；能将直观论证转化成有效的证明。

数学建模能力是指分析数学模式的性质与属性，并评估该模式适用的范畴及其效度；转化或解读数学模型在现实问题中的意义；在给定情境中建立数学模型。

数学拟题与解题能力主要指确认、提出及说明不同类型的数学问题（纯数学或应用；开放或封闭）；能解自己或别人提出的不同类型的数学问题；如果合适,能以不同方法解题。

这一数学素养模型强调的是数学素养首先应该是体现数学的学科性,数学素养被定义为面对特定的某情景中的数学挑战,人们作出有洞察力的行动准备,然后识别、直接表示和举例说明这一系列数学能力,它们应该是相互独立的维度。

(五) 新加坡数学课程中的数学素养

新加坡数学课程始终处于动态发展过程中,试图满足学生需求、为学生建立坚实的数学基础、提升数学教育质量。来自新加坡全国性考试以及大型国际比较研究如 TIMSS 和 PISA 的学生学业表现,也助推着数学课程的发展。在新加坡,数学课程发展不仅仅关注内容的变化,更多关注成为 21 世纪优秀学习者应该具有的技能和能力,学习过程要比教什么和记住什么更为重要。2013 年新加坡实施最新的数学教与学大纲,该大纲的关键特征是除了学习结果以外,更为关注学习经验,为教师理解"学生是如何学习"提供指导。

2013 版的数学教与学大纲提出数学课程总体目标,旨在保证所有学生掌握一定的数学,以便更好地为他们的生活服务;对那些学有余力又有兴趣的学生,保证他们能追求尽可能高水平的数学。因此数学教育的宏观目标在于:

(1) 让学生获得并应用数学概念和技能。

(2) 通过问题解决的数学过程与方法发展学生的认知和元认知技能。

(3) 发展学生积极的数学态度。

2013 版大纲中数学课程框架基本沿用 2006 年大纲中的框架,它发展了 2000 年大纲中的五边形框架(图 1.1.1)。[①]

数学问题解决仍处于该框架的中心,寓意数学学习的核心是利用数学解决问题。数学问题解决指在包括非常规的、开放的和现实的等各种问题情境下获得和运用数学概念和技能。数学问题解决能力的发展需要五个相对独立要素的支持:概念、技能、过程、态度和元认知。对这五个要素,大纲做了如下的说明和分析。

---

① 徐斌艳.中学数学课程发展研究[M].上海:上海教育出版社,2019:207-212.

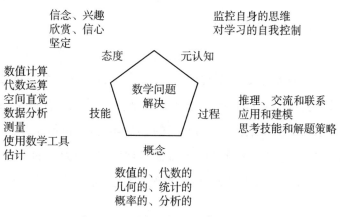

图 1.1.1　新加坡的数学课程框架

（1）概念：包括数值、代数、几何、统计、概率和分析概念。数学教学帮助学生发展对数学概念的深层次理解，认识它们之间的联系和应用。

（2）技能：包括数值计算、代数运算、空间直觉、数据分析、测量、使用数学工具和估计等程序性技能，如使用软件学习或运用数学。为了提高学生数学技能的熟练程度，应该为学生创造使用和实践技能的机会。

（3）过程：包括数学推理、交流和联系，应用和建模，思考技能和解题策略。数学推理指分析数学情境并给出逻辑论证的能力。交流指运用数学语言准确地、简明地、有条理地表达数学思想。联系指认识并建立不同数学思想之间、数学和其他学科之间、数学和日常生活之间的关联。应用和建模旨在让学生将所学的数学知识与真实世界联系起来，增强对关键数学概念和方法的理解，发展学生的数学能力。思考技能指在思考过程中用到的技能，如分类、比较、排序、分析部分与整体、识别模式与关系、归纳、演绎和空间想象。解题策略分为四类：给出数学表示；给出恰当猜测；经历解题过程；改变问题。

（4）元认知：指对自身思考过程的监控和对学习的自我控制。

（5）态度：指数学学习的信念，学习数学的兴趣和快乐，对数学美和数学价值的欣赏，运用数学时的信心以及解决数学问题的毅力。

三、中国数学课程中的数学素养

20 世纪末我国启动数学课程改革,真正落实国家素质教育的整体目标;强调数学教育要从以获取知识为首要目标转变为首先关注人的发展,要创造一个有利于学生生动活泼、主动发展的教育环境,提供给学生充分发展个性的时间与空间,建立一个具有时代特征,以学生发展为本的中小学数学课程体系。"关注学生的发展"成为 21 世纪初中国研制数学课程标准的指导思想。[①]

2001 年和 2003 年我国先后颁布《全日制义务教育阶段数学课程标准(实验)》(简称"义务教育标准")和《普通高中数学课程标准(实验)》(简称"高中标准")。"义务教育标准"强调数学素养是公民基本素养不可或缺的重要部分,并首次修改了传统教学大纲中"三大能力"(数学运算能力、空间想象能力、逻辑思维能力)加"数学应用能力"的说法,在课程目标中提出了"数学思考"和"问题解决"两个概念,这种提法一直沿用至今。"高中标准"在前言中指出:数学是人类文化的主要组成部分,数学素质是公民所必备的一种基本素质。但课程大纲和课程标准都没有对数学素养的内涵进行明确的界定。

直到 2013 年,教育部启动普通高中课程修改工作,充分体现党的教育方针和教育思想,落实立德树人的根本任务,发展素质教育,推进教育公平。教育部提出,中国学生发展核心素养是党的教育方针的具体化、细化。史宁中指出,高中阶段数学核心素养是指具有数学基本特征的、适应个人终身发展和社会发展需要的人的思维品质与关键能力。数学教育的终极目标在于,一个人要会用数学的眼光观察世界,会用数学的思维思考世界,会用数学的语言表达世界。"所谓数学的眼光,本质就是抽象,抽象使得数学具有一般性;所谓数学的思维,本质就是推理,推理使得数学具有严谨性,所谓数学的语言,主要是数

---

① 刘兼,黄翔,张丹. 数学课程设计[M].北京:高等教育出版社,2003.

学模型,模型使得数学的应用具有广泛性。"①

2018 年颁布的《普通高中数学课程标准(2017 年版)》(简称"2017 版高中课标")在"学科核心素养与课程目标"中明确指出,学科核心素养是育人价值的集中体现,是学生通过学科学习而逐步形成的正确价值观念、必备品格和关键能力。数学核心素养包括:数学抽象、逻辑推理、数学建模、直观想象、数学运算和数据分析。② "2017 版高中课标"指出,数学核心素养是具有数学基本特征的思维品质、关键能力以及情感、态度与价值观的综合体现,是在数学学习和应用的过程中逐步形成和发展的。"2017 版高中课标"从内涵、数学意义、教育意义三个方面表述各个素养。现将对数学核心素养的三方面的表述简要汇总(表 1.1.4)。

表 1.1.4 中国普通高中数学核心素养框架

数学核心素养	内涵	数学意义	教育意义
数学抽象	通过对数量关系与空间形式的抽象,得到数学研究对象的素养	是数学的基本思想,是形成理性思维的重要基础,反映了数学的本质特征,贯穿在数学产生、发展、应用的过程中	学生能在情境中抽象出数学概念、命题、方法和体系,积累从具体到抽象的活动经验;养成在日常生活和实践中一般性思考问题的习惯,把握事物的本质,以简驭繁;运用数学抽象的思维方式思考并解决问题
逻辑推理	从一些事实和命题出发,依据规则推出其他命题的素养	是得到数学结论、构建数学体系的重要方式,是数学严谨性的基本保证,是人们在数学活动中进行交流的基本思维品质	学生能掌握逻辑推理的基本形式,学会有逻辑地思考问题;能够在比较复杂的情境中把握事物之间的关联,把握事物发展的脉络;形成重论据、有条理、合乎逻辑的思维品质和理性精神,增强交流能力
数学建模	对现实问题进行数学抽象,用数学语言表达问题、用数学方法构建模型解决问题的素养	搭建了数学与外部世界联系的桥梁,是数学应用的重要形式。数学建模是应用数学解决实际问题的基本手段,也是推动数学发展的动力	学生能有意识地用数学语言表达现实世界,发现和提出问题,感悟数学与现实之间的关联;学会用数学模型解决实际问题,积累数学实践的经验;认识数学模型在科学、社会、工程技术诸领域的作用,提升实践能力,增强创新意识和科学精神

---

① 史宁中. 学科核心素养的培养与教学——以数学学科核心素养的培养为例[J]. 中小学管理,2017
(1):35-37.
② 中华人民共和国教育部. 普通高中数学课程标准(2017 年版)[S]. 北京:人民教育出版社,2018.

续　表

数学核心素养	内涵	数学意义	教育意义
直观想象	借助几何直观和空间想象感知事物的形态与变化,利用空间形式特别是图形,理解和解决数学问题的素养	是发现和提出问题、分析和解决问题的重要手段,是探索和形成论证思路、进行数学推理、构建抽象结构的思维基础	学生能提升数形结合的能力,发展几何直观和空间想象能力;增强运用几何直观和空间想象思考问题的意识;形成数学直观,在具体的情境中感悟事物的本质
数学运算	在明晰运算对象的基础上,依据运算法则解决数学问题的素养	是解决数学问题的基本手段。数学运算是演绎推理,是计算机解决问题的基础	学生能进一步发展数学运算能力;有效借助运算方法解决实际问题;通过运算促进数学思维发展,形成规范化思考问题的品质,养成一丝不苟、严谨求实的科学精神
数据分析	针对研究对象获取数据,运用数学方法对数据进行整理、分析和推断,形成关于研究对象知识的素养	是研究随机现象的重要数学技术,是大数据时代数学应用的主要方法,也是"互联网＋"相关领域的主要数学方法,已经深入到科学、技术、工程和现代社会生活的各个方面	学生能提升获取有价值信息并进行定量分析的意识和能力;适应数字化学习的需要,增强基于数据表达现实问题的意识,形成通过数据认识事物的思维品质;积累依托数据探索事物本质、关联和规律的活动经验

四、小结

综观上述国家的数学课程标准及其对数学素养的要求,我们发现,各国一方面依据各自教育目标以及教育实践特点,提出数学素养要求。如美国、英国、德国参考 PISA 等国际项目的数据,认识到学生在基本知识与技能上的欠缺,将发展学生的数学技能技巧的熟练性作为素养要求。另一方面各国对人才培养的目标也有一定的共性,例如强调未来人才应该具有解决综合问题的能力、具有创新性和社会责任意识,因此提出了培养数学建模、数学问题解决以及数学交流等素养的要求。表 1.1.5 列出了上述 8 份数学课程标准或国际评价项目中强调的数学核心素养,其中数学推理与论证、数学建模、数学问题解决出现的频率位列前三位。另外作为数学技能的表征、符号运用、题解策略、数学运算、数学工具的使用也在课程改革中受到一定重视,且作为数学素养构成成分。这里的多数国家没有直接将数学抽象作为数学素养的组成部分。当然，这里呈现的信息仅仅是从课程标准文本上获取的。各国或地区如何在数学课程实践中落实、落实哪些、怎样落实数学素养，需要我们做进一步的研究。

表1.1.5　课程标准或国际评价项目中数学核心素养汇总

课标/项目 数学素养	中国	新加坡	美国 CCSSM	英国	德国	丹麦	PISA	TIMSS	汇总
数学推理/论证	√	√	√	√	√	√	√		7
数学建模	√	√	√		√	√	√		6
数学问题解决		√	√	√	√			√	5
数学交流		√			√	√	√		4
直观想象	√	√					√		4
数据分析	√	√					√		4
思考技能与解题策略		√		√	√				4
表征与符号运用			√		√	√	√		4
数学运算	√	√		√					3
使用数学工具		√	√			√			3
数学抽象	√		√						2

第二节　研究视角下的数学素养

随着数学课程改革对数学素养的关注，数学素养成为国内外数学教育研究的热点，本节系统梳理关于数学素养的研究成果，比较分析数学素养研究的各种理论基础及其框架。

一、数学素养研究概述

关于数学素养的研究已经成为国内外数学教育教学研究的热点。在此先对国内学者的数学素养研究做简要综述。

（一）国内数学素养研究综述

我们在中国期刊全文数据库（中国知网）中输入主题词"数学素养"，检索2000年以来发表的有关数学素养的文献，显示有4107篇研究文献。从数量上看，2000年以来，关于数学素养研究的数量呈增长趋势。近5年来数学素养成为我国数学教育研究的热点。

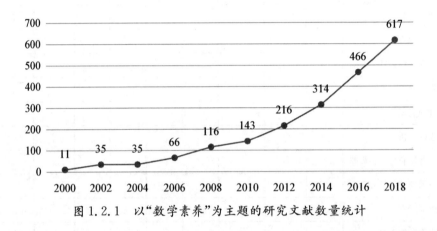

图1.2.1　以"数学素养"为主题的研究文献数量统计

我们这里检索的是能够全文阅读的研究文献，以便通过直接阅读，综述分析数学素养研究的特点。应该还有大量相关文献我们无法直接阅读，暂不对其进行分析。

从这四千多篇文献看，其中50%以上（2739篇）的研究关注了数学素养的教学。部分研究来自教学一线，作者们会针对数形结合、空间想象、应用问题解决等具体数学能力设计教学策略，[1][2]或者根据经验思考提升数学素养的策略。[3][4]

也有些数学素养教学的文章来自学院或大学的研究者。部分研究者对数学素养教学的国际经验进行分析，让我们了解到国际上促进数学素养养成的

① 陈蕾.让小学生感受"数形结合"的教学策略[J].上海教育科研,2016(2)：83-87.

② 钱月丽.数学教学中空间想象力的培养[J].上海教育科研,2015(3)：94-96.

③ 赵庭标.涵育素养：课堂教学的应然追求[J].上海教育科研,2013(11)：64-65.

④ 卢锋.运用比较策略提升数学素养[J].教学与管理,2013(11)：47-49.

教学经验,例如将社会活动和社会背景引入到数学课堂,促进学生数学素养发展;①或者在教学中重视数学的交流和表达等,教师不仅鼓励学生运用听、说、读、写去交流他们对数学符号、概念的理解,而且鼓励学生用口头的、符号的、图表的和数字的形式对数学概念进行表达。②

有些研究也聚焦学校教学实践,他们以课堂教学案例阐述培养数学素养的可能途径,提出优化知识结构、经历数学探索、训练数学语言、培养数学情感等策略,③分析养成学生主动发展意愿、提升结构迁移能力和思维品质等的教学转化策略。④ 有的研究则聚焦具体教学策略,分析提升学生数学素养的策略,例如数学习题多样化设计。⑤

另外近30%左右的文献(1 201篇)重在对数学素养的评价上。较多的研究者通过分析PISA数学素养测试题,思考PISA项目对于数学素养评价的意义,⑥⑦⑧有些研究者则将PISA测试目标与中国的各类学业水平考试进行比较,以寻求改善我国数学评价或考试的策略。⑨

有些研究者则关注国外相关国家数学素养评价的特点与发展,对美国、俄罗斯、南非、西班牙等国的政策经验进行介绍,⑩⑪⑫仅有很少的研究主动构建

---

① 陈蓓. 国外数学素养研究及启示[J]. 外国中小学教育,2016(4):17-23.

② 刘喆,高凌飚. 西方数学教育中数学素养研究述评[J]. 中国教育学刊,2012(1):62-66.

③ 叶金标,陈文胜. 立足课堂教学发展数学素养[J]. 内蒙古师范大学(教育科学版),2014(4):128-130.

④ 吴亚萍. 在教学转化中促进学生素质养成——以"如何备好一类课"为例[J]. 人民教育,2012(10):45-49.

⑤ 王嵘,张蓓. 数学习题的多样化设计与学生数学素养的提高[J]. 课程·教材·教法,2012(10):67-73.

⑥ 黄华. PISA2012基于计算机的数学素养测评分析[J]. 上海教育科研,2015(2):20-23.

⑦ 綦春霞,周慧. 基于PISA2012数学素养测试分析框架的例题分析与思考[J]. 教育科学研究,2015(10):46-51.

⑧ 刘达,徐炜蓉,陈吉. 基于PISA2012数学素养测评框架的试题设计一例[J]. 外国中小学教育,2014(1):15-21.

⑨ 任子朝,佟威,陈昂. 高考数学与PISA数学考试目标与考查效果对比研究[J]. 全球教育展望,2014(4):38-44.

⑩ 张维忠,陆吉健,陈飞伶. 南非高中数学素养课程与评价标准评介[J]. 全球教育展望,2014(10):38-46.

⑪ 尹小霞,徐继存. 西班牙基于学生核心素养的基础教育课程体系构建[J]. 比较教育研究,2016(2):94-99.

⑫ 罗丹. 美国小学数学科中表现性评价档案袋的收集与实施——以米尔沃基帕布里克学区为例[J]. 外国中小学教育,2007(10):52-56.

数学素养的评价框架并进行测评研究。[1][2][3]

对数学素养的研究，离不开对其内涵的分析和探讨，从数量上看，关于数学素养内涵研究的成果并不是很多，中国知网上仅 167 篇论文与数学素养内涵研究相关。研究者主要通过国内外研究综述，梳理出相应的数学素养概念及其内涵。有的研究者通过对欧美数学素养的研究，提出数学素养是个体、数学和社会生活三者相结合的综合体；[4]有研究者提出国外对数学素养的界定多为实际生活应用取向、数学知识取向、数学过程取向和多维综合取向四类。[5] 通过系统的研究综述，研究者还认识到，不同国家、不同国际性项目对数学素养有着自己的界定，他们通过数学学习活动解释数学素养，从素养或素质的概念演绎数学素养，从社会经济发展的角度解读数学素养。[6]

(二) 国外数学素养研究概述

早期国外研究者从心理学角度研究数学能力，对其没有一个统一的定义，但是他们区分了"学校式"能力和创造性数学能力。[7] 那些掌握、再现以及独立运用数学信息的能力被称为是"学校式"能力，关系到独立创造具有社会价值的新成果的能力被认为是创造性数学能力。瑞士研究者魏德林(I. Werdelin)[8]对"学校式"能力进行深入研究，提出学生对数学符号和方法的理解能力、记忆和应用能力至关重要。魏德林还使用因素分析法，对数学能力的心理因素：普遍因素、空间的、知觉的、计算的、言语的、联想记忆因素等进行了详细的探讨，其研究结果显示数学推理能力是构成数学能力也即核心素养

① 程靖,孙婷,鲍建生. 我国八年级学生数学推理论证能力的调查研究[J]. 课程·教材·教法,2016 (4)：17 - 22.

② 徐斌艳,朱雁,鲍建生,等. 我国八年级学生数学学科核心能力水平调查与分析[J]. 全球教育展望, 2015(11)：57 - 67.

③ 张春莉. 小学生数学能力评价框架的建构[J]. 教育学报,2011(10)：69 - 75.

④ 黄友初. 欧美数学素养教育研究[J]. 比较教育研究,2014(6)：47 - 52.

⑤ 陈蓓. 国外数学素养研究及启示[J]. 外国中小学教育,2016(4)：17 - 23.

⑥ 胡典顺. 数学素养研究综述[J]. 课程·教材·教法,2010(12)：50 - 54.

⑦ 克鲁捷茨基. 中小学生数学能力心理学[M]. 李伯黍,洪宝林,艾国英,等译校. 上海：上海教育出版社,1983：26.

⑧ WERDELIN I. The mathematical ability：Experimental and factorial studies [M]. Lund：Gleerups, 1958.

的基础,同时证实,数学推理因素同普遍因素之间存在着较高的相关。从当前数学课程中的数学素养构成可见,数学推理也是最为受到重视的。

国外早期另一项关于数学核心素养的研究来自克鲁捷茨基(В. А. Крутецкий,1917—1991)[1],他的关于数学能力的研究成果引起巨大反响。他对中小学生数学核心能力进行了长达12年的深入研究,他认为能力总是指向某种特定活动,只存在于一种特定的活动之中,并在活动中形成和发展。一项活动的进步依靠核心能力的复合。基于上述假设,克鲁切茨基采用多种研究方法(测试、访谈、因素分析、问卷调查等),对收集的实验性和非实验性的材料,以及对专题文献进行研究。他根据解数学题的三个基本心理活动阶段:获得数学信息,加工数学信息,保持数学信息,得出了关于数学核心能力结构的一般问题——学龄期数学核心能力结构的一般轮廓(如图1.2.2):

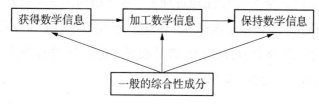

图 1.2.2　数学解题过程结构图

其中每个阶段都包含相应的数学核心能力,共9种。特别地,克鲁捷茨基提出了数学气质是作为一般的综合性成分阶段的能力成分。数学气质是指能努力使外界现象数学化,能用"数学眼光"来观察世界。

国外近年来有关数学核心素养的研究,较多地是引用了丹麦学者尼斯的研究结果。[2] 他提出用8种具有严格数学意义的数学核心素养(数学思维、提出并解决数学问题、数学建模、数学推理、数学表征、数学符号化与形式化、数学交流、工具的使用)来描述数学课程,而不再关注传统数学课程标准中的主题、概念

① 克鲁捷茨基. 中小学生数学能力心理学[M]. 李伯黍,洪宝林,艾国英,等译校. 上海:上海教育出版社,1983:26.

② NISS M. Mathematical competencies and the learning of mathematics:The danish KOM project [EB/OL]. [2011 - 11 - 02]. http://w3. msi. vxu. se/users/hso/aaa_niss. pdf.

与结果。PISA 及多项国外数学素养研究也皆基于尼斯的研究成果而展开。[①]

与此同时,美国教育部为了缩小存在于学校教育与社会生活及工作间的巨大差距,使学生能更好地应对社会生活及职业生涯的挑战,于 2002 年组建了"21 世纪技能联盟"(Partnership for 21st Century Skills,简称 P21)[②],为美国 K - 12 的学生教育设计了 21 世纪所需的三大关键技能群(即学习与创新、信息媒体及科技、生活及职业),并结合包括数学在内的 9 个学科,解释各学科中这 11 种能力(如问题解决、交流合作、社会与跨文化技能等)的具体表现。这些研究对美国数学课程中倡导的数学核心素养有很大指导意义。

牛津学习中心曾经发布什么是数学素养、何时会拥有数学素养、数学素养发展面临怎样的挑战等。该中心提出,数学素养包括解决真实世界问题、推理和分析信息的能力;是一种理解数学"语言"的能力。[③] 数学素养是除语言素养外的第二个关键素养,对于学生通过理解专业术语而读懂问题尤为重要。国外还有一些研究则关注数学素养的具体成分,提出数学核心素养具有情景性,具体包括数学思维能力、表征能力、符号和形式化能力、交流能力、建模能力、拟题与解题(数学题处理)能力等。[④]

二、人才观与数学观视角下的数学素养

(一)人才观的视角

当下我们究竟要培养什么样的人呢? 国际组织、社会发展、学者观点、教育实践和个性发展等五个层面都对人才特征有期待。

联合国教科文组织(United Nations Educational, Scientific and Cultural

---

① MELIS E, FAULHABER A, EICHELMANN A, et al. Interoperable competencies characterizing learning objects in mathematics [J]. Lecture notes in computer science, 2008: 416 - 425.

② Partnership for 21st Century Skills. P21 Framework Definitions [EB/OL]. [2012 - 9 - 12]. http://www.p21. org/storage/documents/P21_Framework_Definitions. pdf.

③ What dose math literacy mean? [EB/OL]. (2010 - 05 - 05)[2016 - 09 - 19]. http://www.oxfordlearning. com/what-does-math-literacy-mean/.

④ TURNER R. Exploring mathematical competencies [J]. Research developments, 2011(24): 5.

Organization，简称 UNESCO）2016 年发布《教育 2030 仁川宣言与行动框架》，提出人的培养的新愿景：成为全球公民，宽容并文明地投入社会、政治、经济活动；拥有一定的技术和职业技能，获得可持续发展能力；要促进人们跨文化的对话，提升对文化、宗教、语言多样性的尊重；有度过危机、消除冲突的能力等。[①] 联合国教科文组织从世界和平、和谐的角度提出对人发展的要求。

　　各国对人才培养有着自己的设计。中国的《国家中长期教育改革和发展规划纲要（2010—2020 年）》，提出教育旨在促进学生全面发展，着力提高学生服务国家服务人民的社会责任感、勇于探索的创新精神和善于解决问题的实践能力。[②] 新加坡教育强调帮助学生应对快速发展的世界，提出 21 世纪素养模型，培养的人应该拥有自我意识、自我管理、自我决策的能力，拥有人际素养、社会性意识；因此信息沟通素养、批判与创新思维、公民素养、全球意识、跨文化素养尤为重要。[③]

　　进入 21 世纪以来，各种创新的职业和工作模式层出不穷，新技术使人类进入了信息传播的全球化时代。研究者们从不同角度，对信息时代的教育提出新要求，其中，托马斯·弗里德曼（T. L. Friedman，1953—）的观点得到广泛关注。他从教育角度给出把孩子们培养成为平坦世界上不会被淘汰的中产阶级所需要的五种技能和态度：一是培养"学习如何学习"的能力；二是掌握"网上冲浪"的技巧，学会甄别网络上的噪声、垃圾和谎言，发现网络上的智慧和知识的来源；三是学会自我激励，保持学习激情和强烈的好奇心。四是学会横向思维，在不同领域寻找彼此间的联系，发展综合能力；五是培养艺术才能，学会换位思考、统筹安排、解决新挑战、追求卓越。[④]

　　作为学校教育实践者的一线教师也从自身鲜活的教育实践出发，提出在

---

① UNESCO. Education 2030 Incheon declaration and framework for action：Towards inclusive and equitable quality education and lifelong learning for all［R］. 2016：7.

② 中华人民共和国教育部. 国家中长期教育改革和发展规划纲要（2010—2020 年）［EB/OL］.（2010 - 07 - 29）［2016 - 09 - 19］. http://www. moe. gov. cn/srcsite/A01/s7048/201007/t20100729_171904. html.

③ Ministry of Education Singapore. 21st Century Competencies［EB/OL］.［2016 - 09 - 19］. https://www. moe. gov. sg/education/education-in-sg/21st-century-competencies.

④ 弗里德曼. 世界是平的：21 世纪简史［M］. 何帆，等译. 长沙：湖南科学技术出版社，2008.

数学教学中要培养学生思维独创性、深刻性与灵活性,养成独立思考等习惯。① 爱因斯坦(A. Einstein,1879—1955)在谈到学校人才培养目标时也曾经指出:"学生离开学校时是一个和谐的人,而不是一个专家……被放在首要位置的永远应该是独立思考和判断的综合能力的培养,而不是获取特定的知识。如果一个人掌握了他的学科的基本原理,并学会了如何独立地思考和工作,他将肯定会找到属于他的道路。"②

上述人才培养目标,为我们描绘出教育应该承担起的责任蓝图。作为学校核心学科的数学自然应该围绕这些宏观目标发挥育人功能,为数学素养的构建提供方向。例如,数学教育可以促使学生思维独创性和灵活性的发展,这就有助于在危机和冲突中寻找解决途径,从而个人更能享受人生。

(二) 数学观的视角

在构建数学核心素养过程中,还需要关注人们的数学观。数学是什么?这是一个有着丰富答案的问题,无法展开论述。美国数学家和数学哲学家克莱因(M. Kline,1908—1992)指出:"数学本身就是一个充满活力的繁荣的文化分支。经过几千年的发展,数学已经成为一个宏大的思想体系,每个受过教育的人都应该熟悉其基本特征。"③尽管数学发生在人类的思想思维中,但人们也努力在数学和他能用感官感受的现实之间建立联系,也就是说,人们用"数学的眼睛"看现实。数学也可以应用在非数学领域,用于解决问题。进化论先驱达尔文(C. R. Darwin,1809—1882)曾经对自己在数学上没有足够造诣而深感遗憾,致使他无法理解和享受那些伟大的、引领人类发展的数学原理。④ 数学发展也证实了数学对其他领域发展的贡献。数学让人们获得一种深层次思考和理解现实的新的方法。

数学对人类的生活有重要意义。可惜人们对数学的认识往往是不完整

① 蔡金法,聂必凯,许世红. 做探究型教师[M].北京:北京师范大学出版社,2015.

② 爱因斯坦. 爱因斯坦晚年文集[M].方在庆,韩文博,何维国,译.海口:海南出版社,2014:32.

③ 克莱因 M. 西方文化中的数学[M].张祖贵,译.上海:复旦大学出版社,2005:452.

④ ATLANTIC T. The Nobel prize in physics is really a Nobel prize in math [EB/OL]. [2016 - 09 - 19]. http://www. theatlantic. com/technology/archive/2013/10/the-nobel-prize-in-physics-is-really-a-nobel-prize-in-math/280430/.

的,有人认为数学是计算工具,用来计算长度与面积,或算出成本与利润;有人认为数学是物理和生理宇宙中的创世语言;有人则认为数学是很好的分析方法。[①] 树立完整的数学观,对我们认识数学核心素养内涵显得尤为重要。数学素养应该是人的一种思维习惯,能够主动、自然、娴熟地用数学进行交流、建立模型解决问题;能够启动智能计算的思维,拥有积极数学情感,做一个会表述、有思想的、和谐的人。也就是说数学素养至少包含着数学交流、数学建模、智能计算、数学情感等四个方面。下面我们将阐述这四个方面何以构成数学核心素养的主要成分。

(三)基于人才观与数学观的数学素养构成

综观国内外人才培养目标,对于信息交流素养、问题解决素养、创新实践素养等特别关注。从数学学科的角度看,数学交流,数学建模,数学智能计算思维(computational thinking technology related))、数学情感(mathematical disposition)能刻画出满足培养目标的人才所拥有的素养。

我们提出这四个核心素养成分,不在于追求对数学素养认识的完整性,但是这四个核心素养成分体现了现代教育人才培养目标的需求,体现了数学的本质认识。

1. 数学交流

随着科学技术发展,数学广泛地渗透在社会的方方面面。作为未来公民的学生需要具备一定的数学交流素养。数学交流是学生学习数学的一种方式,同时也是应用数学的途径之一。学生在交流中学习数学语言,并运用数学语言中特定的符号、词汇、句法去交流,去认识世界,从而逐渐获得常识的积累。

1989 年颁布的《美国学校数学课程和评价标准》较早提出数学交流标准,对学生交流素养做出相关界定:通过交流组织和巩固他们的数学思维;清楚连贯地与同伴、教师或其他人交流他们的数学思维;分析和评价他人的数学思维和策略;用数学语言精确地表达数学观点。[②] 我国 2012 年颁布的《义务教育

---

① 斯坦.干嘛学数学[M].叶伟文,译.台北:天下远见出版股份有限公司,2002:4.
② 全美数学教师理事会.美国学校数学课程与评价标准[M].人民教育出版社数学室,译.北京:人民教育出版社,1994.

数学课程标准(2011 年版)》也突出了关于"数学交流能力"的目标。它明确将"学会与他人合作交流"作为数学课程总目标之一,要求学生通过经历与他人合作交流解决问题的过程,学会倾听和理解他人的思考方法和结论,清晰表达和解释自己的思考过程与结果,并尝试对别人的想法提出建议,对他人提出的问题进行反思,初步形成评价与反思的意识。①

数学交流包括用数学语言与他人和自我的互动过程。与他人互动强调一方面会阅读并理解数学事实,能理解他人以各种表征呈现的有数学意义的文本,包括书面的、视觉化的或口头的形式;另一方面以书面或口头形式评述他人数学思维和策略。与自我互动意指以书面的、视觉化的或口头的形式等,表达自己的思维过程、数学见解,反思、精炼、修正自我数学观点。数学交流素养包含数学推理论证、数学表征等数学关键能力。特别地,数学推理论证是用特殊的语言表达数学结论的观念。

2. 数学建模

进入 21 世纪,各国与各地区启动的数学课程改革都将学生数学建模思想的形成以及数学建模能力的培养作为数学教育的重要目标之一。2003 年颁布的《普通高中数学课程标准(实验)》突出了"培养数学建模能力"的重要性,"数学建模"作为新增的三个课程内容(数学探究、数学建模、数学文化)之一,要求渗透在整个高中课程的内容中。《义务教育阶段数学课程标准(2011 年版)》也强调要重视学生已有的经验,使学生体验从实际背景中抽象出数学问题、构建数学模型、寻求结果、解决问题的过程。2003 年颁布的德国数学教育标准也明确提出数学建模能力,要求学生学会用数学方法去理解现实相关的情景,提出解决方案,并认清和判断现实中的数学问题。②

随着研究的深入,对数学建模及其能力的界定越来越充分。数学建模能力被认为是"能够在给出的现实世界中识别问题、变量或者提出假设,然后将它们翻译成数学问题加以解决,紧接着联系现实问题解释和检验数学问题解

① 中华人民共和国教育部. 义务教育数学课程标准(2011 年版)[S]. 北京:北京师范大学出版社,2012.
② 徐斌艳. 关于德国数学教育标准中的数学能力模型[J]. 课程·教材·教法,2007(9):84-87.

答的有效性。"[1]在此强调数学建模是建立真实世界与数学世界之间可逆的联系,关注抽象出数学问题与解决现实问题的过程。数学建模不是线性过程,需要不断地从数学世界返回真实世界中检验结果,完善模型。

　　随着研究的深入,人们提出在现实问题情境和现实模型之间加入情境模型,即建模者要先理解现实情境,头脑中对情境有一个表征,然后再简化和建构,得到现实模型,在此基础上形成一个由 7 个环节构成的循环模型(见图 1.2.3)。[2]

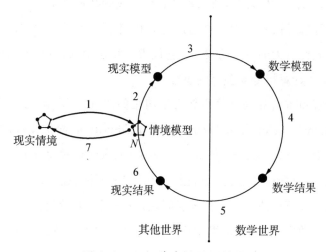

图 1.2.3　数学建模循环模型

　　根据这数学建模循环模型,建模过程包含 6 个状态和 7 个环节。这里所说的状态是指建模问题所处的原始状态或经过某个环节的转换之后获得的结果,而环节是指建模者从一个状态到下一个状态所采取的操作行为。数学建模素养具体体现在这七个操作行为中,包括理解现实问题情境(理解);简化或结构化现实情境,形成现实模型(简化);将被结构化的现实模型翻译为数学问题,形成数学模型(数学化);用数学方法解决所提出的数学问题,获得数学解

① BLUM W, GALBRAITH P L, HENN H W, et al. Modelling and applications in mathematics education [M]. Berlin: Springer, 2007: 12.
② HUMENBERGER, et al. Festschrift fuer HWH [M]. Hildesheim: Franzbecker, 2007: 8 - 23.

答(数学求解);根据具体的现实情境解读并检验数学解答,获得现实结果(解释和转译);检验现实结果的有效性(检验);反馈给现实情境(反馈)。数学建模素养与数学地提出问题、解决问题的核心能力密切相关,因为数学建模的重要一步是提出有价值的研究问题,从而用数学去认识现实。

3. 智能计算思维

21 世纪是知识经济与信息技术高速发展的时代,随着数字化进程的不断推进,社会信息化程度进一步提高,智能计算思维的应用越来越广泛,必须像"阅读、写作、算术"一样普及,成为每个合格公民的必备素质。[①]

智能计算思维被界定为一种运用计算机科学基本概念解决问题、设计系统以及理解人类行为的方式方法。[②] 它代表一种每个人都应该有的应用态度和技能,而不是计算机专家独享的思维。

智能计算思维首先与计算机教育密切相关,2011 年美国国际教育技术协会(International Society for Technology in Education,简称 ISTE)与计算机科学教师协会(Computer Science Teachers Association,简称 CSTA)基于计算思维特征,给出操作性定义:智能计算思维是一种问题解决过程,它强调用有助于求解的计算机或其他工具表述问题;逻辑组织并分析数据;用模型与模拟等抽象表征数据;通过算法思维将求解过程自动化;识别、分析并实施可能的求解过程,以便获得步骤和资源最有效率和效益的组合;将问题解决过程概括并转换为更为一般的问题解决过程。[③] 从这一描述性的定义可以看出智能思维与数学的密切关系。

由于新兴学科的不断发展,让智能计算思维走进了数学教育。近 20 年来,每个数学相关领域中,智能计算不断发展,如生物信息学、计算统计学、化学计量学、神经信息学等,在这些学科交叉领域,智能计算尤为重要。数学教育应重视日益发展的智能计算思维以及相应的技能技巧,为学生接触并了解

---

① 任友群,隋丰蔚,李锋. 数字土著何以可能? ——也谈计算思维进入中小学信息技术教育的必要性和可能性[J]. 中国电化教育,2016(1): 2 - 8.

② WING J M. Computational thinking [J]. Communications of the ACM, 2006,49(3): 33 - 35.

③ ISTE, CSTA. Operational definition of computational thinking for K - 12 education [EB/OL]. [2016 - 07 - 28]. http://csta. acm. org/Curriculum/sub/CurrFiles/CompThinkingFlyer. pdf.

这些新兴交叉领域创设学习环境,帮助学生更好地适应知识经济和信息技术快速发展的社会。

我国《义务教育阶段数学课程标准(2011年版)》明确提出,数学与计算机技术的结合在许多方面直接为社会创造价值,推动着社会生产力的发展;在数学课程中,要注重发展学生的数据分析观念、运算能力、模型思想等,以适应时代发展对人才培养的需要。2018年颁布的《普通高中数学课程标准(2017年版)》提出,要重视学生数学抽象、数学运算、数据分析等数学核心素养的形成和发展。

魏茵托普(D. Weintrop)等研究者通过大量的文献分析、专家访谈、数学课堂教学观察及其编码分析,提出数学教育中的智能计算思维要素分类,它包括数据实践;建立模型与模拟实践;智能计算问题解决实践;系统思维实践等四个要素,并且对每个思维要素分类进行界定(见表1.2.1)。①

表1.2.1　数学教育中智能计算思维的要素分类

要　素	内　涵
数据实践(data practices)	收集数据;构造数据;操作数据;分析数据;数据可视化
建立模型与模拟实践(modeling & simulation practices)	使用计算模型理解概念;找出和检验解答;评价计算模型;设计计算模型;构造计算模型
智能计算问题解决实践(computational problem solving practices)	为求解问题做准备;会计算机编程;选择有效的计算工具;评价问题求解过程;开发求解模块;生成计算抽象;解决疑难;排出故障
系统思维实践(systems thinking practices)	整体考察复杂系统;理解系统内部的关系;分层思维;交流系统的信息;定义系统和管理复杂性

智能计算思维特别强调系统思维这一要素,"系统思维的能力是一种重要的思维习惯……它为下一代成为科学公民做准备。在全球社会下,需要做出大规模的科学决定,对下一代来说,发展对世界的系统思维尤为重要。"②根据

① WEINTROP D, BEHESHTI E, HORN M, et al. Defining computational thinking for mathematics and science classrooms [J]. Journal of science education and technology, 2016(25): 127 - 147.
② DUSCHL R A, BISMACK A S. Reconceptualizing STEM education: the central role of practices [M]. Laramie, WY: University of Wyoming, 2013: 120.

数学学科的发展优势,面对现代社会对人才的需要,我们提出将智能计算思维作为数学核心素养主要成分之一。

在数学教育领域,智能计算思维包括数据实践、数学模拟、基于计算机的问题解决、系统思维等四方面的能力。

(1)数据实践是指收集数据、构造数据、操作数据、分析数据和将数据可视化等技能。这些技能主要表现为会计划收集数据的系统方案,借助智能计算工具使得数据收集等成为自动化过程。另外,能够以各种方法将数据可视化,包括利用传统的图表工具表征数据,或者用各种可视化软件表征数据,以便使用者能够与所显示的数据进行互动。

(2)数学模拟的实践是指使用数学模型理解概念的技能,找出模型求解方法并加以检验的技能,评价并优化模型的技能。它主要表现为针对复杂问题情境(更多是其他学科领域或现实情境的问题)会构造、使用、优化模型,模型可以包括流程图、示意图、方程、计算机模拟或者物理模型等。模型是对现象的简化,突出现象的本质特征。数学模拟的经历有助于学生对现象本质的理解。

(3)基于计算机的问题解决是指,会根据问题解决策略,将问题分解为已知问题;会进行简单的计算机编程;能够辨别不同计算工具的利弊,选择有效的计算工具,评价问题求解过程;在处理复杂问题时,会将问题模块化,利用计算机开发简单的、可重复使用的解答模块;当计算机运行模块碰到故障时,会做出相应的处理。

(4)系统思维的实践是指从整体考察复杂系统,理解系统内部关系;会分层思维,交流系统的相关信息。它主要体现为能够针对收集的系统数据(城市交通问题,养老金政策问题)从整体上提出问题,设计并实施对数据的研究方案,且能够对过程及结果加以解释等。另外,还能够识别构成系统的要素,领会并解释当系统的特征性行为产生时,系统要素互动的方式。学生能够识别所给系统的不同层面,了解清楚每个层面上的行为,正确刻画相关层面上的系统特征。系统思维有助于培养学生看待事物的整体观和全局观。

这是一个面向未来社会的数学素养,其形成与发展不仅与数学学科内容的学习密切相关，也是一个需要跨学科内容支持的素养。

4. 数学情感

数学素养是现代社会每个公民应该具备的基本素养，它不仅包括认知层面的数学能力，也包括非认知层面的情感与态度。蔡金法（J. Cai）和梅琳娜（F. J. Merlino）关于数学情感的测评研究强调，积极数学情感有助于学生更从容地迎接数学问题的挑战、更专注于数学活动，从而有助于数学成就的提高。[①] 早在美国 1989 年的课程标准中，提出的五个数学教育的新目标，前两个就是情感方面的。积极的数学情感与优良数学成就之间形成一个良性循环。那么如何理解数学情感这个概念，目前的研究没有给出明确的定义，更多是对数学情感内涵加以描述。数学情感是人们以数学和数学活动为客观感受对象的一种情感，是对数学和数学活动所持态度的体验，是数学和数学活动是否符合自身精神需要和价值观念的自我感受、内心体验。[②]

纵观历史上数学家的成长与贡献，都是伴随着积极的数学情感。出生于公元 4 世纪古埃及的女数学家希帕蒂娅（Hypatia，约 370—415）在专注于数学研究的同时，深情地表露自己的情感："当你对数学着迷时，就会感觉到美丽、简洁的数学结构亦如艺术作品中明晰而欢畅的线条，它的哲学思辨能力亦如音乐作品感人肺腑的旋律，久久地在胸中萦绕、升华。"[③]在深奥、抽象的研究中，庞加莱（H. Poincaré，1854—1912）似乎更多是享受，他这样描述自己的感受"数学家首先会从他们的研究中体会到类似于绘画和音乐那样的乐趣；他们赞赏数和形的美妙和谐；当一种新的发现揭示出意外的前景，他们会感到欢欣鼓舞……"[④]陈省身（S. S. Chern，1911—2004）曾经谦和地谈论自己从事数学研究的观点："我只是想懂得数学。如果一个人的目的是名利，数学不是一条捷径……长期钻研数学是一件辛苦的事。何以有人愿这样做，有很多原因。

---

① CAI J，MERLINO F J. Metaphor：A powerful means for assessing students' mathematical disposition [J]. National council of teachers of mathematics，2011：147 - 156.

② 刘新求，张垚. "数学情感"的内涵分析和合理定位[J]. 太原教育学院学报，2005(3)：21 - 24.

③ 徐品方. 女数学家传奇[M]. 北京：科学出版社，2005：15.

④ 哈代. 一个数学家的辩白[M]. 李文林，戴宗铎，高嵘，编译. 南京：江苏教育出版社，1996：4.

对我来说,主要是这种活动给我满足。"①数学家有着各自积极的数学情感,由此也进一步激励他们在数学这一职业生涯上的发展。很难想象一个人有较高的数学素养,但恨数学。

当然,学习数学未必要成为数学家,学习数学也并不意味着今后要直接应用数学。数学学习更多是要培养和谐的、有思想的、有责任心的人。作为一个"和谐"的人,其心理表现与积极数学情感的具体表现是相吻合的。数学情感素养是指这种积极数学情感的表现,包括对数学知识的认同感、信任感和审美能力;在数学学习中的好奇心、求知欲和喜悦感;对从事数学活动者的亲近感。

三、数学活动视角下的数学素养

(一) 关于数学活动

数学是研究现实中数量关系和空间形式的科学,尽管数学呈现的是一种很强的演绎体系,"但在其建立过程中,数学也像其他在发展过程中的任何人类知识体系一样:我们必须先发现定理然后才能去证明它,我们应当先猜测到证明的思路然后才能作出这个证明。因此如果我们想在数学教学中,在某种程度上反映出数学的创造过程,就必须不仅教学生'证明',而且教学生'猜测'"。② 因此数学教学需要为学生创设探究创造的环境。

荷兰数学家和数学教育家弗赖登塔尔(H. Freudenthal,1905—1990)对数学教育也有独到而深刻的观点,在他看来,数学的根源是常识,人们通过自己的实践,把这些常识通过反思组织起来,不断地进行横向或纵向的系统化。因此,他认为数学学习主要是进行"再创造"或"数学化"的活动,这个"化"的过程必须是由学习者自己主动去完成的,而不是任何外界所强加的。"在数学教育中应当特别注意这个数学化的过程,培养学生一种自己获取数学的态度,构建自己的数学,数学化一个十分重要的方面就是反思自己的活动。"③我国学者

---

① 张奠宙. 20 世纪数学经纬[M]. 上海:华东师范大学出版社,2002:220.
② 斯托利亚尔. 数学教育学[M]. 丁尔陞,王慧芬,钟善基,等译. 北京:人民教育出版社,1985:107.
③ 弗赖登塔尔. 数学教育再探——在中国的讲学[M]. 刘意竹,杨刚,等译. 上海:上海教育出版社,1999.

曹才翰(1933—1999)认为,数学能力应该是顺利完成数学活动所具备的而且直接影响其活动效率的一种个性心理特征,是数学活动中形成和发展起来的,并在这类活动中表现出来的比较稳定的心理特征。[①] 苏联研究者斯托利亚尔(А. А. Столяр)系统阐述了数学活动的基本阶段,他认为应该包括三个阶段:对经验材料的数学组织;对数学材料的逻辑组织;对数学理论的应用,[②]这也反映了数学学科的形成和发展途径。从教育角度看,在作为数学活动的数学教学中,教给学生的不是死记现成的材料,而是让学生自己独立地发现科学上已经发现了的东西,同时学会逻辑地去组织通过经验而得到的数学材料,最后在各种具体问题上应用数学理论知识。

1. 数学地组织经验材料

在数学教学中,学生会碰到大量的经验性材料,包括来自日常生活经验的各种情景或问题;来自其他学科领域(如物理、化学、生物、地理等)的各种对象和关系;或者是为了教学而特别准备的对象(教材、教具等),或者是需要进一步一般和抽象化的数学材料(数学对象)。在这一阶段,学生需要借助于观察、试验、归纳、类比、概括等手段,处理加工这些经验材料,寻找易于从数学角度理解的事实依据或信息。例如面对数学材料"三角形的内角和是 180 度",可以让学生用量角器量或者裁剪等观察和试验的方法,认识这个数学材料,虽然它还不是证明,但为寻找证明方法积累了经验。在数学活动中,可以选择学生熟悉的日常经验进行讨论,例如在硕大的校园里,从教室到食堂有多条线路,我们选择哪条线路,为什么这样选择,让学生从数学角度加以交流讨论。因此在这一数学活动阶段学习数学,有助于学生形成或发展从数学角度提出问题、数学交流、数学表征、数学建模等素养。

2. 逻辑地组织数学材料

当学生在经历从数学角度组织或积累经验材料后,还需要抽象出原始概念和公理体系并在这些概念和体系的基础上演绎地建立理论。理论的演绎结

---

① 曹才翰. 中学数学教学概论[M]. 北京:北京师范大学出版社,1990.
② 斯托利亚尔. 数学教育学[M]. 丁尔陞,王慧芬,钟善基,等译. 北京:人民教育出版社,1985.

构是数学概念体系的一个重要特点,在教学过程中能够而且应当建立有助于向学生揭示这个特点的教学情境。例如:正方形是含有直角的菱形;菱形是含有相等邻边的平行四边形;平行四边形是对边两两平行的四边形;四边形是含有四条边的多边形;多边形是封闭折线所围成的图形;图形是点的集合。这样从一个概念引导到另一个概念,最后引导到用来作为原始概念的"集合"和"点"这两个概念。逻辑组织还包括用演绎法来"证明"由归纳而形成的、以假设的形式叙述出来的命题。在这一活动阶段,还应该重视数学活动中的归纳法的作用和一般的似真推理的作用,包括寻求证明什么、从何证明、怎么证明等。因此,通过这样的数学教学过程,可以培养学生数学地解决问题、数学交流、数学表征、数学符号变换、数学推理论证等素养。

3. 数学理论的应用

无论现代数学有多么抽象,它的根仍然深深地扎在实践之中,从过去的土地测量和商业贸易,到现代的物理、生物、经济学等。当在科学、技术或实践活动甚至历史的某个领域中产生问题时,数学方法往往有助于这些问题的解决。而要解决这些非数学领域的问题,首先必须把它翻译成数学语言,经过这样翻译以后问题就转化为数学问题,然后就能在严格的数学世界中解决抽象出的数学问题。这一活动阶段强调,学生通过积极的思维活动由具体内容中抽象出数学问题。而观察问题并由问题的具体内容抽象出它的数学方面的能力是通过长期练习培养并巩固起来的。这一阶段重在培养学生学会把具体情况数学化,有助于培养学生数学地解决问题、数学交流、数学推理论证、数学建模等素养。

基于上述分析,数学活动与若干数学素养成分密切相关,它们包括从数学角度提出问题,数学表征与变换,数学推理与论证,数学地解决问题,数学交流,数学建模等。

(二)基于数学活动的数学素养构成

如上分析,从数学活动视角培养学生数学核心素养,至少可以包括如下 6 个成分。

1. 从数学角度提出问题

研究者们从不同视角探讨问题提出能力的内涵,并提出各自的认识或界定。如斯尔佛(E. A. Silver)从两个层面来定义问题提出：(1)分析、探究一个给定的情境,来产生一个新的数学问题;(2)在问题解决的过程中对问题进行表述(formulation)和重述(reformulation)而形成一个数学问题。而且,问题提出可以发生在问题解决前、问题解决时、或者问题解决后。[①] 梁淑坤则将问题提出定义为：问题提出是用自己的看法想出一个数学问题。在问题提出的过程中,问题提出者会用自己的数学知识和生活经验把情境、人物、事件、数字、图形等建立关系并组织起来,提出一个数学问题。[②] 在上述"数学地组织经验材料"阶段,尤其需要带着数学的眼光、根据经验材料去发现数学问题。我们将从数学角度提出问题的素养界定为：基于某情境或问题会产生自己新的数学问题,或者在问题解决过程中或解决后产生新的子问题,并用数学语言表述出这些生成的、创造的、独立的新数学问题。

2. 数学表征与变换

数学表征与变换是各国数学教育改革中最受关注的核心素养之一。从相关研究上看,数学表征是指用某种形式表达数学概念或关系的过程。数学表征有助于学生理解概念、关系或关联以及解决问题过程所使用的数学知识。[③] 学习者若要理解某个数学问题,就必须在这个数学问题与一个更易理解的数学问题之间建立一个映射,而表征就是这个映射过程。当我们需要逻辑地组织数学材料时,最关键是准确使用数学表征,而且为解释数学问题,需要在不同表征之间转换。我们将数学表征素养界定为：用某种形式,例如书面符号、图形(表)、情境、操作性模型、文字(包括口头文字)等,表达要学习的或处理的数学概念或关系,以便最终解决问题。数学变换是指在数学问题解决过程中,保持数学问题的某些不变性质,改变信息形态,将要解决的问题进行

① SILVER E A. On mathematical problem posing [J]. For the learning of mathematics, 1994(14): 19-28.

② LEUNG S S. Mathematical problem posing: The influence of task formats, mathematics knowledge and creative thinking [J]//HIRABAYASHI I, NOHDA N, SHIGEMATSU K, et al. Proceedings of the 17th international conference of the international group for the psychology of mathematics education, 1993(3): 33-40.

③ CAI J, FRANK K, LESTER J R. Solution representations and pedagogical representations in Chinese and U. S. classrooms [J]. Journal of mathematical behavior, 2005(24): 221-237.

数学转化，使之达到由繁到简，由未知到已知，由陌生到熟悉的目的。因此数学变换能力是指：为了使得问题能够简化或成功解决会使用改变信息形态的某种数学转化策略。

3. 数学推理与论证

推理是数学的基本思维方式，也是人们学习和生活中经常使用的思维方式。数学推理则是指人们在数学观念系统作用下，由若干数学条件，结合一定的数学知识、方法，对数学对象形成某种判断的思维操作过程。作为一类推理，它有其自身的特点。首先，数学推理的对象既不是生活中的常识，也不是社会现象，而是表示数量关系和空间形式的数学符号。其次，在某一个思考过程中，数学推理较之一般推理更是环环相扣连贯进行；并且，推理的依据主要来自问题所在的数学系统。数学高度的抽象性和逻辑的严谨性使得数学推理相对具有一定的难度。

论证离不开推理。在论证过程中，之所以能够根据已知判断的真确认另一判断的真或假，正是因为在已知判断和所要论证其真或假的判断之间建立了必然的逻辑联系，而后者是从前者通过推理形式推出来的，所以说论证过程必须应用一个或一系列的推理，是推理形式的运用，推理是论证的工具。"数学推理论证素养"的具体内涵为：通过对数学对象（数学概念、关系、性质、规则、命题等）进行逻辑性思考（观察、实验、归纳、类比、演绎），从而做出推论；再进一步寻求证据、给出证明或举出反例说明所给出推论合理性的综合能力。

4. 数学建模

数学建模经常与数学应用归在一起，但两者着重点不同，建模着重建立真实世界与数学世界之间可逆的联系，关注抽象出数学问题与解决现实问题的过程。由于数学建模不是线性过程，需要不断地从数学世界返回真实世界中检验结果，完善模型。尤其在面对经验材料构成情境时，需要学会从数学角度提出假设、建立模型、解决问题。数学建模素养表现为：面对某个综合性情景，能够理解并建构现实情境模型，会将该模型翻译为数学问题，建立数学模型，然后会用数学方法解决所提数学问题，再根据具体的情境，解读与检验数学解答，并验证模型的合理性。

5. 数学地解决问题

作为数学活动过程中重要的能力——数学地解决问题的能力,目前没有统一的界定。例如美国 NCTM 在 2000 年颁布的标准中将数学地解决问题描述为：通过解决问题掌握新的数学知识；解决在数学及其他情境中出现的问题；采用各种恰当的策略解决问题；能检验和反思数学问题解决的过程。德国在 2003 年颁布的数学课程标准中对数学地解决问题界定为：拥有适当的数学策略去发现解决问题的思路或方法并加以反思。[①] 我国数学教育一直非常重视数学地解决问题的能力,2011 年颁布的《义务教育数学课程标准》对数学地解决问题做了较为详细的说明,强调通过数学课程学习初中学生应获得数学问题解决能力。通过文本分析,这里将数学地解决问题界定为：采用各种恰当的数学知识、方法与策略,解决在数学或其他情境中出现的问题,并能检验与反思数学问题解决的过程。

6. 数学交流

重视数学交流能力的培养是现代社会发展对数学教育的要求。在上述三个数学活动阶段,都需要用不同的方式方法表达出数学过程或结果。这里将数学交流素养界定为：能不同程度地以阅读、倾听等方式识别、理解、领会数学思想和数学事实；并能以写作、讲解等方式解释自己的问题解决方法、过程和结果；针对他人的数学思想和数学事实做出分析和评价。

四、数学素养框架的对照

不管是对课程标准进行比较分析,还是从不同研究视角探讨数学素养,我们较为清晰地发现,某些数学素养成分得到一致的关注,例如数学建模、数学推理等。但有些素养的提出与国家人才培养目标或者数学科学发展密切相关。本书重在探讨研究我国课程中对数学素养的要求及其在实践中实施的路径,同时又要重视理论研究的成果。

---

① 徐斌艳. 关于德国数学教育标准中的数学能力模型[J]. 课程・教材・教法,2007(9)：84 - 87.

　　在此将我国《普通高中数学课程标准(2017版)》中数学素养框架与人才观视角和数学活动视角下的框架做一对照(图1.2.4)。

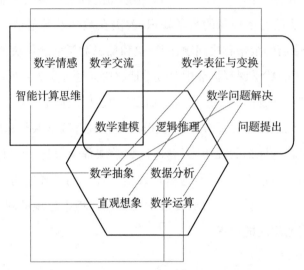

图1.2.4　三个数学素养框架的对照

　　图1.2.4中的六边形型代表了我国高中数学课程标准提出的6个数学素养,正方形型代表了人才观视角下的数学素养框架,而圆角长方形型代表了数学活动视角下的数学素养框架。由图可见,数学建模素养是三个框架所共有的素养;而数学活动视角下的数学素养框架也包括了课程标准强调的逻辑推理成分;人才观和数学活动视角下的素养框架共同强调数学交流。

　　尽管从概念表述上看,三个框架共有的素养成分不多,但是图1.2.4中不同素养成分之间的细线,代表了它们之间的相互联系。首先简要分析智能计算思维,由于其丰富的内涵,该素养与数据分析、数学抽象、直观想象、数学运算、数学问题解决等有密切联系。其次,数学抽象素养的培养对于数学问题解决至关重要;当然数学运算也能很好地服务于数学问题解决。另外直观想象素养的发挥需要借助数学表征工具,尤其是几何图形的表征,因此直观想象素养与数学表征与变换密切联系。

　　在六边形型表示的高中课程标准素养框架外,还有数学交流、问题提出和数学情感三个素养维度,我们没有将其连线进六边形型框架,是因为在我们看来,数学交流和问题提出在 6 个素养中都会有具体体现。而作为非认知素养的数学情感也与素养导向的高中课程目标密切相关,高中课程目标要求充分体现 6 个素养的教育价值,最终通过高中数学课程的学习,真正落实立德树人的教育目标。综上所述,我们以高中课程标准的素养框架为蓝本,将三个素养框架整合为一个框架,见图 1.2.5。

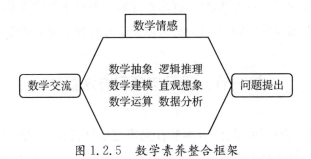

图 1.2.5　数学素养整合框架

本书后面几章都主要参考图 1.2.5 所示框架中的各个数学素养成分,探讨、开发、实施有助于各个素养成分落实的数学项目学习活动。

第二章 数学素养驱动的数学项目学习

数学项目学习为培养学生数学素养提供有效途径,本章在梳理项目、项目学习以及数学项目学习等概念后,提出设计数学项目学习的要素,阐述数学项目学习对数学素养培养的意义,并分析项目学习的若干理论基础。

第一节 项目与项目方法概述

教育中的"项目"由来已久,本节首先梳理项目、项目学习等概念,阐述项目学习对创新学校学习文化、变革学生学习方式的作用,然后分析现代教育改革潮流下项目学习拥有的特定的教育价值。

一、项目与项目方法的缘起

教育领域使用的"项目"是一个内涵丰富的概念。德国学者科诺尔(M. Knoll)曾经在研究中指出,教育中"项目"(project)概念的产生可以追溯到 16 世纪晚期意大利建筑学和工程学教育的运动,它体现了以学生为中心、发挥学生的学习主动性等教育思想,融合了合作学习和探究学习等学习理念,具有发展学生的高级思维技能、创作实物产品、多维度评价学生等特点。[①] 与"项目"概念相关的包括了"项目方法"(project method)概念。他把"项目"或"项目方法"的发展与演变过程分为以下若干阶段。

(一)欧洲建筑学校中的项目方法

16 世纪晚期,意大利罗马的建筑师学院(Accademia di San Luca-in

---

① KNOLL M. Die projektmethode in der paedagogik von 1700 bis 1940, Diss. Erlangen: Kiel, 1991: 11.

Rome)提出"项目方法"的概念并付诸实践。当时"项目方法"是指学院面向建筑师而开展的建筑设计竞赛。这种设计练习与真实的建筑设计一样,有需要完成的任务、最后完成时间,也有评判优劣等级的评审委员会。唯一的不同就是,建筑设计竞赛的设计任务是虚构的。这样的建筑设计竞赛形式的"项目方法"并不是建筑师培养的必要环节,每个年轻建筑师都可以参与,无论他是否是该学院的学生。1671 年在法国巴黎成立了一个类似的皇家建筑师学院(Académie Royale d'Architecture)。巴黎的建筑师们并没有照搬罗马的模式,他们改变了建筑设计竞赛的规则,将选手的范围限制在在校注册的学生。当时,建筑设计竞赛开展频繁,因此这种通过"项目"开展学习活动的形式受到关注。建筑师学院的学生们要获得专业建筑师的资格,既要参加理论考试,又要完成实作设计,这种实作设计称为"项目"。在实作设计过程中,学生们 24小时内不能离开考场,直到他交出设计草案的复印件。然后他们可以利用几天时间,依据设计草案完成整个实作设计,最后接受评估。学生们要参加过一定次数的这种竞赛,获得奖牌或认证,才能获得专业建筑师的资格。这标志着"项目"成为一种公认的学校教育和教学的方法。

（二）项目概念传播到美国

　　18 世纪末,工程学向着专业化的方向发展,欧洲各国以及美国,都纷纷设立了工业学校或职业学校。于是,"项目"从欧洲传播到了美国,"项目"概念的应用领域也从建筑学衍用到工程学,这对"项目"的理论发展有重要的影响。这其中的代表人物是美国伊利若伊工业大学机械工程学教授鲁滨森(S. H. Robinson)。他认为,理论和实践是不可分离的,工程学的学生不仅仅要能够在绘图板上绘制"项目"草图,他们还应该能亲自动手完成"项目"零件和产品的制作。实际上,教学就发生在"项目"的执行过程中[①]。另外美国麻省理工学院(MIT)创始人罗杰斯(W. B. Rogers,1804—1882)对"项目方法"进入美国教育领域起着重要作用。罗杰斯认为,项目学习不是简单的操作性的学习,他

① KNOLL M. The project method：Its vocational education origin and international development [J]. Journal of industrial teacher education，1997,34(3).

指出"综合技术类学校真正目标不是传授在加工场可以操作的具体的手工技能，而是要传授体现学术理论原则的过程和方法"。① 这表明项目的教育意义逐渐受到关注。当时，美国华盛顿大学 O'Fallon 工业学院院长伍瓦德(C. M. Woodward)也提出，学生应该先通过一系列的基础练习，学习相关的工具和技术之后，在每个学习单元和学年结束之前，独立完成"项目"的开发和执行。② 伍瓦德把"项目"当作了一种"综合练习"，这种观念在 19 世纪 90 年代被广泛应用于中小学教育中。但是，以美国哲学家、教育实用主义代表杜威(J. Dewey，1859—1952)为领导的教育变革者们认识到，不应该为了工作或研究的需要而开展手工训练，手工训练应该以学生的兴趣和经验为基础，创造性和技术一样重要。教学不仅仅是系统规划的教学，还应该使孩子的心理需要朝着学科逻辑方向发展。纽约哥伦比亚大学教授理查德斯(C. R. Richards)吸纳了杜威的观点。他认为："项目"不是教育过程的最终结果；学生并不需要制定整个项目计划，也不需要设计活动的一切要素。因为如果这样的话，"项目"就成为一个"粗糙的项目"，项目产生的产品是"不能解决问题的产品"；教学并不是领先于"项目"的，而是与建设性的"项目"活动整合在一起的。③

(三) 欧美国家对项目方法的再认识

1910 年，随着美国教育署推广斯帝姆森(R. W. Stimson)的"家庭项目计划"(home project plan)，研究者们开始关注手工训练和工艺美术领域之外的"项目方法"的应用。从事学科教育的教师开始熟悉"项目方法"的理念。美国哥伦比亚大学教授、教育哲学家克伯屈(W. H. Kilpatrick，1871—1965)发表了关于项目方法(the project method，也有被翻译为"设计教学法")的文章，赋予"项目"新的内涵。他认为，儿童心理是学习过程中的关键因素；儿童应该能够自己决定活动内容，儿童越是能够探索自己的学习目标，他的学习动机就越高，学习成就也就越大。

---

① LUDWIG M. Projeket im Mathematikunterricht des gymnasiums［M］. Hildesheim：Verlag Franzbecker，1998：17.
② KNOLL M. The project method：Its vocational education origin and international development［J］. Journal of industrial teacher education，1997，34(3).
③ 同②.

（四）苏联项目概念的产生

到了 20 世纪初，加拿大、阿根廷、英国、德国、印度和澳大利亚都加入到"项目方法"的研究和讨论中。此外苏联也曾对"项目方法"做了深入的研究和广泛的实践。苏联研究"项目方法"的代表人物为帕维尔·布朗斯基（P. P. Blonskij，1884—1941），他借鉴同时代的蒙台梭利（M. Montessori，1870—1952）的教育思想，将人们的文化与劳动结合起来，提出劳动学校的概念，其内涵为：（1）学校应该是客厅、工作室、休闲区或者生活场所，而不是纯工作场所；（2）劳动人民应该参与课程改革过程，因此活动主题、文化以及产品的协调是一个开放的过程。布朗斯基的思想在苏联十月革命后引起较大的反响。

另一个代表人物为马卡连科（А. С. Макаренко，1888—1939），他曾经受改革教育学思想的影响，尝试突破训练式的课堂教学。1920 年马卡连科获得一个很好的实现其思想的机会，因为他成为社会底层人士（流浪汉等）聚居地的管辖人。当时通过"项目"方式，尝试（1）理解学生生活的特定情景；（2）通过活动理解那些住读学生；（3）设立要能够承担一定任务的部门。

（五）项目概念在德国的产生

曾经在芝加哥与杜威合作的德国教育家凯森斯坦纳（G. Kerschensteiner，1854—1932）于 18 世纪初就指出，实践活动、操作工具以及材料的兴趣、探究、创作以及实验对年轻人来说是最基本的。他认为，90％的儿童（当时是 1905 年）今后从事手工业劳动，因此他特别强调体力劳动的教育社会学意义，同时特别重视职业教育和民众教育。凯森斯坦纳的这类教育观主要用于民众学校。在这同时，高迪希（H. Gaudig，1860—1923）关注着高一级的学校。他认为，学生需要自由地思考与行动，因此学校教学应该为学生提供机会，让他们根据自己的内在驱动、以自我的力量达到自己选定的目标。他也批评学校固有的课时安排，强调应该让学生学会并完善他们的劳动技能。这些研究者的观点对于"项目概念"在德国的产生起着重要作用。

直到 1926 年哈恩（K. Hahn，1886—1974）在德国首次使用"项目"这个概念，他认为通过项目，可以加强学生与生活之间的关系，培养学生责任感以及意愿感；项目将有助于学生自主探索和个性发展，他没有探讨项目是否有助于学生的学术发展。[1]

二、克伯屈的项目方法再探

"项目"或"项目方法"来自不同的教育领域，如建筑师教育、综合技术教育或劳动教育等。当时克伯屈发表的关于项目方法（设计教学法）的文章对学校教育产生不小的影响。克伯屈依据杜威实用主义教育思想和桑代克（E. L. Thorndike，1874—1949）心理学，指出要以与儿童生活有关的问题或事情为组织教材的中心，要求打破学科界限和班级界限，由学生自发决定学习目的和内容，并通过自己设计和实行的单元活动获得知识和技能。[2] 克伯屈的项目，是指有明确目标、涉及整个身心的活动或有目的的行为。项目活动依目的的不同而划分为创作、欣赏、问题研究、技能联系等类型。具体而言，他提出如下四种项目类型（四种设计类型）：以某种外在形式体现思想；享受美学的体验；解决某些问题；获得技能或知识。[3] 克伯屈的设计思想为学校实施"项目"提供了一种实施模式，需要激发学生自然的社会性能力，激发教师的专长。他认为这种学习模式（或课程模式）的目标在于品质的养成。显然他的设计教学法思想对我们当下落实培养学生核心素养的教育目标会有不小的启发。

同期，还有不少研究者对项目方法（设计教学法）提出自己的理解和阐述。研究者麦克默里（McMurry）将项目定义为一个强有力的、明确组织的思想体系，它专注于一个具有明确目的的重要实践知识中心。[4] 他将重点放置在思想体系上，而非活动上。McMurry 提出五种项目类型：商店和家庭项目，如纺织或伐木劳动；工业和商业项目，如桥梁建筑或采矿作业；传记和历史项目，如

① LUDWIG M. Projekte im Mathematikunterricht des gymnasiums [M]. Hildesheim: Verlag Franzbecker，1998：20.
② 陈金蓉. 陶行知与克伯屈[J]. 河北师范大学学报（教育科学版），2017(1)：33-38.
③ 王万红，夏惠贤. 项目学习的理论与实践——多元智力视野下的跨学科项目设计与开发[M]. 上海：百家出版社，2006.
④ WARREN M L. The project method-(i) [J]. The journal of education，1921，94(7)：176-177.

哥伦布第一次航行,巴拿马运河等;文学经典作品,如鲁滨孙漂流记或莎士比亚作品等。这些项目建议非常实用,但有些可能超出了学生的知识和能力范围。

20世纪20年代前后美国教育各界兴起了对项目方法(设计教学法)进行研究、实践与反思的热潮。许多学科教师尝试以设计教学法改造自己的课堂教学,并且努力联系相关学科,设计跨学科项目。如地理教学与语言教学结合,引导学生大量阅读,找出关于食物的主题,为此生成如播种时机、收获季节等相关子主题。围绕各个子主题学生首先创作诗歌或小说等,接着相互报告、解释和交流。[①] 又如五年级学生在学习南美历史的时候,以"咖啡"为项目主题开展活动。由于主题贴近学生的生活,有的学生主动收集与之相关的图片、杂志,甚至把家里收藏的南美咖啡作为活动的素材;有的学生家长刚好在南美出差,被孩子要求直接去咖啡店购买各种咖啡豆,拍摄现场照片;也有学生直接扮演巴西咖啡店营业员,出售咖啡。整个项目活动体现了克伯屈的以某种外在形式体现思想、享受美学的体验、解决某些问题获得技能或知识的四种设计类型。[②]

设计教学法(project method)流行于学校时,也有研究者针对轰轰烈烈的学习现象指出,这样的教学方法有助于为学生搭建学校生活与校外生活之间的联系,能指导教师进行更为有效地教学。但是对学习上慵懒的学生而言,实施这种方法存在一定的隐患,因为这种方法给予这些学生太多的自由度,那些能力较弱的教师可能驾驭不住这些学生,甚至会让班级失控。与传授教学相比,这种教学法需要花费更多时间,需要教师有更扎实的专业基础,为此,教师需要不断研究、学习和思考。琼斯(M. A. Jones)揭示了在实施设计教学法时可能出现的问题,并指出"我们认为应该让学生积极参与到丰富他们生活的活动中,但如果学生了解到这教学目标,也许会失去兴趣。"[③]

---

① WARREN M L. The project method-(ii) [J]. The journal of education, 1921,94(8): 207 - 209.

② WARREN M L. The project method-(iv) [J]. The journal of education, 1921,94(10): 259 - 260.

③ JONES M A. Dangers and possibilities of the project [J]. The English journal, 1922,11(8): 497 - 501.

三、基于项目的学习

设计教学法在实践中遇到瓶颈，如学生是否有能力自发决定学习任务或学习目标；打破班级界限后，教师是否有能力组织引导。理论与实践进入对"项目"与"项目方法"的反思与批判。研究者和实践者不停地对"项目"与"项目方法"进行反思与批判，且从不同的专业领域探讨"项目"驱动的教育理念与实践，生成了围绕"项目"的丰富的教育教学模式。基于项目的学习（project-based learning，简称 PBL）或基于项目的教学等具有现代教育意义的概念得到理论与实践者的关注。研究者们从理论与实践的角度对基于项目的学习（以下简称"项目学习"）进行研究，因此项目学习的内涵丰富。

如艾德利（K. Adderley）参考设计教学法的思想，提出项目学习的五个特征：[1]

（1）项目包含着问题的解答，虽然这些问题不一定是学生自己提出的；

（2）项目包含学生或学生小组的倡议，并且需要各种教育活动；

（3）项目通常会产生最终产品（如论文、报告、设计计划、计算机程序和模型）；

（4）项目活动经常持续相当长的一段时间；

（5）在项目发起、实施以及结论阶段，教师的身份是咨询者，而不是专制者。

其中特征（1）和（3）被研究者普遍认为是项目学习的核心。布鲁门费德（P. C. Blumenfeld）等人也指出，项目学习的核心在于，从事解决的问题能够有助于组织并引发活动；经过活动后学生最终创造出解决问题的产品。[2]

---

[1] ADDERLEY K, et al. Project methods in higher education [J]. Society for research into higher education, 1975.

[2] BLUMENFELD P C, et al. Motivating project-based learning: sustaining the doing, supporting the learning [J]. Educational psychologist, 1991, 26(3-4): 369-398.

部分研究者从认知角度,提炼了项目学习的关键特征:①

(1)项目学习是问题驱动的学习。学习者在行动中反思,并对行动进行反思,进而推动问题解决。在直接经历解决问题过程中学会解决问题。

(2)项目学习需要创作出一个具体的人工制品(设计初稿或者最终产品),促进学生(团队)思考整个创作过程,防止迷思概念的形成。

(3)在项目学习中,学习者学会对学习过程的监控,也就是,针对学习序列和学习的实际内容,允许学习者自我决策。

(4)项目学习强调学习的情境化,重视真实或模拟真实学习环境的价值。这类学习环境有助于学生积累真实问题解决中信息检索与编码的经验。这就好像学习游泳时需要亲自下水操练游泳技巧;或者学习骑行自行车时需要在场地上实际骑行,体验各种骑行技巧或要领。

(5)项目学习为学习者使用或创造多元表征提供环境。在现代工作与生活中,人们会用不同形式(如抽象、形象、图画、语言或公式等)来呈现或表达任务,与之相关的(跨学科)知识的表征也是多样的。

(6)项目学习应该是学生动机导向的。项目的选择或设计有意义的,有一定复杂性,以便引发学生自己产生问题。也就是说,培养代理、归属和素养的经验,这些是内在动机的前提。

基于项目的学习是一种学生驱动、教师推进的学习方法。学习者通过提出引起其好奇心的问题来学习知识。项目的本质是一种探究。学生提出问题并在教师的指导下进行研究。通过创建项目与选定受众进行分享,由此来说明各种发现。组织者支持系统地开展整个 PBL 研究过程。学生的选择是这一过程的关键要素。在学生着手行动之前,教师会关照整个过程的每一步并认可每个选择。有类似探究问题的孩子可以选择合作,从而也培养学生 21 世纪的合作和沟通技巧,并尊重学生的个人学习风格或偏好。PBL 不是支持学习的补充活动。它是课程的基础。大多数项目本质上包括阅读、写作和数学

---

① HELLE L, TYNJALA P, OLKINUORA E. Project-based learning in post-secondary education: Theory, practice and rubber sling shots [J]. Higher education, 2006,51(2): 287 - 314.

专题。许多探究问题都是以科学为基础的,或源于当前的社会问题。PBL 的结果是对主题的更深入理解,更深入的学习,更高水平的阅读以及更高的学习动机。

PBL 是培养独立思考者和学习者的关键策略。学生们通过设计自己的探究问题,规划学习或组织研究,以及实施多种学习策略来解决现实问题。学生们在这种有内在驱动力、积极主动学习并获得有价值技能过程中蓬勃发展,这将为他们在全球经济中的未来奠定坚实的基础。

四、项目学习的现代意义

近年来,核心素养导向的课程标准修订及其高中各学科课程标准的颁布,引发对学科素养、跨学科学习、深度学习等的需求。有研究者指出,项目学习所倡导的注重情境中的问题解决、培育关键能力和素养、跨学科学习等方向,与当下课程观和学业观有共通之处,倡导素养视角下的项目学习应指向个体和社会价值的整合,指向核心知识的深化和思维迁移,关注学科和跨学科课程的协调。[①]

项目学习在其百年发展历程中,形成了富有启发意义的教育理念。项目学习不仅仅是一种重要的教学手段,而应该是学生可以自由参与进行实作设计的环境。在这环境中学生进行"有目的的行动",发挥其创造力、想象力、鉴赏力、围绕问题(项目)设计作品。在这环境中充分感受校内外生活的联系,养成责任意识、自主探索、个性发展的精神。从现代课程与教学观视角看,有研究者提出,项目学习既是课程形态又是教学策略。以课程形态来看,它是基于学科课程的跨学科的活动课程;以教学策略来看,它主要是以完成作品为目标的学生的自主的、探究的、制作的活动。[②] 项目学习可以是实现学校教育目的的重要途径之一,也即有助于学生由自然人向社会人过渡,培养学生成为未来

---

① 夏雪梅. 从设计教学法到项目化学习:百年变迁重蹈覆辙还是涅槃重生?[J].中国教育学刊,2019 (4):57-62.

② 郭华.项目学习的教育学意义[J].教育科学研究,2018(1):25-31.

社会实践的主人。

国际上亦有一些研究提出项目学习现代意义的特点，[①]如在项目学习过程中，学生通过规划和组织各个阶段的任务，锻炼其自力更生的能力，承担学习的责任。项目学习也是一种社会性学习，需要他们拥有较强的沟通、协作、谈判等能力；另外需要学会自我评估，在评估中学会倾听和反思。在项目学习中，允许学生差异化发展。学生可以根据自己的学习风格和偏好，使用系列工具和资源进行研究；也可以选择个性化的方式来展示他们在学习的最终产品。

第二节　数学素养驱动的项目学习及其设计

本节首先分析数学项目学习的教学意义及课程价值，然后阐述数学项目学习对数学素养培养的作用，紧接着介绍数学项目学习的设计要素及其流程。

一、数学项目学习

项目学习的理论与实践为改革数学教与学、落实数学教育的总体目标、培养数学素养提供富有启发且可操作的指导与策略。数学知识不仅来源于数学系统内部，也来源于社会生活实际。数学课程目标强调培养学生用数学的眼光看待世界、用数学的思维思考世界和用数学的语言表达世界。项目学习以聚焦特定主题为问题，以解决活动为主线，将数学系统内部连结起来，也能将数学与其他社会生活领域相连结，使学生在项目活动中，通过解决有价值、有挑战的问题，积累丰富的数学活动经验，领会数学内部以及数学与其他学科领域的联系。因此数学项目学习是实现数学课程目标的有效途径。数学项目学习有助于学生接触到各个学科领域，使他们更容易理解数学概念，更好体会不

---

① BELL S. Project-based learning for the 21st century: Skills for the future [J]. The clearing house, 2010,(83): 39-43.

同学科之间的相互联系,激发学生的学习兴趣,促进学生主动参与数学学习、启迪思维,引导学生探寻问题解决策略,设计解决方案,促进反思与批判性思维。①

　　数学项目学习对数学教学模式变革、数学课程设计乃至课程资源的系统开发都有不小贡献。以下从这三个方面,更为翔实地介绍数学项目学习的内涵。

(一) 作为教学模式的数学项目学习

　　从数学教学模式角度看,数学项目学习是一种重视学生主体性发挥的教学方法,同时非常重视学生的学习活动动机和学习责任感。作为数学教学模式的项目学习或者集中关注数学核心概念或原理,让学生(学习者)融入有意义的围绕数学核心概念的项目任务完成过程中,直接经历积极探究与发现的过程,自主地进行知识的整合与建构,提升自己生成新知识和完成项目任务的能力。② 例如可以围绕"一次函数",组织学生个人或者分组探寻杆秤背后的函数关系,或者探讨水电煤的收费方案问题,或者比较商场打折问题。这种以数学核心概念驱动的项目学习,不仅让学生直接体验数学概念的应用,而且能洞察到通过数学模型展示出的经济、社会或生活等现实问题。③

　　数学项目学习也可以综合几门学科的知识,直接将现实世界的某个真实或者有挑战性的任务作为一个项目主题,让学生在完成项目过程中更深入地理解数学核心概念与原理,以培养他们对那些知识融会贯通的能力。作为数学教学模式的数学项目学习具有这样的特征:(1)它是一组持续较长时间、会创造产品和展示学生表现等的个人或集体的行为;(2)它旨在培养学生自主学习的兴趣、运用知识完成项目的实践能力,从而在此过程中发展知识与能力,养成健全的人格。我们将作为教学模式来理解的数学项目学习的内涵汇总在表 2.2.1 中。④

---

① 王瑞霖,张歆祺,刘颖. 搭建课堂与社会的桥梁:社会性数学项目学习研究[J]. 数学通报,2016(10):25‑32.
② 李其龙,张可创. 研究性学习国际视野[M]. 上海:上海教育出版社,2003.
③ 徐斌艳,江流. 积累"基本数学经验"的教学案例设计与实施[J]. 数学教学,2009(8):11,12,28.
④ 詹传玲. 中学数学项目活动的开发[D]. 上海:华东师范大学,2007.

表 2.2.1　从数学教学模式角度看项目学习内涵

- 以学生为中心；
- 教师作为指导者和共同参与者促进学生学习，而不是知识的权威；
- 教师和学生共同构造良好的组织框架；
- 创建学习环境，让学生在环境中建构知识和技能；
- 围绕主题开展直接的、深入的探究；
- 重视学生的学习主动性，鼓励协作学习与合作学习；
- 鼓励学生发挥自己的智力优势和学习长处；
- 允许学生犯错和改正的、开放的活动氛围；
- 发展学生的高级思维技能；
- 学生活动不是盲目地忙碌、活跃，而应该是有目的地行动；
- 产生能解决项目提出的问题、真实的、实体的、可以与目标观众分享的产品；
- 分享交流、评价反馈产品和经验；
- 建立多维度、有效的、可信的评价与反馈，鼓励学生自评与学生互评。

（二）作为课程设计的数学项目

根据项目学习的内涵，许多国内外的研究者们，以"项目"思想为指导，开发了一系列"项目课程"、"项目活动"。从课程设计的角度考虑，"项目"可以理解为，"一套能使教师指导儿童对真实世界主题进行深入研究的课程活动，它要求学生借助多种资源开展探究活动，并在一定时间内解决问题，其具体表现为构想、验证、完善、制造出某种产品"。[①] 数学项目学习的设计也是特定课程开发的过程。例如徐斌艳编著的《初中/高中数学的项目学习》[②]呈现了若干适合初中或者高中生使用的数学项目课程设计。从数学课程设计角度看，项目学习的内涵可以汇总如下，见表 2.2.2。

表 2.2.2　从数学课程设计角度看项目学习内涵

- 包括驱动性的情境、主题和任务；
- 建立与课程标准相联系的目标；
- 使学生发现学科知识的内部联系，以及学业与生活、工作技能、现实生活的联系；
- 没有预设答案的问题；
- 符合学生的兴趣和知识能力发展水平；
- 能回答项目提出的问题的产品建议；
- 多维度、有效的、可信的评价。

---

① 王万红，夏惠贤.项目学习的理论与实践——多元智力视野下的跨学科项目设计与开发[M].上海：百家出版社，2006.

② 徐斌艳.初中（高中）数学的项目学习[M].上海：华东师范大学出版社，2007.

（三）作为课程资源的数学项目

在数学项目教学与课程实施实践中，还需要考虑如何为学生提供复杂、真实或充满问题的学习情境，以促进学生持续的探索和学习。因此数学项目课程资源的开发尤为重要，在开发过程中需要考虑核心概念的选择与组织、数学任务的设计与推进以及鼓励学生参与的情境，何声清和綦春霞在研究中提出了系统的数学项目课程资源开发的理论与实践。[①]

他们提出，首先核心概念的选取并不拘泥于教材对概念的划分方式。核心概念通常包括若干知识板块，这些板块从知识体系上而言可能是环环相扣的，也可能在必要的时候适当加入其他板块的知识，使得项目内容更为丰富。例如"数说宇宙"的项目围绕"幂的运算"展开，包含科学记数法、幂的乘方等相关知识。

其次，项目的开展以推进任务的完成为明线，其中渗透着循序渐进的知识发展线。项目往往以故事叙述的方式设置逐步递进的项目任务，而任务中承载着有逻辑联系的数学知识。学生在完成任务中，进行数学的思考、探究和概念的理解。例如"创意学习桌"的任务为学生探究和理解三角形分类、三边大小关系、内角和定理等提供丰富的学习环境。

另外，数学项目强调让学生融入情境，勇于接受情境的挑战。相应的课程资源开发就要注重为学生提供融入实际情境的学习机会，以现实的生活素材为载体，将学生的学习活动设定在真实的、有意义的知识生成和应用的实践场域中。例如以"设计运动会入场表演方案"（见本书第七章）这一现实活动为课程资源的主题，有助于学生投入活动，体验平面直角坐标系中平移等知识。

二、数学项目学习对数学素养的培养

2018 年我国教育部颁布《普通高中数学课程标准（2017 年版）》明确指出，数学教育承载着落实立德树人基本任务、发展素质教育的功能。数学教育以发展学生为本，培育科学精神和创新意识，提升数学学科核心素养。十多年来

---

① 何声清，綦春霞. 数学项目式课程资源开发的理论与实践[J]. 中小学教师培训，2017(10)：41-45.

对数学项目学习的理论探索和实践努力,正是循着这样的教育目标而展开。不管是作为课程及其资源的设计,还是作为数学教学模式的实施,数学项目学习的开展对于数学素养的培养起着举足轻重的作用。

(一) 数学项目学习助力学生形成数学建模等素养

数学项目学习应该以学生的"生活"或"环境"为取向,进行学科综合的学习。生活在内容丰富的社会环境下的学生,其需求和兴趣不一定在于某个学科,而在于他们生活中遇见的真实事件。我们可以将那些事实作为学习数学的切入口,为学生尝试在真实世界与数学世界之间建立联系提出挑战,学生将有机会从真实世界中抽象出数学问题并加以分析、解决。这样的学习环境,对学生的数学建模或者数学抽象等素养有一定要求。例如高中阶段的"身边的函数"项目(见本书第七章),为学生设计与自然现象、社会政策、音乐、地理或者信息技术相关的活动主题,鼓励学生从自身兴趣出发,可以通过研究自然现象了解函数与方程的关系,体验函数拟合过程;或者通过探索老龄化等社会问题,建立函数模型、绘制函数图象;或者在欣赏或制作音乐过程中,感悟数学的功能。这类项目的完成,让学生能有意识地用数学语言表达现实世界,发现和提出问题;学会用数学模型解决实际问题,积累数学实践的经验;也能认识数学模型在社会中的作用,提升实践能力。

(二) 数学项目学习提升学生学习主动性,培养数学运算等素养

传统教学中,教师往往根据规定的教学目标,传授知识,学生完全是命令的接受者,学习成为满足教案的过程。而在项目学习中,强调学生自己选择主题,确定学习目标,寻找材料。但这种观点过于理想,在实践中难以实现,因此我们对这种思想加以改善,即为学生提供几个能引起他们兴趣的主题,学生可以选择相关活动主题,同时在老师的咨询和共同建议下,确定要从事项目主题活动的方案。在完成各个主题活动中,数学运算、数学推理的能力将不断提升。例如"共享单车中的数学"[①],为学生提供多个活动主题,包括"共享单车中

① 孙煜颖,黄健,徐斌艳.核心素养指向下中学数学项目学习活动探索——以"共享单车中的数学"为例[J].课程教学研究,2019:81-86.

的速度问题"、"共享单车优惠券门道"、"共享单车中的几何"或者"共享单车使用满意度调查"等。鼓励学生们通过小组交流,选择感兴趣的研究视角,围绕共享单车事件,分别从代数、几何、统计等角度加以探讨,有效地借助运算方法解决问题,发展其运算能力。学生也有机会运用数学方法对数据进行整理、分析和推断,提升获取有价值信息并进行定量分析的意识和能力。

(三)项目学习鼓励动手创造学习作品、提升直观想象等素养

项目学习的思想不是强调练习式活动,而是要关注活动所需的各种材料。学生应该以牢固的知识基础投入到项目活动中,但是在某些项目中仅仅靠学生现有的知识能力是不够的,出现这种情况时,学生的内部动机可能会受影响,对自己的能力产生疑问。因此我们应该让学生意识到,在项目学习中除了使用已经熟悉的学科工具,还应该正视自己陌生的问题,请求专家帮助或者进一步学习,并且最终以某个有形的作品呈现活动结果。有形作品的产生过程,也伴随着数形结合能力以及一定空间想象能力的发展。另外有些作品的制作过程,也会提升学生的劳动意识和实践创新意识。例如"放飞热气球"项目,以正多面体为主线,学生需要经历设计浮力定理实验,绘制正多面体展开图,计算正多面体棱长等,最终用纸张制作出能够放飞的正多面体热气球。在整个过程中,学生运用几何直观和空间想象思考问题的意识不断增强。随着自制的数学作品正式完成,学生的成就感不断提升。①

(四)数学项目学习促进学生的反思与批判性评价

项目学习强调让学生在真实或模拟真实的复杂问题情境中活动,尽管活动目标、活动过程以及活动结果是可预期的,但不一定能按照预期的进程完成项目学习,因此对学生来说,最重要的是在过程中不断反思或者带着自我批评与批评的眼光看待学习过程。这一特殊的学习方式还需要教师的民主和自由意识。教师必须把握好所实施教与学的方法;组织小组讨论时,教师根据学生的需要充当咨询者与合作者,有助于学生感受主动提供咨询与被动接受咨询

---

① 赵莹婷. 空间向量对高中立体几何教学中能力培养影响的研究[D]. 上海:华东师范大学,2009.

的意义。例如在"身边的一次函数"项目中,[①]针对商品打折的活动,最初的活动任务中没有给出商品购买总价格范围的信息,学生在比较打折背后的函数模型时遇到很大挑战,无法继续开展项目活动。教师意识到看似简单的商品打折模型,背后蕴含着初中学生暂时无法学习的高等数学知识,通过与学生的讨论和反思,为这个活动增加了某个合理的条件,使得学生在可及的知识范围内,探讨这一真实任务。从数学素养角度看,在这个项目中,学生对现实问题进行数学抽象,尝试用数学方法构建模型解决问题。

随着数学课程改革的深化,研究者们再次梳理国外数学项目学习的新议题,站在国际视野系统阐述数学项目学习的现代价值与教育意义。何声清和綦春霞指出,跨学科应用是新近及未来数学项目学习实践的发展方向,这类项目学习对学生高层次思维能力及学科融合意识的培养有很大潜能,对学生综合素养发展也有所成效。[②] 与此同时,数学项目学习对教师也是一种挑战,需要他们转换在课堂教学中的角色,还需要转变其自身已经持有的教学信念。

总之,可以从以下几个方面归纳项目学习的教育意义。[③]

(1) 以驱动性问题或者为了某个问题的解决而启动学生的学习。

(2) 学生在真实(模拟真实)的问题情境中,探究驱动性问题,学习并应用学科中的重要知识。

(3) 学生、教师以及共同体成员充分合作,寻找驱动性问题的答案。

(4) 学生在从事探究过程中,以技术为支撑,完成一些复杂性任务。

(5) 项目学习是产品(作品)导向的,学生最终通过产品(作品)展现学习成果。

三、数学项目学习的设计要素

与传统的数学教与学相比,数学项目学习实践对教师和学生都是不小的

---

① 徐斌艳,江流. 积累"基本数学经验"的教学案例设计与实施[J]. 数学教学,2009(8):11,12,28.

② 何声清,綦春霞. 国外数学项目学习研究的新议题及其启示[J]. 外国中小学教育,2018(1):64-72.

③ KRAJCIK J S, BLUMENFELD P C. Project-based learning[M]//SAWYER R K. The cambridge handbook of the learning sciences. Oxford:Cambridge University Press,2006:318.

挑战，教师和学生都存在对项目学习的"不适应"。因此需要探讨关于数学项目学习的设计，以便鼓励教师和学生共同参与到项目学习中。2003 年 BIE（Buck Institute for Education）出版的《项目学习手册》提出了一个"6A"设计框架，即真实情境（authenticity）、严谨规范（academic rigor）、知识应用（applied learning）、主动探究（active exploration）、成人参与（adult connections），以及评价实践（assessment practices）。[①] 2015 年 BIE 发布核心的项目设计要素（essential project design elements），一共包括 7 个设计要素，它们是：（1）挑战性的问题（challenging problem or question），（2）持续的探索（sustained inquiry），（3）真实性（authenticity），（4）学生自主表达和选择（student voice & choice），（5）反思（reflection），（6）评论与修正（critique & revision），（7）公共产品（public product）。在 10 多年的发展过程中，数学项目设计依然重视真实情境和主动探究，并且强调情境问题的挑战，另外重视学生"声音"，要求进行反思、评论和完善，最后强调需要制作相关的公共产品。

自 2007 年出版"数学中的项目活动（初中/高中）"以来，我们一直开展数学项目设计，同时在学校实施相关的设计方案。在 10 多年的设计与实施实践中，结合数学项目的研究成果，我们归纳出关键的设计要素，包括挑战性的问题；结构性的知识网络和素养要求；主动探索、交流与反馈；有形产品的创作；项目学习活动的评价。

（一）挑战性的问题（主题）

项目学习的主题是项目的"心脏"，它指某个待探究的数学课题或者亟待解决的情境性问题。每个项目主题都拥有一种结构，包含了对学生有一定挑战的各种不同的学习活动，这些活动围绕数学课题或者情境性问题展开。在实施的准备阶段，允许并鼓励学生提出其他相关学习活动，将其补充进项目的主题结构中。因此，所设计的项目主题及其相关的学习活动，一方面为学生提

---

① MARKHAM T, LARMER J, RAVITZ J. Project based learning handbook：A guide to standards-focused project based learning［M］. 2nd ed. Novato, CA：Buck Institute for Education, 2003.

出具体的项目学习要求,另一方面也是激励学生围绕主题生成更为感兴趣的活动建议。

　　例如我们以"全等与变换"为项目活动主题,这个数学概念或者性质与人们所处的环境密切相关。全等与变换一方面是特定的数学内容,另一方面在艺术、环境、历史、生物等领域中也有体现,我们应该关注数学世界之外的"全等与变换"现象,就此将"数学世界"与艺术等其他世界建立联系。这个主题内容可以被分解为多个学习活动主题:

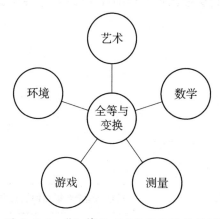

图 2.2.1　"全等与变换"项目的结构图

　　在环境中探究"全等与变换",可以让学生寻找环境中的对称性建筑、物品、植物,并对它们进行分类,然后指出分类的标准。这里涉及各种多边形的性质、全等、相似、轴对称、点对称等知识的活动。在游戏活动中探究"全等与变换",可以让学生使用几块镜子,生成一系列对称图形,或者生成各种多面体。这里需要学生灵活应用各种多边形的性质,反射、镜面对称、轴对称、点对称等。在测量中探究"全等与变换",可以让学生通过测量瓶子内部的直径,来调用学过的数学知识,并且以这些数学知识为工具,论证测量的合理性。在艺术世界中探究"全等与变换",可以让学生选择某些艺术作品和艺术画,从图形变换角度进行分析,然后利用数学知识以及艺术能力,创作变换的雕塑、剪纸、折纸或者图画等。

这个"全等与变换"主题被分为多个子主题,学生有机会从不同视角探究"全等与变换",学生可以根据自己的特长及兴趣爱好,选择活动的视角。

或者考虑"奥运会会徽"这一情境性问题,将这情境性问题作为项目学习的主题。通过各个子主题活动的设计,让学生充分挖掘奥运会背后可能有的数学问题,鼓励学生大胆提出有创意的数学问题。这些有创意的数学问题构成一个个子项目活动。面对一些数学问题,学生可能利用所学的知识暂时无法解决,教师应该给予一定的指导或者知识的传授。学生可以考察构成会徽的基本图形;或者探讨会徽图形的运动规律;或者直接动手通过图象拟合再构造会徽等。

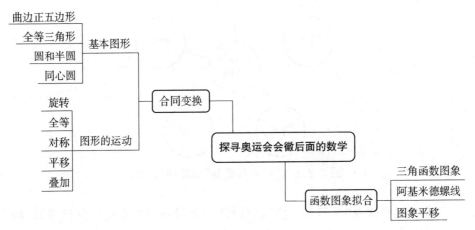

图 2.2.2　"奥运会会徽"项目的结构图

(二)结构性的知识网络与素养要求

数学项目的主题一般基于相应的数学内容或单元内容,在围绕主题从事不同的子主题活动时,学生同样应该与特定的数学内容建立联系,便于完成学习任务。因此在设计各个主题活动时,充分考虑与主题相关的数学概念或性质。当然从事各个子主题的学习活动,还需要调用其他学科的相关知识或能力,例如艺术作品赏读能力,环境教育相关的知识等。如针对"全等与变换"活动,应该考虑如下数学概念图(如图 2.2.3 所示):

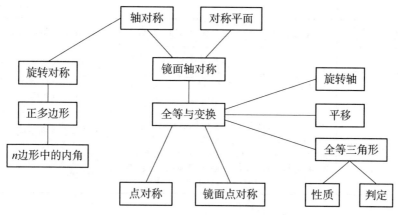

图 2.2.3　"全等与变换"相关数学概念

当学生进行项目学习活动时,在应用数学知识和技能的同时,数学素养得到锻炼。例如探讨环境中的全等与变换,关键是学生能在情境中抽象出数学概念、方法等,积累从具体到抽象的活动经验,并能养成日常生活和实践中一般性思考问题的习惯。通过游戏活动探讨"全等与变换",使得学生有机会借助几何直观和空间想象感知事物的形态与变化,形成数学直观,在具体的情境中感悟事物的本质。在测量中探究"全等与变换",通过实践性测量数据的收集与分析,形成通过数据认知一般规律的思维品质。具体见表 2.2.3。

表 2.2.3　"全等与变换"中的数学素养

全等与变换			
活动的子主题	学习活动内容	数学知识的联系	数学素养的表现
在环境中探究"全等与变换"	寻找环境中的对称性建筑、物品、植物,并对它们进行分类,然后指出分类的标准	这里涉及各种多边形的性质、全等、相似、轴对称、点对称等知识的活动	学生能在情境中抽象出数学概念、方法等,积累从具体到抽象的活动经验,并能养成日常生活和实践中一般性思考问题的习惯
在游戏活动中探究"全等与变换"	让学生使用几块镜子,生成一系列对称图形,或者生成各种多面体	这里需要学生灵活应用各种多边形的性质、反射、镜面对称、轴对称、点对称等	使得学生有机会借助几何直观和空间想象感知事物的形态与变化,形成数学直观,在具体的情境中感悟事物的本质

活动的子主题	学习活动内容	数学知识的联系	数学素养的表现
在测量中探究"全等与变换"	让学生制作测量瓶子内部直径的工具	调用学过的数学知识,并且以这些数学知识为工具,论证测量的合理性	通过实践性测量数据的收集与分析,形成通过数据认知一般规律的思维品质
在艺术世界中探究"全等与变换"	让学生选择某些艺术作品和艺术画进行分析,或者创作变换的雕塑、剪纸、折纸或者图画等	从图形变换角度进行分析,然后利用数学知识以及艺术能力,创作变换的雕塑、剪纸、折纸或者图画等	借助几何直观和空间想象感知事物的形态与变化,增强运用几何直观和空间想象思考问题的意识

(三) 主动探索、交流与反馈

学生的主动探索与交流是项目学习活动设计需要关注的要素之一。学生活动不应是一种盲目的忙碌、活跃,而应该是有目的的行动。通过这类行动学生能获得新知识、新的思想方法和行动策略等。

在实施"全等与变换"主题活动过程中,学生如果仅仅等待教师布置任务、告知方法,显然无法完成各个子主题的活动。在此有些学生需要有目的地走出教室,用数学的眼光寻找环境中可能有的对称或全等现象;有些学生需要主动搜寻特殊的艺术作品,然后对艺术作品加以解剖、解释和论证。

探索的结果与过程需要在小组中进行交流分享。小组活动是项目学习的社会因素的体现。在小组活动中学生应该发挥各自的特长,分工合作,在各个小组之间要学会相互交流分享活动结果。

这类教学设计包括各种形式的反馈。如师生之间的反馈,教师以咨询者或者评价者的角色与学生对话;学生之间的反馈,在这种反馈中体现出的信息往往是教师在传统教学中难以获得,但又非常珍贵的信息。

为了卓有成效地完成"全等与变换"项目活动,各个小组中的成员在活动准备阶段以及过程中,需要明确自己承担的任务,如资料收集、数据统计、作图、手工制作或者数学证明等。这类项目活动往往是在有限时间内完成的,因此每个学生有选择地承担自己能够胜任的任务,或者有助于发挥自己特长的工作。在实施"全等与变换"的项目活动中,教师可以和各个小组签订学习活动合约,教师按照合约,对学生进行访谈,收集有关活动中的信息,如是否在活动中碰到难题,是否遗忘了应用的数学知识,或者无法找到关键的信息或材料等。教师可以针对具体问题及时给予反馈。反馈并不意味着告知学生解决问题的途径,而是引导或者提示学生,为学生搭建一定的学习脚手架。

(四)有形产品的创作

项目学习也是一个产品导向的学习。这里的产品除了学校熟悉的学习作业单或者研究报告之外,还非常鼓励学生以各种形式的产品制作展示数学活动的过程与结果。例如在上述"全等与变换"项目中,学生可能会依据三角形全等的性质制作出某个测量瓶子内径的工具,或者观察分析大自然中的全等性质,编制出一小本"自然与全等"的手册。在"奥运会会徽"项目中,学生可能自制出有特殊意义的会徽等。

(五)项目学习活动的评价

数学项目活动的开发与学生的需要和社会的需要都有联系。一旦确定了主题、任务和产品,教师就要组织学生开展活动。那么随后的问题就是对学生的表现和成果做一个价值判断,并了解学生在活动过程中的发展。[①]

1. 评价的维度和内容

在项目活动中,学生一方面会整合知识和技能并加以应用,另一方面开展合作探究活动、创作产品并将产品呈现给其他同学。另外,项目活动的开展,也是数学素养得以锻炼和发展的过程。因此,评价应该是多维度的,可以划分为三个维度:对产品是否达到活动目标的判断(累积性评价);学生数学素养、高级问题解决策略、合作交流技能的表现(表现性评价);以及学生的情感态度的发展变化(情感-态度调查)。

例如,在高中数学项目活动"身边的函数"中(见本书第八章),教师可以从如下方面对学生在项目活动中的表现进行评价:

◆ 关于项目中的数学

1. 项目活动中使用了多少数学内容?

---

① 徐斌艳. 学习文化与教学设计[M]. 北京:教育科学出版社,2012:169 - 196.

2. 你以前学过这些数学内容吗?

3. 这里的数学解释正确吗?

······

◆ 关于项目中的数学素养

1. 为什么要画出函数的图象?

2. 为什么说它是"心形函数"?

3. 怎么得到这个函数系数的?

4. 为什么能拟合出这个函数图象?

······

◆ 关于项目成果

1. 这个函数关系式准确吗?

2. 这个函数模型贴切吗?

3. 展板设计得合理吗?

······

◆ 关于项目的展示

1. 项目是如何展示的?

2. 学生自由讨论热烈吗?

3. 是团队集体展示成果吗?

······

2. 评价的方式与方法

项目活动的评价应该是一种真实性评价,在此可以使用成长记录袋和量规评价。以"妙用比例"项目活动为例(见本书第五章),采用量规评价,也即由各种可以被等级划分的各类评价内容、不同等级水平学生表现的简短描述以及相应的分数值组成。一般来说,等级可以分为4等并被赋予了相应的分数值:出众、满意但有一些小缺点、基本满意但有明显缺点、不满意;或者简单地分为高、较高、一般、低。它可以建立一个评判学生表现的客观依据,使得教师的期望更加清晰,学生的发展更加易见。我们可以开发如下的评价表(表2.2.4):

表 2.2.4　量规评价表举例

内容　＼　定量评价	4(高)	3(较高)	2(一般)	1(低)
参加这个项目活动的兴趣程度				
对数据的收集、加工、整理、分析能力				
图纸、模型的制作能力				
与同学的交流合作能力				
感受数学美的能力				

第三节　数学项目学习的理论基础

数学项目学习的发展伴随着丰富的教与学理论的指导,本节介绍与之密切相关的四方面的理论基础。

一、杜威的"从做中学"

杜威是美国实用主义哲学家和教育家,在他著名的教育哲学著作《民主主义与教育》中,从哲学的认识论上提出了"从做中学"的思想,即在活动中进行教学,而活动则占据着中心地位。他认为通过活动才能产生经验,最好的教育方法是让儿童自己用思想做试验,自己在现实生活中直接接触各种事实或疑难,这样可以获得更深刻的印象,从而取得有用的经验。他指出,儿童的知识虽然贫乏,但当他全力以赴探讨感觉需要解决的疑难时,他会像真正的科学家那样肯于动脑筋和费心血。[①]

杜威强调,教学不应是直截了当地注入知识,而应诱导儿童在活动中得到经验与知识。没有做则儿童学习无凭据。杜威生动地举例说明,教师指导儿童通过种植花木而学习栽培的经验,通过给洋娃娃做衣服而学会缝纫的经验。

① 杜威.民主主义与教育[M].王承绪,译.北京:人民教育出版社,2003:25.

这就是让儿童以活动为媒介间接地学到知识。这种教学不是把学生由死记别人知识的环境仅仅转移到自由活动的环境而已,而是把他们由乱碰的活动移入经过选择指导而学习的环境。

杜威强调教学应为儿童设想,以儿童活动为依附,以儿童心理为根据。教师应成为儿童活动的伙伴或参加者,而不是儿童活动的监督者或旁观者。"在这种共同参加的活动中,教师也是一个学习的人,学生虽然自己不知道,其实也是一个教师,师生愈不分彼此愈好。"①

杜威这一系列精辟的思想是项目导向教学设计的开发及其发展的重要依据。这个设计的核心是项目活动的设计,但是在教学过程中不是为了"活动"而活动,仅仅让学生体验某种活动的形式,而是希望学生通过亲身参与活动、制作学习作品等,学会思考、学会质疑、学会探究,同时也是学科知识与技能获得的有效途径。

杜威为体现"从做中学"教学思想,从理论上论证了思维的必要性,他非常重视思维能力的培养,认为"思维就是明智的学习方法""就是在思维的过程中明智的经验的方法"②,他概括出了思维的五个步骤如下:

(1)问题:由思维引起的对未知事物的困惑、怀疑;

(2)观察:对未知事物进行观察,获得初步了解;

(3)假定:整理分析已掌握的观察材料,提出试验性假设,并进行考察、探究和分析;

(4)推理:根据试验性的假设,进一步考察事实,不断修正假设,使之与事实吻合;

(5)检验:在实践活动中,验证假设的正确性。

杜威认为思维就是有教育意义的经验方法,因此,教学法的要素和思维的要素是相同的。他指出这些要素包括:"第一,学生要有一个真实的经验的情境,要有一个对活动本身感到兴趣的连续的活动;第二,在这个情境内部产生

① 杜威.民主主义与教育[M].王承绪,译.北京:人民教育出版社,2003:25.
② 同①167-168.

一个真实的问题,作为思维的刺激物;第三,他要占有知识资料,从事必要的观察,对付这个问题;第四,他必须负责有条不紊地展开他所想出的解决问题的方法;第五,他要有机会和需要通过应用检验他的观念,使这些观念意义明确,并且让他自己发现它们是否有效。"①

项目导向的教学设计正是依据杜威的这些思想,它们强调教师应该设计反映或者贴近学生真实经验的活动,驱动性问题的提出要对学生的思维有一定的挑战,能够较为持久地激发学生的兴趣。在"资料收集"、"实验调查"或者"制作作品"等一系列的活动中,促进每个学生思维的发展以及积极的个性心理特征的养成,培养收集和处理信息的能力、获取新知识的能力、分析和解决问题的能力以及交流合作的能力。

二、学习环境理论

现代学习理论向我们展示着对学习的新型隐喻:"学习不是传输的过程,也不是接受的过程。学习是需要意志的、有意图的、积极的、自觉的、建构的实践,该实践包括互动的意图—行动—反思活动。"②学习环境则给养这种新型的学习。学习环境是不同于传统的传授式教学的一种有关教学的新隐喻,它是为善于从自己的经验中建构自己的意义的学习者创设的,而不是为传统教学中的学生设计的。因此这里谈论的学习环境是面向学习者的环境。我们将学生和学习者作一个硬性地区分,可以借用梅里尔(M. D. Merrill)等人的说法:"学生是说服自己从教学中获取特殊知识和技能的人;学习者则是从自己的经验中建构自己的意义的人。我们大家都是学习者,但是只有那些使自己能忍受精心策划的教学情境的人才是学生。"③

与试图将"客观"的、"现存"的知识以适合传播、传递的方式输入学生头脑

① 杜威.民主主义与教育[M].王承绪,译.北京:人民教育出版社,2003:179.
② 乔纳森.学习环境的理论基础[M].郑太年,任友群,译.上海:华东师范大学出版社,2002:译者前言.
③ 同②.

中的传统教学相比,面向学习者的学习环境注重在解决独特的实际问题中发现独特的方法;它以问题的解决为目标和检验的标准,更多是一种探索性的知识活动;它为解决问题而必须面对现实的复杂性。在以学习者为中心的学习环境中,"学习者积极建构意义。外部学习目标可以被确定,但是学习者依据个体的需要和在思想形成和检验过程中产生的问题来决定如何前进⋯⋯学习者会对自己的学习承担更大责任"①。

这些关于学习环境的思想为项目导向教学设计提供非常重要的理论基础。这一教学设计主要是以设计项目活动为核心为学习者创设学习活动的环境,而这环境的创设蕴含着为学生自己选择和追求自身兴趣提供机会,为学生探究、实验、制作等提供机会,让学生能够根据自己的特长、爱好提出问题、分析问题、解决问题提供机会,以培养学生对自己学习过程的反思和监控能力,承担起对自己的活动过程与结果的责任。

三、活动理论

活动理论本身是一个不断演化的多种观点的活动系统。活动理论者认为:"有意识的学习和活动(表现)完全是相互作用和相互依靠的。活动不能在没有意识(作为一个整体的心理)的情况下发生,意识也不能发生于活动境脉之外。"②

活动理论最基本的假设是意识和活动的统一。活动是人类与客观世界互动,是蕴涵在这些互动中的有意识活动。它认为,人类的心理是作为与环境互动的一个特殊的要素而产生和存在的,所以活动和有意识的加工学习是不可分的。个体不作用于某样东西就不能理解它。有意识的意义形式是由活动促成的。这正是项目导向教学设计以学习活动为核心的重要依据。当学生面对某个项目主体或驱动性主题时,不仅仅是思考应用课本上哪些知识可以解决

---

① 乔纳森.学习环境的理论基础[M].郑太年,任友群,译.上海:华东师范大学出版社,2002:10.
② 同①92.

问题,而是需要探究、实验等活动,在活动中建构对书本知识的理解。

活动理论集中于带有明确意图的有目的的行动。当意图还没有在现实世界的行动中表现出来,首先对行动进行计划。人类把自己的活动导向活动发生的情境脉络,从而对活动进行计划。他们的意图和计划不会是对有意图行动的严格的或确切的描述,描述经常是不完整和尝试性的。这就提醒我们,教学设计项目都会在设计和开发过程中被调整、重新定义、重新协商。正如在项目导向教学设计的要素中提到的,形成某个完整的教学设计方案是一个不断完善、精益求精的过程。

活动理论的另一个基本假设是工具中介或改变了人类活动的性质,工具被内化后,还会影响人的心理发展。卡普泰林纳恩(V. Kaptelinen)认为,"所有人类经验都受到我们使用的工具和符号系统的制约。"[1]这说明项目导向教学设计中强调工具多样性的意义。

四、理解性学习

近 40 年来,学习科学的研究成果增加了我们对人类认知的理解,对知识是如何组织的、经验如何影响理解、人如何监控自己的理解等,提出了关于理解性学习的 7 条原则。[2]

原则 1 强调,当新知识和现有知识围绕着学科的主要概念和原则被组织的时候,会促进理解性学习。通过研究专家的内容知识,发现它们是围绕领域内主要的组织原则和核心概念,即"大观念"来组织的。

原则 2 则认为,学习者运用他们的先前知识去建构新的理解。当学生进入新领域学习时,他们已拥有知识、技能、信仰、观念、概念和错误概念,这些会影响他们怎样看待这个世界。

---

[1] KAPTELINEN V. Computer-mediated activity: Functional organs in social and developmental contexts[M]// NARDI B. Context and consciousness: Activity theory and human-computer interaction. Cambridge, MA: MIT Press, 1997: 45 - 67.

[2] 国家研究理事会,杰瑞,戈勒博,等. 学习与理解[M]. 陈家刚,等译. 北京:教育科学出版社. 2008: 114 - 130.

原则 3 指出，运用元认知策略来识别、监控和调节认知过程，会促进学习。也就是说，要想成为有效的问题解决者和学习者，学生需要决定在既定的情境中他们已知道什么，还需要知道什么。

原则 4 认为，学习者有不同的策略、方法、能力模式和学习风格，这些是他们的遗传特征和先前经验交互作用的结果。这里强调，个体生来就具有通过与环境互动而得到发展，从而产生他们的现有能力和才能的潜能。

原则 5 则认为，学习者的学习动机和自我意识会影响什么，学多少，以及学习过程中应付出多少努力。

原则 6 提出，人们在学习时所进行的实践和活动会影响他们所学的内容。对认知的情境本质的研究表明，人们学习特定领域知识和技能的方式以及他们学习时所置身的情境变成了所学内容的一个基本部分。

原则 7 认为，社会性支持的互动会促进学习。这里强调如果学生有机会和其他人围绕学习任务去互动和协作，学习就会得到促进。在鼓励同伴协作的学习环境中，有机会去检验各自的观点，并通过观察他人去学习。

这 7 条理解性学习的原则对于数学项目的设计具有深远意义。数学项目设计体现了上面多条原则，例如项目主题需要具有挑战性和情境性，根据原则 5 和 6，这样的主题有助于学生投入到学习活动中。数学项目设计也强调学习活动中的合作互动，根据原则 7，这样的方式促进理解性学习。

第三章　小学数学项目设计与数学素养

对照义务教育数学课程标准中的第一和第二学段课程目标,可以围绕适当的数学内容或实际问题设计数学项目。本章首先阐述在小学开展数学项目学习的意义,然后设计若干个完整的小学数学项目,并说明开展这些数学项目学习将涉及的数学素养要求。

第一节　小学如何开展数学项目学习

小学数学项目学习对于培养学生的数感、符号意识、空间观念等意义深远,同时也有助于加强学生的数据分析观念和模型思想意识,提升其应用意识和创新意识。本节首先从数学课程目标入手,阐述小学数学项目学习的意义,然后详细介绍具体的数学项目设计原则。

一、小学数学课程目标

《义务教育数学课程标准(2011 年版)》(以下简称《课标(2011 年版)》)在课程目标中明确指出,通过义务教育阶段的数学学习,学生能体会数学知识之间、数学与其他学科之间、数学与生活之间的联系,增强发现和提出问题的能力、分析和解决问题的能力。学生在学习方式上应是一个生动活泼、主动及富有个性的状态,动手实践、自主探索、合作交流等都是学习数学的重要方式①。

项目学习作为研究性学习的方式之一,它是"对复杂、真实问题的探究过程,

---

① 中华人民共和国教育部. 义务教育数学课程标准(2011 年版)[S]. 北京:北京师范大学出版社,2012:2-8.

也是精心设计项目作品、规划和实施项目任务的过程"①,其在理念和操作上是通过实践将已有经验提炼并组织到新的情境中,帮助学生实现数学的创造与还原。项目学习的目的与《课标(2011年版)》中综合与实践这一课程内容的设置目的相同,都是以问题为载体,引导学生综合运用多元知识和学科素养,强调学生的实践操作与动手能力的锻炼,同时注重交流与反思,也能充分利用课内外时间。

数学项目活动的最大优势在于学生能够进行真实的、完整的、有意义的学习,在项目过程中综合发挥学科的育人功能。但其不教授基本知识与技能,只能为学生提供应用这些知识与技能的环境,让学生感受到学习知识技能的重要性与必要性。因此小学数学项目学习的内容要依据《课标(2011年版)》教学理念与目标,尽可能选取他们乐于接触的有数学价值的题材,如现实生活中的问题、有趣的数学史实、富有挑战性的问题等为学习素材,以此创设学生进行主动观察、实验、猜测、验证、推理、交流与解决问题等活动的机会与情境。②

小学数学学科主要包括数与代数、图形与几何、统计与概率三个部分的内容,每一部分的课程内容都是随着学生认知水平提高而分散安排,分阶段学习。因此本章立足于小学阶段课程安排的特殊性,从课程内容和实际情境两大设计角度入手,充分组织学生开展小学数学项目活动,旨在为培养小学生数学抽象、逻辑推理、数学建模、直观想象、数学运算、数据分析、问题提出、数学交流8大核心素养打下基石,真正让立德树人和学科素养进入课堂。

二、小学数学项目学习的意义

中国学生的数学知识非常扎实,他们经常能在国际性的比赛中名列前茅。但同时他们又觉得数学在生活中没有很大的用处,很难将学校里学习到的数学知识和他们的生活以及职业进行联系。"在学生看来数学就是反复操练的知识,很难体会数学可以作为一种积极活动的存在。"③有效的数学学习活动不

---

① 巴克教育研究所.项目学习教师指南:21世纪的中学教学法[M].北京:教育科学出版社,2008.
② 詹传玲.中学数学项目活动的开发[D].上海:华东师范大学,2007.
③ 徐斌艳.数学教育展望[M].上海:华东师范大学出版社,2001:153.

能单纯地依赖模仿与记忆,学生不应该只通过"题海"战术来掌握解题方法、技巧,更应该运用数学知识来解决实际问题,能够在教师的引导下对数学问题进行再思考、再创造,从而形成自己的数学思维体系。这与项目活动中"重视独立并积极的数学活动,重视综合的学习,重视合作的问题解决,要让学生通过动手实践、自主探索与合作交流来学习数学、理解数学"的观点一致。[①]

项目学习是以数学学科的基本概念和原理为中心,以应用数学学科知识解决实际问题为目的,借助不同的资源开展探究活动,并在特定的时间内解决一系列相关联的问题,并展示出相应的活动成果。这实质上是让小学生从不同的数学内容中理解、提炼、应用知识,逐步实现"寓知于行"。另外,不同于传统课堂上解答某些难题或者得到老师的表扬,项目学习成果所带来的自我肯定和同伴肯定在很大程度上有利于提高学生对自身能力的认同感,尤其是低水平学生也会积极主动地加入讨论活动中去[②],体现了义务教育阶段数学课程面向全体学生的基本理念。除了对学生自信心的建立有帮助,项目学习活动建议呈现的层次性,也与小学阶段数学知识螺旋上升、层层递进的安排相似,学生在不断地连点成线、连线成片的过程中将知识巩固内化,经历完整的问题提出、探究、实践和再创造的过程。项目学习也改变了以往教师传授知识技能的方式,以问题为载体,让学生在教学目标的指引下,通过对实际事物的实际操作、考察和反思,亲自经历活动过程而获得经验,由感性认识飞跃成理性认识。[③④] 这与基础教育课程改革以来 2005 年倡导发展学生"基本活动经验"不谋而合。数学项目学习选取的活动建议一般都是能够实践的,可以应用数学和其他学科知识对问题进行解决,这比理解单一的数学概念富有挑战性。学生需要从数据分析、推理交流、抽象概括、符号表示、运算求解等多角度切入问题,发挥不同层次的学生的个人能力,在交流互助中体会数学的真实应用。这既鼓励学生参与活动的积极性,又进一步培养了学生的应用意识和创新意识,

① 李雅慧. 基于项目活动的教学案例研究[D]. 上海:华东师范大学,2013:8.

② 郝连明,綦春霞,李俐颖. 项目学习对学习兴趣和自我效能感的影响[J]. 教学与管理,2018,745(24):38-40.

③ 史宁中,柳海民. 素质教育的根本目的与实施路径[J]. 教育研究,2007(8).

④ 王明祥. 在实践中积累数学活动经验[J]. 新课程导学,2012(33).

帮助学生积累丰富的数学基本活动经验。

小学生在进行数学学习时，往往会存在怕思考、怕实践、怕做难题，乃至厌恶数学的倾向，他们常常困惑于："我为什么要学习小数？""学了统计图有什么用呢？"诸如此类的问题，其本质是对数学知识的来源与应用的困惑。项目学习作为学生学习数学的一种新方式，正是对某个问题的追根溯源、学以致用。教师在进行活动建议时要通过一系列有意义的环节将知识有机地串联起来，那么学生也就不会认为数学是一堆毫无逻辑、乏善可陈的概念和公式。例如，在"统计与概率"这一内容的课堂教学中，教师在教学中更多地把重点放在学生是否能得到统计结果上，忽视学生信息搜集、数据处理的过程经历，学生的数据分析能力处于低层次水平，缺乏客观严谨的精神培养；研究的问题脱离学生的生活实际，统计活动没有在现实的生活背景中产生，削弱了学生学习兴趣；对统计活动的评价没能渗透统计的思维品质，不能体现统计分析的辩证精神①。然而"统计与概率"的思想和方法在生产和科学研究中发挥巨大作用，公民具有收集、整理与分析信息的能力已经成为一种基本的素养。小学阶段对这部分内容的学习应该是"重结果，更重过程"，学生对统计过程的体验要比现成统计知识和获得结果更重要。项目学习在这些问题上有着充分的发挥空间，学生在"个人时间规划""天气预测""种子发芽"等活动中经历"为什么要统计、统计要做哪些事情、统计的结果是什么、这个结果有什么意义"的全部过程，真正领会统计的实质，在情境中感受统计的必要性，在细节中总结收集数据的方法。

小学生的认知特点和数学课程内容的特殊性，是数学项目设计的关键所在。例如小学几何要凸显其直观性，是从生活到数学、从直观到抽象的过程。认识角通常是让学生观察时针和分针、折扇的两边等，抽象得到形状不同的角。项目学习的直观性和情境性有利于小学几何教学，但也不能忘记数学学科本身的学术性和严谨性，在分析角的特征时要牢牢抓住"一个顶点、两条边"的基本特征，为中学的推理与论证打好基础。那么在小学阶段到底有哪些内

---

① 范燕. 小学数学统计教学的问题与策略研究［D］. 上海：华东师范大学，2012：1-2.

容适合开展项目学习？如何选择、组织这些内容？本节将从课程内容、事实情境两个角度展开说明小学项目学习活动的设计。

三、基于课程内容的数学项目设计

小学数学三类课程内容分别是"数与代数""图形与几何"和"统计与概率"。

数与代数这一内容是小学数学的重中之重，在学科中占据了小学数学所有内容近50％的比重，其教学成功与否、知识的巩固与落实直接关系着学生基本素养的养成。在设计这一部分的项目活动时，教师着重思考以下问题：

（1）课程标准对这个年级的学生是如何要求的？

（2）学生通过项目学习能掌握、应用哪些技能与素养？

（3）这个活动能否帮助他们加深对知识的理解？

在《课标（2011版）》中，小学阶段"数与代数"的主要课程内容划分为"数的认识""数的运算""常见的量""式与方程""正、反比例"和"探索规律"几个部分，各部分内容所占比重如表3.1.1所示。

表3.1.1　数与代数各领域知识点比重①

	知识点比重	百分比(％)
数的认识	44/95	46.32
数的运算	49/95	51.58
常见的量	7/95	7.37
式与方程	5/95	5.26
正、反比例	7/95	7.37
探索规律	3/95	3.16

从表3.1.1中我们不难发现，在数与代数领域的六部分内容中，数的运算所占比重最大，达到51.58％，其次是数的认识部分，比重达46.32％，其他四

① 孙艳明.小学数学探究式课堂教学案例研究[D].长春：东北师范大学，2012：23.

部分所占比重差异不大,都没有达到 8%。数的认识与运算是为初中阶段方程、函数等典型的代数概念的引入提供帮助,其中整数、小数、分数与百分数的认识及相应的四则运算是本阶段"数与代数"的重要内容,是学生进行进一步学习的基础和日常生活的应用工具。

而在数的运算中,转化思想和符号意识是其中两种重要的数学思想。

转化思想是指在研究和解决有关数学问题时,采用将复杂问题简单化、具体问题一般化、抽象问题直观化、不规范问题规范化等手段达到解决问题的最终目的。小学数学教材主要以知识结构为脉络,比如"数的运算"中新旧知识结合得极其紧密,新知识大都是建立在旧知识的基础上。小学低年级学生在初步感悟中以具体、直观的方法利用"凑十法"将"20 以内的数"的加法转化成十几加几进行计算;到了中年级,教师不仅要引导学生感受转化思想的益处,也要带领他们总结转化的方法,如在学习"一位小数的加减"时让学生总结小数加法就是要"小数点对齐,从右往左计算",将整式加减法转化为小数加减法;高年级学生在长期转化思想的渗透下,在遇到"异分母分数相加减"问题时就能够自发在脑海中搜索旧知识解决新问题。

如果说转化思想是新旧知识的桥梁和纽带,那么数学符号就是数学关系的表征和理解。蔡金法等在研究中美数学教材比较时发现:中、美小学生对等号认识的全面程度对其解决诸如"8+4=□+5"一类问题有一定影响,中国学生更能体会等号两边的平衡关系[1]。数学符号是从数学事物中抽象出来,对应着数学思想的变化,以简洁的形式承载了大量数学意义,方便联想和思考。《课标(2011 年版)》也对学生符号意识的培养提出了明确的要求:要能够理解并且运用符号表示数、数量关系和变化规律;知道使用符号可以进行运算和推理,得到的结论具有一般性。建立符号意识有助于学生理解符号的使用是数学表达和进行数学思考的重要形式[2]。教师要准确把握概念性知识与学生的

---

[1] 蔡金法,江春莲,聂必凯. 我国小学课程中代数概念的渗透、引入和发展:中美数学教材比较[J]. 课程·教材·教法,2013(6):57-61.

[2] 中华人民共和国教育部. 义务教育数学课程标准(2011 年版)[S]. 北京:北京师范大学出版社,2012:7.

连结点,将数学知识与对应符号建立起实质性的联系。

学生的数学思维和数学能力是在小学阶段逐步形成的,因此这一时期的数学教学尤为重要,而图形与几何的教学内容更是重中之重。图形与几何是儿童认识人类生存空间的必需知识,有助于儿童智力的发展和创新精神的形成,有助于促进学生全面、持续、和谐的发展[①]。图形与几何的学习内容分为几个阶段:初步认识立体图形—认识平面图形—平面图形的测量与计算—再次认识立体图形—立体图形的测量与计算,学生是从整体到部分再到整体的思路去理解平面图形和立体图形的关系。

小学阶段"统计与概率"的教学活动具体分为两个学段:第一学段(1～3年级)主要研究数据统计活动初步和不确定现象;第二学段(4～6年级)主要研究简单数据统计过程和可能性。在小学阶段对于统计与概率主要达到以下教学目标:第一学段(1～3年级)学生将对数据统计过程有所体验,学习一些简单的收集、整理和描述数据的方法,能根据统计结果回答一些简单的问题,初步感受事件发生的不确定性和可能性;第二学段(4～6年级)学生将经历简单的数据统计过程,进一步学习收集、整理和描述数据的方法,并根据数据分析的结果作出简单的判断与预测,进一步体会事件发生可能性的含义,并能计算一些简单事件发生的可能性。小学数学"统计与概率"领域的教学,内容不多、难度不大,但要真正教好、学好,并不容易。《课标(2011 年版)》将概率内容放在了第二学段(4～6年级),这样做是符合小学生认知规律和身心发展特点的,也符合教育学中"循序渐进"的原则。

四、基于情境的小学数学项目

数学项目活动中主要包括三个要素:挑战性情境、成果和评价。问题情境有挑战性对于项目的实施有着重要的影响。在适合的和熟悉的环境中进行

---

① 课程教材研究所,数学课程教材研究开发中心.小学数学教学与研究[M].北京:人民教育出版社,2006.

学习更有利于学生问题解决。正如本书第二章中提及的,数学项目活动既可以从数学内容本身出发,也可以从生活情境中找到切入点。在上一节中,从课程标准中的内容学习为出发点,以课标为项目选题的基准,方便激发教师设计项目作品的灵感、指导教师衡量项目的评价标准。但我们不需要仅局限于这一种选题来源,日常工作和生活中遇到的问题、有趣的新闻报道、互联网信息、时事争论等都可以作为选题材料。对于小学生而言,数学项目活动可以作为一次综合实践,带领他们回顾小学阶段大部分重点知识。项目活动中的真实情境能让学生更直观地体会到"数学来源于生活、运用于生活"的思想,能从多方面激发学生的灵感,使他们在项目活动中思维发散更广阔、活动形式更丰富。在观察、操作、想象、计算等操作中,发展学生的直观想象能力、逻辑推理能力等,提高学习数学的兴趣,增加对数学文化的了解。

情境创设反映的是教师对各类素材的挖掘,但仅仅停留于教科书的挖掘是远远不够的。教师的主动创造才是情境的最终源泉。为此,教师应广泛涉猎各门学科,具有广阔的视野,同时更应关注现实生活,从现实生活中寻找优秀的教学情境。在设计基于情境的数学项目时,教师应当:

(1) 从学生熟悉的实际情境出发,引发学生的好奇心,让生活经验数学化,让数学问题生活化。如用学生熟悉的七巧板来使学生熟悉正方形、长方形等多边图形,培养空间想象能力和几何直观能力。

(2) 注重给予学生独立思考、自主探索、合作交流的空间,不应该让学生简单记忆、机械模仿书本上的知识,而要让学生在"做"中学,通过应用与实践来促进理解。如让学生自主通过互联网、书籍等查找台风发生的时间、地点,锻炼处理信息的能力。

(3) 注重各个部分甚至是各个学科教学内容的融合,让数学的三大内容和物理、化学、生物、地理等多学科知识能力在教学中互相渗透。如在种子发芽实验中,学生知道种子要在合适的光照、土壤、水份等条件下才能生长,其生长周期和速率受多方面影响。

那么教师应该如何利用身边的资源创设活动建议,如何改编资源使之成为好的项目活动? 教师一般会将身边可取的素材收集起来,分析每个素材的

优缺点,并对其进行改编。例如教师在设计其中四个活动建议时,进行了如下归纳总结:

驱动性主题 1　探究七巧板的奥秘

适用年级　九年义务制六年级

资源　数学教材、生活经历

优点　包含丰富的几何知识;符合课程标准;参与性强;动手性强

进一步工作　提出特别的、有难度划分的作品形式;探究数学原理

驱动性主题 2　滚铁环的技巧

适用年级　九年义务制六年级

资源　童年游戏

优点　可行性强;让学生更关注生活;趣味性强

进一步工作　教师需要对圆进行初步介绍;查看有无制作工具和比赛场地

驱动性主题 3　种子发芽实验

适用年级　九年义务制四年级

资源　科普读物

优点　材料简便易得;学生乐于参与

进一步工作　将问题数学化;挖掘它与课程标准的联系

驱动性主题 4　天气预报

适用年级　九年义务制四年级

资源　时事新闻、科普读物

优点　生活性强;包含丰富的数学知识;符合课程标准

进一步工作　降低项目难度;选取合适的资源提供给学生

第二节　小学数学项目的设计

本节以"身边的百分数""传统游戏中的数学"和"与数据对话"三个项目为例,详细介绍如何设计完整的数学项目,其中需要考虑设计背景、各种子活动建议、项目实施建议以及评价建议等。

一、"身边的百分数"项目

（一）设计背景

基于上一节课程内容和数学思想的分析,这里选取了"百分数"作为本节数学项目的核心。小学生对百分数的学习通常是以分数、小数和比例知识为基础,为了方便统计和比较,将不同分母的分数转化为分母是 100 的分数。百分数符号"％"的引入能让学生体会利用一个新的数学表达式分析数量关系的过程,逐步建立完整的符号运算结构,建构整体性知识,促进符号意识和能力的发展。

在《课标(2011 年版)》中要求小学阶段四至六年级的学生应该掌握的有关"百分数"的内容是:结合具体情境,理解百分数的意义;会进行小数、分数和百分数的转化(不包括将循环小数转化为分数);能解决百分数的简单实际问题。项目学习作为一种不同于常规学科教学的教学模式,也需要设定教学目标。依据赫梅洛-西尔弗(C. E. Hmelo-Silver)归纳总结的项目学习目标[1],并结合我国小学数学特点,教师可以确定数学项目学习活动的教学目标,这既是老师"教"和学生"学"的重要参考指标,也是评价反馈的重要依据。如为"身边的百分数"设置项目学习目标如下:

（1）进一步理解百分数和百分比符号的意义,会进行分数、小数、百分数

---

① HMELO-SILVER C E. Problem-based learning: What and how do students learn [J]. Educational psychology review, 2004,16(3): 235 - 266.

的互化;在讨论、交流、辨析等活动中,发展良好的数感,培养独立思考、敢于提问、数学抽象的能力。

(2)了解百分数的起源和百分比符号的意义,从数学史中感受数学文化的魅力,进一步体会数学知识之间的内在联系,激发数学兴趣,培养搜集资料、比较分析的能力。

(3)熟练掌握百分数的简单计算,经历用百分数表达和交流生活现象的过程,解决有关百分数的实际问题,在合作探索中体会数学与生活的密切联系,感知数学知识和方法的实际应用价值。

(4)进一步理解税率、增长率、利率、含量等含义,学会分析问题、提出问题、解决问题,提高数据分析能力并形成相应作品,培养动手操作和合作交流的能力。

在数学项目活动中,为了给学生的探究设置或层层递进、或环环相扣、或面面俱到的问题和学习任务,从而引发学生思考,推动学生展开合作讨论,并安排规划自己的任务进程和产品目标,教师需要收集、整理、筛选很多的资源。例如教师或活动设计者的个人经验、学生的兴趣、文化习俗、教材和其他课程材料等。在为"身边的百分数"设计活动建议时,我们参考了数学教材、科普读物、报纸电视、门户网站等一些常见资源,结合个人经验简单分析资源的优缺点,取长补短,将资源内容提炼为活动建议。值得一提的是,各小组的学生也可以根据兴趣爱好提出自己的问题,与老师交流讨论,在接受老师指导后,将自己提出的问题变成"好的活动建议"。

(二)"身边的百分数"项目的设计

1. 挑战性情境

我们用如下引导语呈现"身边的百分数"项目的情境,激发学生投入该项目学习。

大家都知道诺贝尔奖获奖者可以获得数额可观的奖金,但是那份奖金占基金总数的百分比是多少呢? 另外当你读报、看杂志、看电视或上网浏览信息时,也经常会看见百分数(比)。为什么百分数对经济、政治以及我们的日常生活是那么重要? 百分比符号是怎么来的? 它有什么涵义吗? 为什么全世界的人都使用它？就让我们一起走进生活中的百分数世界吧。

2. 结构性知识网络

百分数的用途非常广泛,在数学学习、银行利息、商品成分、房屋买卖等方方面面都发挥着作用。我们可以借助了解百分数的历史,与百年前的数学家们对话;可以在商品包装上寻找百分数的身影,研究各个成分比重;在购买房屋时,百分数能告诉我们房屋的性价比;百分数还能教会我们如何理财。如下是该项目的活动结构图(图 3.2.1)。

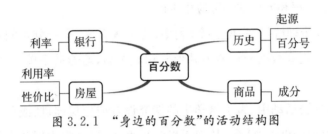

图 3.2.1　"身边的百分数"的活动结构图

在围绕该主题设计各个活动时,要考虑学生参与活动时可能需要的数学内容(图 3.2.2)。由于是相对开放式的活动,因此学生可能会使用到其他相关的内容,应鼓励学生在活动中深化理解相关的数学内容。

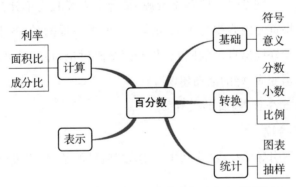

图 3.2.2　"身边的百分数"的相关知识结构图

3. 设计各种活动建议

围绕百分数我们可以进行各种有趣而又有挑战性的活动,在此提供几个分组建议,由学生分组后选择相关的活动建议,开展学习活动。如果学生有自己的活动建议,教师可以对学生的建议进行评估,需要考虑学生的建议是否与项目主题相关,是否有完成任务的可行性等。以下是可供学生选择的活动建议。

建议 1: 百分数的来源

请同学们探究并回答下面的问题。最后完成一份表示百分数符号演变过程的图文并茂的说明文章,以及表达百分数的示意图。

- 百分数的符号是从哪儿来的?
- 以前人们是怎样表示百分数的?
- 能不能利用百分数来表示你感兴趣的问题?

为了回答这些问题,同学们可以通过查阅书籍、浏览网上信息或采访专家等方法收集整理相关资料(文字、图片及数字材料等)。在学习活动中,需要了解百分数符号的意义及百分数的表示。

建议 2: 商品上的数字

请同学们探究并回答下面的问题。最后请提交一份商品信息展览策划书(分类说明商品上百分数的意义,所提供的信息等)。

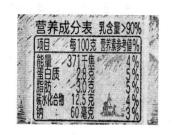

图 3.2.3

- 你发现商品上的百分数了吗?
- 这些商品上的百分数要传达的是什么信息呢?(收集尽可能多的带有百分数的商品信息)
- 标签上的百分数代表的是什么? 请教专业人员,比较你的认识与专业人员的认识是否一致。

为了回答这些问题,同学们可以观察身边商品上的百分数,如图 3.2.3,并通过咨询等方式弄清其涵义及作用。在学习活动中,需要理解百分数的意义与作用。

建议 3: 我们的家

请同学们探究并回答下面的问题。最后需要完成一份调查报告或意见书(包括数据的统计,统计的图表以及结果的说明),以及房屋有效利用的设计图或模型。

- 不同户型的房屋单价相同吗?

- 你们家的房屋面积使用率如何?

- 如果你来购置房屋,你会考虑哪些数据?

- 如何增加房屋的有效面积?

为了回答这些问题,同学们可以上网查询或者询问相关人士分析房屋价格,计算房屋自用面积百分数,研究讨论影响购房的因素并进行说明。在此会涉及百分数值的计算,学会数据的收集、整理及分析,并能选用适当的统计数表来表达百分数值。

建议 4: 理财师

请同学们探究并回答下面的问题。最后写一篇说明文章(结合具体例子)。

- 什么是利息? 什么是利率?

- 百分数和利息、利率有什么联系呢?

- 为什么利息是重要的? (建议结合诺贝尔基金或者其他你所了解的基金进行分析)

- 如果你有一笔资金可以利用,你会选择什么理财产品?

为了回答这些问题,同学们可以上网查询,或者查阅书籍及到银行咨询,收集相关材料等在学习活动中需要百分数的换算。

4. 关于实施建议

这个项目共有 4 个活动建议,供学生分组后,分别选择其中的某个活动。在完成小组活动后,各小组内合作完成"百分数"小报。这个项目活动拟需要4~5 个学时,具体进程如下。

第一阶段(第 1 学时):在课堂上,老师向学生介绍各个子项目。学生与老师共同探讨,明确活动主题,小组成员共同制定活动计划(见第 84 页的附录)。

第二阶段(第 2~3 学时):根据各个子项目活动建议的要求,小组各自活动,利用课内外时间完成项目。有些小组需要搜集资料,学习进一步的知识

（如查询利息的概念、百分数起源、百分数符号的演变），运用自身知识与经验将搜集到的材料用策划书、小报、海报等形式展示；有些小组在生活中发现问题，收集商品包装上的信息并查询百分数表示的意义，利用百分数完成统计图表、数表等。其间，老师可以安排时间与学生交流项目进展，根据学生反馈的问题给予适当帮助，或对目前已完成的项目提供建议，以帮助小组更好地完成项目并呈现丰富的活动成果。

第三阶段（第 4 学时）：全班分组展示活动成果，交流小组学习感悟，并由教师对各小组成果进行客观评价。也可以根据学校实际情况，让学生将设计的海报、小册、报告利用活动周展示给全校学生；或根据学生调查结果为学校或社区提供意见。

学生的学习结果将以百分数小报的形式分发到各个班级以及教师办公室，请老师、学生在"信息反馈"部分写下读后感想。约定时间，回收"信息反馈"部分。或者以百分数为主题开一个主题班会，分享小报成果。

5. 关于评价建议

活动结束，要求学生对项目学习做一个反馈，可以填写在整个活动中有哪些收获？有哪些困惑？有哪些建议？请学生填写下面的三张表格，一式两份，一份与学生的成果作品放在一起，供学生自我反思或者小组交流使用，另一份供老师使用，以便进一步了解学生的学习过程。

表 3.2.1　"身边的百分数"项目的评价

内容＼定量评价	4(高)	3(较高)	2(一般)	1(低)
参加活动的兴趣程度				
数学知识的灵活运用能力				
动手制作测量工具能力				
对资料的收集、加工、整理能力				
与同学的交流、合作能力				
信息技术水平的提高程度				

你在项目活动中运用到哪些数学知识和能力？请详细列举。

请你用文字进一步描述在这个项目活动过程中的感受。

你的收获：

你的困惑：

你的建议：

附录：

以下活动计划书供参考使用

活动主题(参照上述活动建议)	
小组成员名单： 小组成员分工： 活动过程(包括具体的活动日期、内容、形式)：	备注

续　表

可能有的学习成果： 学习成果展示的形式：	

二、"传统游戏中的数学"项目

（一）设计背景

为了让小学生体会中国传统游戏的乐趣以及多发现生活中的现象，我们设计了以图形与几何为主要知识点的"传统游戏中的数学"项目活动，教师要结合学生年龄和心理认知阶段，合理设置项目学习目标。

"传统游戏中的数学"的参与群体是六年级学生，在认知上，六年级学生的注意力有了较大的提高，特别是对感兴趣的事物可以做到较长时间的注意，也有一定的探究能力和知识迁移能力；在思维上，学生由具体形象思维逐步向抽象逻辑思维过渡，但对抽象概念的理解仍以具体事物为基础；在知识上，学生已经初步掌握了对称、三角形、正方形和多面体的概念，以及能够利用面积、体积公式进行简单计算，有较强的运算能力；在能力上，学生已经初步具有类比转换思维、动手操作能力和基本的解决问题能力，能在教师的引导下，

以小组合作形式解决问题。基于以上分析,该项目学习活动的学习目标如下:

(1) 理解平面图形的对称现象,巩固轴对称、中心对称、旋转对称的知识,掌握识图、画图的方法和能力,培养几何直观能力;

(2) 熟练使用三角形边长和角度等概念,能熟练使用内角和、相似和全等等知识,能结合平面图形(圆、四边形、多边形)的性质和定理,解决复杂的图形问题,培养综合分析、解决问题的能力;

(3) 利用面积、体积的计算公式,合作探索立体图形的构成和平面展开图,在合作探索中体会数学与生活的密切联系;

(4) 灵活运用运算规律,解决基本数学问题,在项目学习中培养问题分析能力、解决问题能力、创新创造能力和动手操作能力。

(二)"传统游戏中的数学"项目的设计

1. 挑战性情境

我们用如下引导语呈现传统游戏的情境,激发学生投入该项目学习。

中国有许多传统游戏,例如滚铁环、折纸与剪纸、编织中国结、排列七巧板或者丢沙包等等。游戏不仅能够使我们身心得到放松,还能让我们发现许多数学奥妙。同学们一定想不到吧,多姿多彩的传统游戏中不仅可以发现代数知识,还可以发现几何知识呢!例如七巧板,它由七个规则的几何图形所组成,却可以拼出许许多多生动图案,有人就曾经利用七巧板拼出了《水浒传》里面的一百零八将,个个栩栩如生、虎虎生威。听起来很奇妙吧!又例如,我们平时的折纸、剪纸等活动,其中也蕴含着丰富的数学道理,如轴对称、全等和相似比等。在做游戏的同时学到数学知识,锻炼数学思考能力,你准备好了吗?那么,就让我们一起进入多彩的游戏世界吧!

2. 结构性知识网络

在拼七巧板时,我们能发现角、边、面积的奥秘;在转小风车时,能探究对称的美妙;在做沙包时,会构筑立体世界;在剪纸时,能体会比例的奇特;在滚铁环时,我们将找出最佳角度;在玩幻方时,能感受运算的乐趣。与传统游戏相关的数学活动如图 3.2.4 所示。

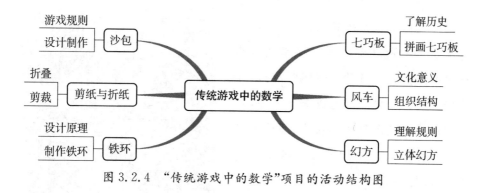

图 3.2.4　"传统游戏中的数学"项目的活动结构图

开展活动中可能需要如下一些数学概念，见图 3.2.5。

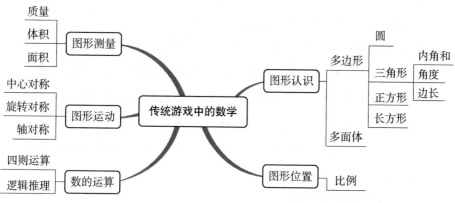

图 3.2.5　"传统游戏中的数学"项目的相关知识结构图

图 3.2.5 呈现的知识结构不是针对某个特定的内容单元，而是学生从事相关活动时，可能需要的内容。通过这样的项目活动可以帮助学生厘清概念、深化理解，也可以让学生检验和反思自己的理解程度。

3. 设计各种活动建议

我们设计了以下几个围绕传统游戏的子项目活动，学生可以采用其中的方案，也可以小组内部互相商量，提出具有自己独特想法的活动建议。最主要的是，小组内部要亲密合作，遇到困难可以向老师提出来，并与老师交流探讨。

建议 1：探究七巧板的奥秘

七巧板是我们所熟知的中国传统游戏，它由七块不同规则几何图形组成，

可以拼出形态各异的花鸟虫鱼等图案，
如图 3.2.6，所以又被称为"益智图"，想
一起去探索七巧板的奥秘吗？那么，让
我们一起行动吧！请完成如下任务，期
待你们最终交出研究小报告（关于七巧
板的历史以及其中所包含的数学内容
等）以及自制的七巧板拼图和计算机模
拟拼图。

图 3.2.6

　　↳ 你知道七巧板是怎么来的吗？通
过查阅资料去了解七巧板的历史吧！

　　↳ 你能分别用一个正方形和两个正方形来制作一副七巧板吗？

　　↳ 七巧板中各几何形状的边长、角度和面积之间有什么具体关系呢？

　　↳ 除了七巧板，你还能找出其他的"多巧板"吗（例如 15 巧板）？

　　↳ 动手或者利用计算机拼出漂亮的图案，展示你的七巧板拼图。

　　在这活动之前，需要准备好硬纸板和剪刀等。另外，完成任务过程中，至
少需要用到多边形的相关概念（边、角、面积、内角和等）。

建议 2：自制风车

　　风车（如图 3.2.7）又名吉祥轮、八卦风轮，明清时
期，在老北京，春节一到满大街都能看到。它常常用高
粱秆、胶泥瓣儿和彩纸扎成。它最大的特点就是用一根
杆带动着小轮，只要风一吹，小轮上的纸片就能不停地
旋转，发出好听的声响，那么，你了解它们的规律和寓意
吗？一起去探索吧！期待你们完成如下任务后，自己手
工制作若干个风车，并配上制作说明。

图 3.2.7

　　↳ 风车具有什么样的文化历史？它对中国文化具
有什么样的意义？

　　↳ 你知道风车的结构是什么样子的吗？你能在纸张上还原风车风轮上

纸片的平面图吗?

　　♣ 许多风车都具有不同的形状和特点(如"乾坤""八卦"等),你能制作一个属于你的独特的风车吗?

　　♣ 在制作的过程中你有没有关注到制作风车时所用到的数学知识(如各种形式的对称)? 写下你的发现吧!

从事这些活动,可能需要硬塑料吸管或长木筷、用于转动的小轮及彩色纸片、画笔、彩线、珠子等用于装饰的饰物,请你们事先准备好。另外这个活动需要你们能够灵活应用各种形式的对称(轴对称、中心对称等)、立体图形的平面展开图等。

建议 3: 制作不同形状的沙包

　　同学们认识图 3.2.8 中的沙包吗? 小的时候有没有玩过丢沙包的游戏呢? 在家里找一些漂亮的碎布片,用针线缝成一个手心大小的小口袋,再用米或沙塞满、缝好,一个沙包就做成了。沙包不仅可以用来玩你攻我防的"丢沙包"游戏,还有许多其他的活动形式,这与你所制作的沙包形状也是有关系的! 请你们按照下面的说明行动起来。在小组范围内交流合作,收集资

图 3.2.8

料并进行手工制作。期待你们最后制作出各种具有规则多面体形状的沙包。

　　♣ 收集沙包的形状、材料和制作方面的资料。

　　♣ 总结沙包的各种游戏形式和游戏规则。

　　♣ 探索沙包的表面积和体积与各种游戏形式之间的关系。

　　♣ 利用你所想到的多面体设计几种具有规则形状的沙包。

　　♣ 制作一个具有规则形状的沙包并展示你的作品。

这里需要先准备好针线、布或细沙等。另外,在活动中会涉及到多面体的

初步认识,利用面积、体积或对称等概念或性质。

建议 4: 动手剪纸与折纸

剪纸和折纸(如图 3.2.9)一直作为我国的传统民间艺术影响着一代又一代的人。如今,它们早已走出民间的范围,引起了广大艺术甚至科学领域的专家和学者的广泛兴趣,在这个活动中,我们将一起去探索剪纸和折纸中的数学奥秘! 请同学们小组范围内交流合作,制作剪纸和折纸作品。期待同学们创作出具有数学特色的剪纸和折纸作品,请配上制作说明。

⬧ 你了解剪纸吗? 经过折叠的纸张剪出来的效果如何? 多试几次来验证你的结论。

图 3.2.9

⬧ 你会用纸张折出一个特殊的三角形吗(如等腰直角三角形和正三角形)?

⬧ 利用学过的数学知识折叠并裁剪出一种或一种以上规则的多边形,并讲明其中的道理。

⬧ 利用对称原理制作一幅折纸或剪纸作品。

在开始活动之前,请准备好纸和剪刀等。在这活动中,可能需要用到轴对称、中心对称、全等、相似比、比例等概念。

建议 5: 探寻滚铁环的技巧

有的同学可能已经接触过滚铁环(如图 3.2.10)这种游戏,虽然滚铁环不属于什么高科技,但是如果想要铁环又快又稳地向前运行,还真是需要一番功夫的!不信吗?一起来试试吧!在小组范围内讨论铁环的运动原理,手工制作铁环验证结论。期待同学们制作一个运行状态良好的铁环,并配上制作说明。

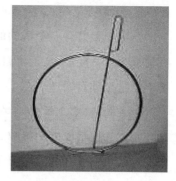

图 3.2.10

🔸 铁环的直径和推杆的长度大约在什么范围内?为什么要这样设计铁环呢?

🔸 推杆与地面之间一般呈现什么样的角度?你能用自己的方法找出最佳角度吗?

🔸 小组合作,利用合适的材料自制一个铁环,测验铁环的运行状况,及时修正和改装你的铁环。

这个活动需要铁丝和铁钩等材料,请预先准备好。另外在制作过程中可能会用到直径、速度、角度、质量等。

建议 6: 破解奇妙的幻方

幻方也是一种中国传统游戏,旧时在官府、学堂很是常见。大概两千多年前,流传夏禹治水时,洛水河中浮出一神龟,龟背上有一张象征着吉祥的图案称为"洛书"(如图 3.2.11),这也是我们现在所说的最简单的三阶幻方。还有许多其他的幻方哦,一起来试试吧!在小组范围内讨论幻方的原理和解法,手工制作立体幻方。期待同学们创作出精良的立体幻方,并配上制作说明。

洛书

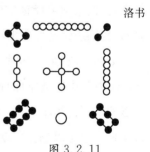

图 3.2.11

🔸 你知道幻方的分类吗?它们的规则和解法有什么不同吗?

🔸 你能根据查阅的资料,制作出有关于幻方的小游戏吗?

🔸 小组合作,利用材料制作一个立体的三阶幻方。

这个活动需要用到计算器、木块等,请预先准备一下。另外,要考验大家的加减运算、逻辑思考、转换能力、动手能力等。

4. 关于实施建议

这个项目共有 6 个活动的建议,学生分组后,分别从事其中的某些活动,在完成小组活动后,全班将自己的活动作品在校内或社区利用展示会介绍给他人。这个项目活动需要 4～5 个学时,又可分为以下几个阶段。

第一阶段(第 1 学时):在课堂上,老师向学生介绍各个子项目,并根据学生年龄和知识情况适当讲解与项目活动有关的知识点,帮助学生搭建学习脚手架。学生与老师共同探讨,明确活动主题,并以自我兴趣为前提形成活动小组(活动人数由教师把握,3～5 人为宜),教师可根据选择情况对小组进行适当调整。小组成员共同制定活动计划,每人明确自己在分组活动中的角色,在教师指导下填写活动计划书(见第 93 页的附录)。

第二阶段(第 2～3 学时):根据各个子项目活动建议的要求,小组各自活动,利用课内外时间完成项目。有些小组需要根据圆的相关知识,综合考虑铁环的质量、推的角度和速度等,寻找合适材料制作铁环;有些小组要查阅资料,了解幻方的计算方法,并通过小组合作创造三阶立体幻方。

第三阶段(第 4 学时):其间,老师可以安排 1 学时在课堂上与学生交流项目进展,根据学生反馈的问题给予适当帮助,或对目前已完成的项目提供建议,以帮助小组更好完成项目并呈现丰富的活动成果。

第四阶段(第 5 学时):各个小组在校内或社区展示完成的作品,向他人普及传统游戏中的数学原理。老师也可以通过学校活动周等方式,鼓励学生们积极参与到传统游戏中,了解中国传统文化的魅力并普及其中的数学知识,寓教于乐。也可以制作一期以"传统游戏中的数学"为主题的黑板报,展现多姿多彩的项目活动,或者举行一次传统游戏的运动会,如进行掷沙包、滚铁环等游戏活动,评出获奖选手。

5. 关于评价建议

活动结束后需要组织学生参与评价,以不同的方式写下在整个活动的收获、困惑,或者提出建议。请学生在下面的三张表格中记录下相关的感受,一式两份,一份交给学生,帮助他们自我反思,或者在小组内分享感受。另一份用于老师对学生评价时参考。

表 3.2.2　项目活动评价表

内容 ＼ 定量评价	4(高)	3(较高)	2(一般)	1(较低)	0(低)
参加活动的兴趣程度					
数学知识的灵活运用能力					
动手制作测量工具能力					
对资料的收集、整理能力					
与同学的交流、合作能力					
信息技术水平的提高程度					

你在项目活动中运用到哪些数学知识和能力？请详细列举。

请你用文字进一步描述在这个项目活动过程中的感受。

你的收获：

你的困惑：

附录：

以下活动计划书供参考使用

活动主题(参照上述活动建议)

小组成员名单：	备注

续　表

小组成员分工：	
活动过程（包括具体的活动日期、内容、形式）：	
可能有的学习成果：	
学习成果展示的形式：	

三、"与数据对话"项目

（一）设计背景

"与数据对话"是为四年级学生设计的，这一年龄阶段的学生已经初步具有类比转换思维能力、数据分析能力和基本的问题解决能力，能在教师的引导下，以小组合作形式解决问题。但他们对于统计方面的认识仅仅局限于图表识读和数据分析上，还没有从实际问题中搜集和分析数据的体验，也还没有随机现象发生的可能性的认识。这需要教师发挥管理项目的能力，在对学生进行分组时，不能让学生完全自由地按照喜好结对，而要考虑每个小组能力的均衡性，以免最终能力强的组出尽风头，而其他组没有表现的机会。该项目学习目标如下：

（1）能根据给定的标准或自己选定的标准，对事物或数据进行分类；

（2）经历简单的收集、整理、描述和分析数据的过程；

（3）会根据实际问题设计简单的调查表，能选择适当的方法（如调查、试验、测量）收集数据；

（4）能用条形统计图、折线统计图等自己的方式直观且有效地表示数据；

（5）能从报纸、杂志、电视等媒体中有意识地获得一些数据信息，并能读懂简单的统计图表；

（6）能解释统计结果，根据结果作出简单的判断和预测，并能进行交流；

（7）通过试验、游戏等活动，感受随机现象结果发生的可能性是有大小的，能对简单的随机现象发生的可能性大小作出定性描述，并能进行交流。

学生兴趣爱好广泛，教师设计的项目或许不能满足学生的好奇心。比如学生喜欢看篮球比赛，想要了解每支球队的夺冠情况。学生可以自主提出驱动性主题，教师帮助学生丰富细节，这不失为培养学生问题提出能力的有效方式。

（二）"与数据对话"项目的设计

1. 挑战性情境

我们可用如下引导语呈现项目活动的情境，激发学生投入该项目学习。

信息化时代的到来给我们带来了大量的数据信息，怎么才能"与数据对话"？要让数据为我们提供信息，就要得到准确的数据，不但需要做大量细致耐心的数据收集工作，还需要有合理的科学的数据处理方法。

统计是研究如何合理收集、整理、分析数据的学科，它通过科学的方法让数据客观地告诉我们有关信息，并帮助我们做出合理的决策；概率是能帮助我们掌握世界规则的工具，它通过可能性大小决定某件事该不该做。随着科学技术的进步，统计与概率在人们的日常生活和社会生活中发挥着越来越重要的作用。

2. 结构性知识网络

统计在我们的生活中无处不在，很多领域都要用到统计知识和统计思想，如教育、天文、生物……而概率能帮助我们度量事件发生的可能性，在天气预报、地震监测等方面都发挥着不可或缺的作用。马寅初（1882—1982）也曾指出，学者不能离开统计而研究，政治家不能离开统计而施政，事业家不能离开统计而执业。围绕数据可以提出相关的活动建议,见图 3.2.12。

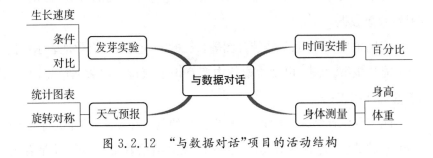

图 3.2.12 "与数据对话"项目的活动结构

在这些子项目活动中可能需要如下一些数学概念,见图 3.2.13。

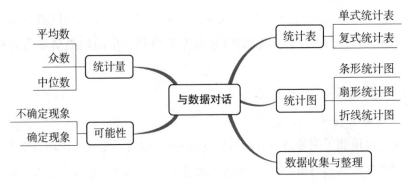

图 3.2.13 "与数据对话"项目的相关知识结构

3. 提出活动建议

这里我们共提出 4 个活动建议,每个小组先选定一个建议的主题进行探讨研究,也鼓励学生提出自己感兴趣的话题进行研究,但需要与教师交流,判断是否适合"用数据"来讨论那些话题。这里活动的关键是收集可靠的数据,只有可靠的数据才能提供客观的信息,由此学生才能利用这些信息提出想法和建议。

建议 1: 我们的一天

请同学们针对下面的问题,在小组内行动起来。例如设计问卷,调查一天时间的使用情况；根据性别、年龄，收集、整理及分析问卷数据；计算各项的百分比值；用统计数表说明调查结果等。期待你们交出一份生动的调查报告（包括设计的问卷、调查的方法、统计的图表以及结果的说明），鼓励大家手绘调查报告。

⬥ 每个人的生活安排是不一样的。你平时的一天是怎样过的？用多少时间来学习、玩耍、吃饭或睡觉？

⬥ 在周末你的一天又是怎样度过的？分别用多少时间来学习、玩耍、吃饭或睡觉？

⬥ 你班同学一天中又用多少时间在学习、玩耍、吃饭或睡觉上？男生、女生在时间安排上有差异吗？

⬥ 你的任课老师是怎么安排每一天的？

在完成上述任务时，同学们可能会用到百分数值的计算，学会数据的收集、整理及分析，并能选用适当的统计数表来表达百分数值。

建议 2：身体测量

请同学们针对下面的问题，开始小组活动。例如设计表格，记录身高和体重；也可以选择班级成员为对象，收集、整理及分析测量数据，计算各项的差数和平均值，用统计数表说明调查结果。期待你们交出一份生动的调查报告（包括设计的问卷、调查的方法、统计的图表以及结果的说明），鼓励大家手绘调查报告。

⬥ 人的身高早晚真的会有变化吗？为什么有这些变化？

⬥ 我们的身高是否符合标准？

⬥ 有同学体型偏大，他们是肥胖儿童吗？

在完成上述任务时，同学们可能会用到长度与质量单位，小数的计算，学会数据的收集、整理及分析，并能选用适当的统计图表来说明。

建议 3：种子发芽实验

请同学们针对下面的问题，开始小组活动。这个活动需要大家精心种植不同条件下生长的蒜苗种子，记录生长情况；及时准确地记录测量结果，并撰写观测日记;选择合适的统计图,制作统计图。期待你们创作带有如图3.2.14所示的图片说明的观察日志,交出一份测量报告(分类说明影响种子发芽的因素)。

图 3.2.14

⬇ 种子生长会受到阳光的影响吗?

⬇ 土壤的条件会不会影响种子生长?

⬇ 种子的生长是匀速的吗? 什么时候或什么情况下会长得特别快呢?请教专业人员,看你的回答是否正确。

在完成上述任务时,同学们可能会用到速度计算,对比试验,学会数据的收集、整理及分析,并能选用适当的统计图表来表达说明。

建议 4: 气象预报员

请同学们针对下面的问题,开始小组活动。这个活动需要大家搜集如图3.2.15所示的信息,了解台风的形成;根据历年报道,搜集、处理信息;选择合适的统计图记录并进行预测。期待你们交出一份生动的调查说明(包括基本

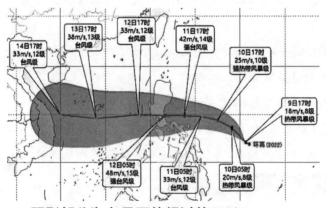

阴影部分为台风可能经过的区域

图 3.2.15

信息、统计图表、预测结果)。

　　♣ 台风是怎样形成的？为什么它的移动轨迹会发生变化？

　　♣ 台风最频繁发生的时间是几月份？每年台风的破坏程度如何？

　　♣ 中国哪些地方容易受台风影响？你能预测明年什么时候可能发生台风吗？

　　在完成上述任务时，同学们要学会数据的收集、整理及分析，并能选用适当的统计图表来记录数据，对现象的可能性进行分析。

　　4. 关于实施建议

　　这个项目共有 4 个活动建议，学生分组后，分别参与其中的某些活动，在完成小组活动后，全班展示各自制作的"与数据对话"小报。这个项目活动需要 4～5 个学时，它又可分为以下几个阶段。

　　第一阶段(第 1 学时)：在课堂上，老师向学生介绍各个子项目，并根据学生年龄和知识情况适当讲解与项目活动有关的知识点，帮助学生搭建学习脚手架。学生与老师共同探讨，明确活动主题，并以自我兴趣为前提组成活动小组(活动人数由教师把握，3～5 人为宜)，教师可根据选择情况对小组进行适当调整。小组成员共同制定活动计划，每人明确自己在分组活动中的角色，在教师指导下填写活动计划书(见第 101 页的附录)。

　　第二阶段(第 2～4 学时)：根据各个子项目活动建议的要求，小组各自活动，利用课内外时间完成项目。有些小组需要搜集资料，学习进一步的知识(如影响种子发芽的因素、台风的形成原因、概率)，运用自身知识与经验将搜集到的材料用于进一步研究；有些小组在生活中发现问题，根据调查问题、年龄和性别等设计调查问卷，收集数据，分析问卷数据、统计图表、数表等。其间，老师可以安排 1 学时在课堂上与学生交流项目进展，根据学生反馈的问题给予适当帮助，或对目前已完成的项目提供建议，以帮助小组更好完成项目并呈现丰富的活动成果。

　　第三阶段(第 5 学时)：全班分组展示活动成果，交流小组学习感悟，并由教师对各小组成果进行客观评价。也可以根据学校实际情况，让学生将设计的海报、小册、报告利用活动周展示给全校学生。

5. 关于评价建议

活动结束后需要组织学生参与到评价中，以不同的方式写下在整个活动的收获、困惑，或者提出建议。请学生在下面的三张表格中记录下相关的感受，一式两份，一份交给学生，帮助他们自我反思，或者在小组内分享感受。另一份用于老师对学生评价时参考。

表 3.2.3 "对数据对话"项目活动评价表

内容 ＼ 定量评价	4(很高)	3(较高)	2(一般)	1(较低)
参加这个项目活动的兴趣程度、投入程度				
调查报告/海报的质量				
用计算机处理数据的能力				
利用统计知识来说明问题的能力				
与同学的交流、合作能力				

你在项目活动中运用到哪些数学知识和能力？请详细列举。

请你用文字进一步描述在这个项目活动过程中的感受。

你的收获：

你的困惑：

附录:

以下活动计划书供参考使用

活动主题(参照上述活动建议)	
小组成员名单:	备注
小组成员分工:	
活动过程(包括具体的活动日期、内容、形式):	
可能有的学习成果:	
学习成果展示的形式:	

第四章 小学数学项目实施与数学素养分析

促进学生的积极主动学习是项目学习的目的之一,但是项目学习也会带来一些课堂管理的问题。有效的项目设计的好处在于能够使学生参与到一个复杂的、重要的问题解决过程中,从而完成课堂学习要求的目标。问题解决过程本身带有不确定性和创造性,在这个过程中学生要经历调查研究、思考、反思、制定草案、验证假设等。很多工作都需要学生互相协作,这就会显得活动场面混乱,但这正反映的是真实世界中解决问题的过程,项目学习的价值就在于此。在这样的过程中,学生掌握的知识技能、情感态度、数学素养能力能显露于整个活动过程与成果中,有利于教师反思学习任务的设计,帮助学生记录活动中的成长。

本章选择第三章所设计的两个数学项目,系统分析在项目实施过程中如何落实数学素养的培养。

第一节 "传统游戏中的数学"项目

本节以"传统游戏中的数学"项目为例,首先分析通过该项目活动期待学生发展的数学素养,然后介绍该项目的实施案例,并系统分析学生在参与项目学习中的行为以及创作出的学习作品,阐释学生的数学素养的具体表现。

一、"传统游戏中的数学"与数学素养

项目学习是"总体设计,分步实施"。[①] 教师可以依据数学课程标准选择教

---

① 郝玉怀,薛红霞,马胜利. 以项目学习促进学生数学核心素养发展[J]. 教学与管理,2018,740(19):67-69.

学内容,也可以从真实情境出发创设活动项目。无论是作为一种方法,还是一种理念,将项目学习根据学生年龄特点、学习内容,应用到数学教学中,无疑是提升学生数学素养的有效路径之一。在本次数学项目活动"传统游戏中的数学"里,需要学生对中国传统游戏进行研究,一方面加深了学生对数学知识的理解,提高了学习兴趣,另一方面展示了多方位的数学能力,包括交流、计算、归纳、作图、推理、反思等,在各项数学素养的协同配合下,完成项目"产品"并进行自我评价与他人评价。在项目中,教师主要关注学生对活动建议的剖析是否到位、合作交流是否流畅、解决方案是否合理,对学生遇到的主要困难施以援手,帮助学生搭建脚手架。图 4.1.1 展示了"传统游戏中的数学"项目活动与数学素养的关系。

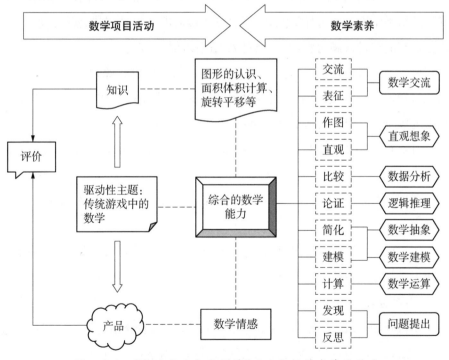

图 4.1.1　"传统游戏中的数学"项目和数学素养的关系

本案例将展现两个不同的子项目活动,目的是全方位地展示学生数据分析、数学运算、数学抽象、逻辑推理等数学素养的表现。

二、项目实施与数学素养分析

我们以"七巧板的奥秘"小组的活动为例,着重介绍学生的活动过程与成果。

该小组的学生将与同伴一起合作,探究一种古老的传统游戏——七巧板。该项目的创意来源于人教版小学数学课本中七巧板的内容,课本中只是简单地介绍了七巧板的组成图形,展示了通过它可以拼图。利用七巧板可以阐明若干重要的几何关系,其原理便是古算术中的"出入相补原理"。教师要做的是深入挖掘七巧板中对应的六年级数学知识,精心设计环环相扣的项目问题,为项目活动创设背景。这个项目历时 5 学时。

与"七巧板的奥秘"同时进行的还有数个小项目,因此教师在介绍项目时要注意给予学生自主选择的空间,但也可对最后的分组情况进行适当调整,防止出现有的项目人满为患,有的项目无人问津的情形发生。

该活动建议下,项目目标是学生理解七巧板的历史起源和发展,探寻背后的几何知识,并利用七巧板拼出各种美妙的图形,在学校的成果展示会上分享小组的成果和心得。具体的学习目标如下:

(1)了解多边形的边和角的关系,能计算多边形的面积,能求多边形的内角和。

(2)能查找到关于七巧板的历史,并探究背后的数学知识,感受数学游戏的魅力。

(3)能利用几何相关知识,通过小组合作发挥创造力和想象力,动手制作多巧板或是七巧板拼图。

(一)项目分组阶段

项目开始阶段,全班一起讨论本次项目活动主题,分小组从活动建议中选取一个活动,或者自己另外设计感兴趣的活动。由于该主题为情境主题,教师并不需要事前统一授课讲授知识,学生们在各自的活动中边学习边成长。

七巧板小组的活动建议要求其动手或者利用计算机拼出漂亮的图案,展示所做的七巧板拼图,还要查阅资料去了解七巧板的历史,自制一副七巧板,进而探究七巧板中各几何形状的几何关系并最终拓展到"多巧板"中。

项目启动后,教师先向学生展示一些造型奇特、图案精美的七巧板画,激发学生对这个项目的兴趣和关注。同时,简单地带领学生回顾其中某些数学知识,例如三角形边、角、面积等知识,为学生完成项目打下基础。小组在开始实施项目之前便在老师的帮助下讨论生成了以下几个问题:

问题(1):七巧板的历史发展中获取哪些重要信息?

问题(2):哪些关于七巧板的数学知识需要呈现?

问题(3):如何让七巧板拼图给人耳目一新的感觉?

问题(4):我们可以制别的多巧板吗?

对这些问题的思考能帮助小组成员快速确定任务安排和分工。在分工时要有策略,考虑组内成员数量、谁和谁一组、每个小组成员的分工,以及如何分配任务等。例如,仅仅是学习(或讲解)基础知识的,亦或是在图书馆或互联网查阅资料的任务,可安排一名学生完成;需要合作互助的模型制作、文件编辑等可以安排两个人。同时也要考虑到活动场地(教室、家、图书馆等)的影响。

"七巧板的奥秘"活动方案如表4.1.1所示。

表4.1.1　"七巧板的奥秘"活动方案

活动主题:七巧板的奥秘	
小组成员:学生 A、学生 B、学生 C、学生 D、学生 E	备注
小组成员分工: 学生 A 和学生 B 负责查找七巧板的历史发展并制作小报。 学生 C 负责在正方形中画出七巧板并拼图。 学生 D 和学生 E 负责探究七巧板背后边、角、内角和等数学知识。 学生 E、学生 B 和学生 D 在完成第一项任务后,分头查找不同的多巧板及其解法。 学生 A 和学生 C 利用七巧板创作图形故事。	小组成员之间要互相协作,及时交流讨论搜集的资料和工作进展。
活动过程: 第 1 学时:讨论活动主题,进行组内分工。 第 2、3 学时:分享讨论搜集来的资料,着手制作七巧板拼图和小报,并尝试利用多巧板拼图。 第 4 学时:与老师交流目前项目进展,解决困难,进行收尾工作。 第 5 学时:反思评价并展示项目作品。	教师发布项目主题,学生利用课内时间制定任务、汇报成果,在学校课外活动期间组织展示会。
可能的作品:小报;七巧板拼图	
作品的展示形式:七巧板故事会和解谜游戏	

该阶段,在分组后的小组讨论中,学生要将驱动性问题抽丝剥茧,依据学习目标提出解决问题的思路。主要培养学生问题提出和数学交流的素养,小学生对任务的理解还是存在一定难度的,这需要教师的引导和帮助解读。渐渐地,在交流中学生们明白了任务内容,并用自己的语言重构了问题。例如本小组学生 C 提出"七个图形的边长是否有关系? 否则它们怎么能合成一个正方形呢?"的问题,启发学生 D 后续计算论证七个图形的边长比和面积比。

(二)项目活动阶段

首先成员们需要了解七巧板的历史发展,他们在图书馆翻找了资料,再结合互联网资源总结提炼,梳理出中国古代七巧板发展的三个重要时间节点的内容:

(1) 七巧板的具体来源年份不可考,但多部文献均认为七巧板是由"燕几图"发展而来的。北宋黄伯思(1079—1118)创造发明了别样的宴请宾客用的"宴几(燕几)"。他设计了由六件长方形案几组成的"燕几",6 件案几可分可合,设宴招待宾客时,可以根据宾客人数多少和菜肴丰盛程度而设几。后来黄伯思的朋友宣谷卿十分欣赏这 6 个案几,并建议增设一小几,因此改名为"七星"。

(2) 黄伯思的"燕几"中只有长方形,拼出来的图形毕竟有限。到了明代,出现了三角形案几的"蝶翅几",发明人是严澄(1547—1625)。"蝶翅几"采用梯形、直角梯形和三角形,每套有 13 件,并对每套组成规定为:梯形一样的两个、左右直角梯形各一个、大三角形一样的两个、小三角形一样的四个,能拼出菱形、马蹄形等多种复杂图形。

(3) 现代的七巧板据说是在清初就已经出现了。但是七巧板出现之初主要是供达官贵人消遣用的玩具,后来慢慢被应用到案几和其他生活用品(如水果盒)的制作中。清代陆以湉(1801—1865)在《冷庐杂识》卷一中写道:"近又有七巧图,其式五,其数七,其变化之式多至千余。体物肖形,随手变幻,盖游戏之具,足以排闷破寂,故世俗皆喜为之。"

学生 A 和学生 B 两位在查找资料的过程中惊奇地发现,其实七巧板不仅是我们的古人十分热爱的玩具,在 18 世纪传到国外时也引起了人们极大的兴趣,并叫它"唐图"。据说美国作家埃德加·爱伦坡竟用象牙精制了一副七巧板；法国拿破仑（Napoléon Bonaparte，1769—1821）在流放生活中也曾用七巧板作为消遣游戏。

　　两位学生在搜集整理资料后，共同使用 PPT 设计了七巧板小报，如图 4.1.2，用时间轴呈现七巧板的历史发展，又配上精心设计的图案、精简的文字说明。其中 9 个彩色数字是两位学生为了丰富小报内容，自己动手拼出了图形并拍好照片加以设计的。

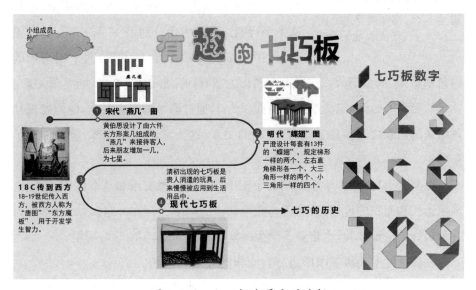

图 4.1.2　七巧板发展史的海报

　　在探索七巧板的历史时，学生们能够在教师的引导下找到大部分有效的资料，并从中获取有价值的信息加以整理，这一阶段对数学知识的运用并不是很多，但数学史的渗透让学生们发现数学并不是冷冰冰的试题与解答，而是活灵活现的、有生命的、有渊源的文化。学生们在查找资料和制作海报的过程中直观想象、数学交流与数学情感都得到了不小的提升。

　　学生 D 和学生 E 两位想要探究背后的数学原理，在教师的引导下，他们首先发现"7"是一个素数，但就是能拼出无数美妙的图形，这是为什么呢？首先他们观察了七巧板的边的构成，7 个图形通过某些方式的拼合可以形成一个正方形。他们把其中的小正方形边长设为 1，其他图形的边长分别是 1、1.4（约

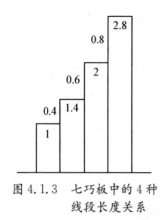

图 4.1.3 七巧板中的 4 种线段长度关系

等于)、2、2.8(约等于),这四个长度之间近似形成 0.4、0.6 和 0.8 三个均匀递增的阶梯,如图 4.1.3 所示。

其次七巧板各图形几何形状之间有角度关系。七巧板中包含的 5 个三角形都是等腰直角三角形,另外两个中一个是正方形,一个是边长为 1:1.4 的平行四边形。通过量角器的测量,可知这个平行四边形的内角分别是 45° 和 135°,结合正方形的内角都为 90°,学生 D 发现,两个四边形的内角都是 45° 的整倍数。这样七个图形的所有内角形成 1:2:3 的简单关系。

从面积看的话,定义正方形的面积为 1,通过简单的图形对比,他们发现其各组块的面积之间存在 1:2:4:8 的关系,这为它们相互代替、组合创造了条件。

在解密七巧板时,学生利用七个图形的空间位置关系和基本性质,推理论证了边长和面积的比例,虽然因为数学知识的局限性存在一定误差,但不失为一种很好的论证体验,也培养了学生一丝不苟、严谨踏实的学习习惯。

在搞清楚七巧板各图形边、角、面积的关系后,学生 C 负责在正方形中制作七巧板。如图 4.1.4,他观察到七巧板中有两个大的相同的等腰直角三角形,这两个三角形的一条边重合恰好得到一个等腰直角三角形,即连结正方形对角线 BD 后,作 $AC \perp BD$,交点为 G;又已知大等腰直角三角形的边长是另一个等腰直角三角形的 2 倍,因此作 E、F 为 BC、CD 的中点,连结 EF;$\triangle ECF$ 斜边长是正方形边长和平行四边形短边长的 2 倍,所以作 DG、BG 的中点 H、I,连结 FH、IJ。

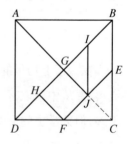

图 4.1.4 七巧板示意图

在教师的引导下,学生 C 又发现七巧板还可以通过简单的移动拼成两个一样的小正方形。那么利用类似的方式,学生们又在两个同样大小的正方形中做出了另外一副七巧板,如图 4.1.5,步骤如下:

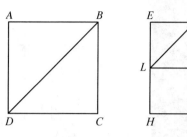

图 4.1.5　七巧板绘制过程图

首先,在第一个正方形 *ABCD* 中连结任一对角线 *BD* 或 *AC*,剪出两个三角形;其次,在第二个正方形 *EFGH* 中取 *EH* 的中点 *L* 和 *GH* 的中点 *K* 分别作平行于四边的直线相交于中心 *I*;然后,取 *EF* 的中点 *J* 和 *L* 相连;最后,连结 *FI*、*GI*,并按线剪出五块。

在绘制七巧板时,学生锻炼了直观想象的素养,将数字用三角形、正方形、平行四边形这些几何图形表达,是几何直观和空间想象构建抽象结构的思维训练,能帮助学生提升数形结合的能力。

在完成对传统七巧板的探究和制作后,学生们越发好奇,如果是其他形状、数量的几何图形,能做出其他有趣的多巧板吗? 三位学生分别查找资料,找到了日本为智力测验发明了一种四巧板,它是将一块狭长的底板分为四块,一块等腰直角三角形,两块带有两个直角的梯形,一块五边形,如图 4.1.6 所示。由于尺寸之间的协调关系,四巧板能拼出相当复杂的图形来,并根据拼出的图形和速度判断智力水平。

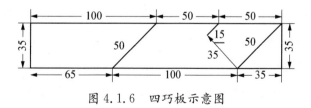

图 4.1.6　四巧板示意图

西方也有类似四巧板的"T 巧板",如图 4.1.7 所示,能拼出字母 T。

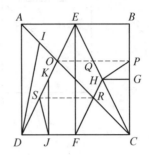

图 4.1.7　T 巧板拼图　　　图 4.1.8　十四巧板构造图

学生们还回忆起在看电视节目《最强大脑》时，出现过十四巧板。学生们一起出谋划策，通过测量边长、角度等方法，在正方形中画出一个十四巧板，如图 4.1.8：

(1) 在正方形 $ABCD$ 中，连结 AC；

(2) 取 AB、CD 的中点 E、F，连结 EF、DE、CE，其中 ED 交 AC 于 O；

(3) 取 BC 的中点 G，过 G 作 AB 的平行线交 CE 于 H，连结 FH 交 AC 于 R；

(4) 取 AO 的中点 I，连结 DI；

(5) 取 DF 的中点 J，过 J 作 AD 的平行线交 DE 于 K；

(6) 过 O 作 AB 的平行线交 BC 于 P，连结 PH，擦除 OP；

(7) 过 R 作 CD 的平行线交 DE 于 S，连结 SJ，擦除 RS。

由于之后的学校展示会，小组成员一致认为仅仅展示十四巧板的制作似乎没有什么乐趣，他们商量后决定出个小难题考考其他同学：拆掉了十四巧板中的三块（或两块），请大家补上这三块（或两块）重新成为一个正方形。图 4.1.9 为十四巧板型的作品。

既然都说七巧板可以拼出几千种图形，那么不妨尝试利用七巧板创作出一些图形，并且配上生动的故事。学生 A 和学生 C 充分发挥创造力和想象力，用七巧板拼出一个《狐狸与乌鸦》的故事，意在告诫小朋友要禁得住夸奖，不能骄傲自满。

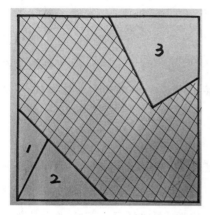
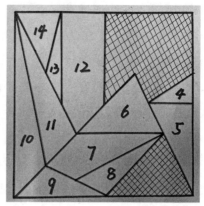

图 4.1.9　十四巧板型作品

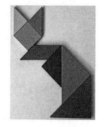

（1）一只乌鸦到处找东西吃，它好不容易找到了一块肉，停在一棵大树上准备美餐一顿。

（2）这时树下走来了一只狡猾的狐狸，看见乌鸦嘴里叼着的肉，口水就要流下来了。心里在想，怎样才能得到这块肉呢？

（3）狐狸对乌鸦说："乌鸦小姐，听说您的声音非常美妙、好听，请您唱支歌给我听好吗？"

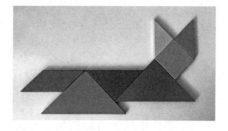

（4）乌鸦听了狐狸的话，心里非常得意，就张开大嘴唱了起来，结果一张嘴，肉自然掉了下去。

（5）狐狸连忙紧紧咬住肉，大摇大摆地离开了乌鸦，大吃了起来。

图 4.1.10　基于七巧板的故事

　　在四巧板和十四巧板的探究中，学生学会了寻找边长、角度和面积的关系，屡次尝试利用几何知识去解决绘制十四巧板的问题，而不是简单地量出长

度去确定定点。学生通过对数量关系与空间形式的抽象,发展了数学的核心
素养,这对于理性思维的塑造和抽象思维的发展有重要影响。整个项目活动
过程是学生数学交流最为频繁的时段,学生通过讨论、实践、反思等活动经历
了数学信息接收、处理、表达的过程,不断内化新的数学知识和数学观点,对数
学认知的完善有重要的作用。

（三）成果展示阶段

果然,经过学生们的共同努力和精心设计,"七巧板的奥秘"小组在展示会
中吸引了大批学生和老师的关注,小组成员也兴致勃勃地与大家互动。项目
学习活动本身并不仅为了创造出一些成果,更重要的是让学生学会从数学角
度分析问题,关注数学知识与实际问题之间的联系,让学生眼中的数学不再是
"死板""没意思""套公式",而是"灵活""开放""真正融入生活"的。

该项目中,学生除了要完成介绍七巧板历史和背后数学原理的海报外,还
要根据前期学习调查的知识,设计制作七巧板拼图,或者是计算机上模拟拼
图。在合作项目的过程中,小组成员会得到一系列阶段性成果。例如,用一个
正方形画出的七巧板,或是寻找四巧板、十四巧板等其他有趣的多巧板并拼出
各色图形。

在完成小组项目后,学校应组织成果展示会,小组成员需要为项目展示出
谋划策,力争将自己的成果以最优效果呈现给他人。展示会的目的是营造一
种氛围,让每个学生都可以体会到项目学习的成就感和乐趣,并且可以引入其
他人对学生的评价。

小组成员要及时记录下完成各阶段任务的时间和工作量,与问题相对应
的数学知识是否掌握,还有什么亟待解决的问题等等。如果教师有机会组织
学生对他们在项目中的学习经历与体验进行讨论、分析和评估,他们就能更好
地掌握和应用所学的知识与技能。教师要在项目结束后留出一些空余时间,
用于分析项目结果,这样能帮助学生把这个项目中的知识和技能应用到未来
的项目或任务中。尤其是引导学生再次讨论驱动问题,能培养他们养成反思、
分析的能力和习惯。

成果展示阶段时,教师要对小组工作和成果进行总结性评价,这对项目活

动中数学知识的再次梳理,可以帮助学生强化概念和原理,更好地构建自己的知识体系。

三、数学素养的行为表现

如图 4.1.11 所示,学生在该项目学习中的数学素养在多个方面不同维度上都得到了提升。虽然"传统游戏中的数学"项目包含着不同的知识和内容,但"七巧板的奥秘"活动主题下还是明显以几何知识为核心的。在整个活动过程中,学生们的直观想象素养得到了极大的训练。对于小学生而言,他们的抽象几何思维还比较薄弱,几何问题对他们来说是具有难度的,但该活动借助七巧板这个媒介,使学生能够在实物模型的帮助下更好地理解几何问题。无论是历史资料的收集,还是对七巧板的解密和绘制,学生们对图形的把握都越来越精确且深刻。活动初期,学生们对制作多巧板是毫无信心的,但随着活动的开展,问题被一个一个地解决,学生们的自信心与兴趣都得到了发展。解密七巧板时,学生们需要测量与比较,探究图形的关系;绘制七巧板时,学生们需要构造与作图,将发现与理解外显于纸面。在这些过程中,直观想象素养也得到了提升。

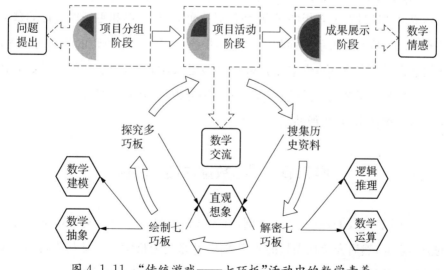

图 4.1.11　"传统游戏——七巧板"活动中的数学素养

逻辑推理与数学运算素养在解密七巧板环节较为突出。学生们需要对测量数据进行一定的比较与运算,得到相关的比例,进而推理发现边、角、面积之间的关系。在小学阶段,逻辑推理素养的培养并不需要学生去做很多的严格证明,更加强调的是学生的说理能力,而在该项目活动中学生们便不可避免地进行着许多有逻辑有依据的思考与交流。

数学交流是融汇在整个项目学习中的。无论是分组阶段的商议还是探究阶段的讨论亦或是展示阶段的报告,数学交流无处不在。小学生都喜欢当小老师喜欢表达,但表达需要载体也需要情境,在七巧板项目中,大部分学生都能从简短的数学类文本中识别并选择信息,也能对数学思考、解决方式以及结果进行清晰的口头表达,而其中表达能力较为薄弱的学生也在耳濡目染中得到了提高,在最后的展示环节也能清晰地展示成果。

数学情感的提升也是相当明显的。学生在整个数学项目活动过程中,收获了一定的活动经验,在用数学知识解决实际问题的过程中,感受到了数学的价值和实用性。就学生参与项目学习活动过程中的状态来看,大多数学生的积极性很高,课下与学生的交流也发现学生乐于去思考、亲自去动手实践,感受到了数学的价值和趣味,情感体验有所发展,对整个项目活动的过程充满热情,希望可以继续参与这样模式下的数学活动课。在学校展示会后,小组成员这样说道:"通过对七巧板的研究,我们对三角形、正方形和平行四边形的基本性质,边长、角度的关系和面积有了进一步的认识。在这短暂的几天时间里,我们学到了许多课本里学不到的知识,不仅是数学知识,我们还学会了如何处理日常学习与课余调查的关系,学会了一种分析具体问题的思维方法,也学会了如何互相合作、互相帮助。"

第二节　"与数据对话"项目

本节以"与数据对话"项目为例,首先分析通过该项目活动期待学生发展的数学素养,然后介绍该项目的实施案例,并系统分析学生在参与项目学习中的行为以及创作出的学习作品,阐释学生的数学素养的具体表现。

一、"与数据对话"与数学素养

在本次数学项目活动中,学生们在"与数据对话"的主题驱动下,需要运用所学的或未学过的与统计概率相关的知识(包括直方图、扇形图在内的统计图表,平均数、中位数在内的统计指标,可能性等)去完成项目任务,在运用知识解决活动任务的过程中也全面地展示了其综合的数学能力。此项目需要学生进行交流、表征、作图、概括、解释、论证、建模、计算、发现、反思等不同活动,在各方面数学素养的协调下,最终完成"产品"以进行成果展示。在此期间,几大数学素养皆会得到一定的体现与提升。图 4.2.1 展示了"与数据对话"数学项目活动与数学素养的关系。

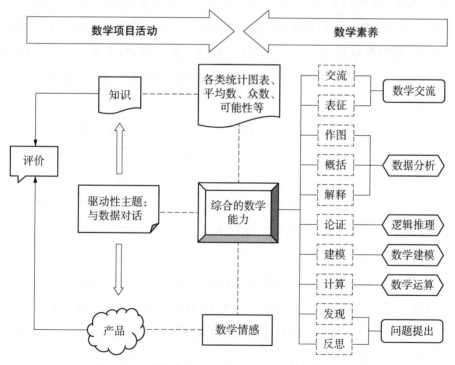

图 4.2.1　"与数据对话"项目与数学素养的关系

　　以下将根据建构的数学素养模型,结合数学项目活动的具体流程,对学生们体现并发展的数学素养进行分析。

二、项目实施与数学素养分析

　　该项目主题下共有 4 个活动建议,多是以统计学知识为基础,学生根据问题确定统计分析的方法和路径,利用 Excel 等信息技术工具绘制图表,解释统计结果。但"天气预报员"是以概率中事件的可能性为基础的项目活动。《课标(2011 年版)》对小学阶段概率的学习要求并不高,学生只需要能在具体情境中,通过实例感受简单的随机现象,并能对一些简单的随机现象发生的可能性大小作出定性描述,例如看到蚂蚁搬家、燕子低飞,我们会推断"可能要下雨了"。其中"身体测量"项目虽然看似只是简单的测量与统计,但该小组学生的数据不仅准确,而且在对数据进行分析时,自学了用 Excel 将两组数据进行对比,对数据解释也很到位,让我们眼前一亮。因此,下面将以该小组的项目活动为例,呈现其活动实施的具体过程,并分析其间对数学素养的培养。

　　根据活动建议,教师先给学生观看有关"神舟六号"升空的新闻,其中航天专家说:"航天员到太空中后身高大约会增加 2 到 3 厘米。"大家议论纷纷,觉得很奇怪。有一个同学还说道:"我到医院去看病,医生说人的身高早晚也会变化,在同一天,晚上要比早上矮。"同学们觉得很奇怪,人总是越长越高,怎么会越来越矮。所以,在"身体测量"项目学习活动中,小组成员要解释人的身高早晚变化的问题。那么学生需要讨论"测量全班同学的身高、体重是否要耗费大量时间?""如何精准测量各位同学的身高、体重?"等测量方面的困难。该问题既能引起学生的兴趣,也将枯燥、抽象的统计学知识"糅合"进任务里面,学生经历猜测、收集、描述和分析处理数据的过程,进一步培养了数据意识和应用意识的数学素养。

　　这一活动建议下,最终期望学生达到的学习目标有:

　　(1)通过对自己身高、体重的测量活动,并对数据开展收集、整理、分析等统计工作,对身高的早晚变化规律、我们的身高是否符合标准、我们是否是肥胖儿童三个问题开展研究。

(2)通过一系列统计工作,感受数学与生活的密切联系。

(3)在学习活动中,养成实事求是的态度。

（一）项目分组阶段

本项目所需要的统计学知识比较简单,教师可以在活动开始前简单向同学们介绍"平均数""众数""中位数"的概念与作用,指出统计图表绘制时的要点,也可以直接开展活动让学生在项目学习过程中自学,教师在活动期间适当性地指导。

本次项目在实际开展中教师并未提前教授学生相关知识点,在活动引入后,学生分配好小组并选择了相应活动建议后便开始讨论、分配任务且计划活动过程,完成《活动计划书》。

教师适当参与到不同小组的讨论中,给予一定提示和建议。如对于"身体测量"小组的学生,教师提示活动建议中的第一个问题在于为学生们提供研究问题的切入口,告诉学生绘制统计图表的重要作用,为后续问题的解决提供一定的知识储备;第二个问题是在数据统计的基础上与标准量表进行比较分析,在细节中体会收集数据的方法,深化对统计分析的理解;第三个问题是对前两个问题的巩固与复习,明确"为什么进行统计,统计要做哪些事情,统计的结果是什么,这个结果有什么意义"。教师可为其推荐学习资料收集的途径,如学校图书馆资源、相关网址或微课平台等。

在此期间,学生小组获得相应活动建议,在讨论与交流中逐渐理清项目活动的思路。学生 A 与学生 D 对于如何统计全班同学的身高体重毫无头绪,认为在本子上记录好每位同学的身高和体重,最后进行平均数的计算,这样的过程太过繁琐;学生 B 则能很快指出制作统计图表的重要性,他认为利用简单明了的统计表格让每位同学自己记录早晚的身高和体重,而后小组成员在统一收集数据后与该生的年龄、性别项匹配,后期处理时不出差错,而且节约统计时间;学生 C 表示认同,但在教师进一步追问如何设计统计表时他们却陷入了迷茫。此时复式表格的学习显得尤为重要。因此学生们分配了后续的任务,先集体进行相关知识的学习并共同解决统计图表的问题;之后分成3个小队分别测量学生的早晚身高、询问年龄、测量体重,然后分享归纳提炼成果;最后集体选择标准量表进行对照。

该阶段是对实际问题与数学知识之间建立联系,主要培养了学生的数学交流能力与问题提出能力。没有问题就没有活动,虽然活动任务中给出了引导性的问题,但正如学生A与学生D所困惑的,这并不是原本课本上现成的统计图表,他们不仅需要分析还需要收集。而对于学生B而言,这也不是一个问题,因为虽然理解了问题但同时也产生了自己的"答案",但在教师的引导下,学生们逐渐理解了该问题中的核心环节,即"如何统计",学生们清晰地表达自己的观点和假说,正视他人的意见与想法,敢于接受挑战。

(二)项目活动阶段

以"身体测量"小组为例,学生A与B对两组学生进行早晚两次测量后,发现22个同学的身高是下午比早上矮,有4个同学是早晚没有变化,而有8个同学的身高是下午比早上还要高,其中L同学下午的身高比早上要高出0.7厘米。

他们觉得有些奇怪,为什么会有这样不同的结果? 大家讨论后,觉得可能有下面一些原因:量的时候不准确,记录的同学记错,或可能本来就不稳定。有同学还提出:多测几天的身高来观察。

为了使正式测量的结果更加可靠,小组成员一同研究应该怎样测量比较准确:

1. 受测量的同学脱去鞋子和帽子,(梳高高的马尾辫子的女同学要把辫子散开)立于身高测量计的平台上,取立正姿势。两眼直视正前方,胸部稍挺起,腹部微微回收,两臂自然下垂,手指并拢,脚跟靠拢,脚尖分开约60度,脚跟、臀部和两肩胛骨三点同时靠着(接触)立柱,头部保持立直位置。

2. 测量的同学手持立式身高计的滑测板轻轻向下滑动,直到板底与受检者颅顶相接触。此时,再检查受测量的同学姿势是否正确,待校正符合要求后,测量的同学再读取滑测板底面立柱上所指的数字,以厘米为单位,记录到小数点后一位,即为身高数。

3. 由原来只有 1 人测量、1 人记录，改为 2 人测量、2 人记录。测量与记录的同学要认真仔细。

根据同学提出要多观察几天可能会更准确，两位负责人计划测量和观察一周，并设计一张记录表，让每一位同学参与记录与观察活动中。记录表如表4.2.1 所示。

表 4.2.1　"身体测量"活动方案

第　　小组　　姓名：

把观察数据填入下列表格内，并求早晚身高的平均值。

日期	早上身高（厘米）	晚上身高（厘米）
月　　日		
月　　日		
月　　日		
月　　日		
月　　日		
月　　日		
月　　日		
平均值		

我们的发现：（　　　　　　　　　　　　　　）

在经过一周的测量与观察后，每位同学都记录自己在一周内的早晚身高，并计算出自己在一周内早上和晚上的平均身高。项目小组收集每位同学计算出的早、晚一周的平均身高数据，并计算出全班同学（42 名）一周内早、晚各自平均身高，因为数据比较多，他们就用计算器计算。

根据计算后的数据，他们制作了"四(2)班同学一周内早、晚平均身高的统计表"和"四(2)班同学一周内早、晚平均身高的统计图"（单位：厘米）（见图4.2.2）。

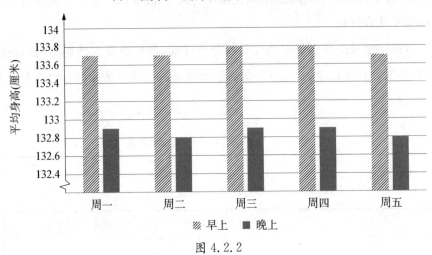

四(2)班同学一周内早、晚平均身高的统计图

图 4.2.2

通过测量、观察和数据的分析,同学们发现:一个人的身高在一天内会有变化,早上高,晚上矮。测量的结果表明,人体身高早晚可相差 1 厘米左右。但是为什么人的身高早晚会有这样的变化呢? 为什么航天员在太空中身高会变高? 同学们开始查阅资料,发现:

人的身高早上略高于傍晚,是因为脊柱的椎骨之间都由椎间盘相连结,椎间盘富有弹性,它的形态可以随所受力的变化而不同:受压时,可被压扁;除去压力时,又可恢复原状。当人体经过一天的劳动或长时间的站立、行走、跑步之后,椎间盘会因受压而变扁,整个脊柱的长度也会缩短,身高就降低。但是,经过卧床休息之后,椎间盘因未受压力而恢复原状,脊柱相应地也恢复到原来的长度,身高也就恢复到原来的高度。

太空中航天员"在失重的太空环境下,航天员的身高会增加大约 2 到 3 厘米"则是因为:脊柱是人体的"立柱",通过它保持人的直立姿态,并承受人的主要体重。脊柱由 33 个脊椎体组成,椎体之间由玻璃样的软骨盘、纤维环和髓核构成结缔的椎间盘,起到保护和缓冲的作用。地面正常重力条件下,由于体重的缘故,椎间盘有一定的压缩量。但是在太空失重条件下,椎体间这种由于体重造成的对于椎间盘的压力消失了,椎间盘的压缩得以释放,锥体间的间

距有所增加,这就导致了失重条件下人体身高增加大约 2 到 3 厘米。当然,返回地面正常重力环境后,宇航员的身高会恢复到原有水平。

数据的运算和处理对四年级的学生来说难度并不是很大,而平均数的知识也是统计中重要的内容。学生第一次经历数据的采集、计算和分析的过程,在一次次试误和改进后确立了数据收集的有利方法,使学生跳脱出原来课本中一味练习的题海战术,在调查活动中灵活运用复式统计表、条形统计图、平均值等统计学知识,把知识整理、归纳到自我的认知结构中,形成有条理的知识体系,促进思维的广度和深度的发展;在分析数据时积极查找各类学科资料。当老师告诉他们这已经涉及到天文和生物知识时,学生显得更加兴奋。在解决问题的过程中虽然有争论,但成员们都各司其职,不是听优等生或活跃学生的发言,而是互相分配任务,充分发挥小组优势,也利用班级同学资源,大大节省了记录时间。在此过程中,学生锻炼了数学运算和逻辑推理等数学素养,既达到了课标对学生的基本要求,也让学生的数学情感得到提升。

班级里的同学身高差异很大,有些跟老师差不多高,有的却只有一二年级同学那么高。那么哪些方面与我们的身高测评标准有联系?同学们认为这些方面与身高的测评标准有联系:①年龄,比如 H 同学 13 岁了,而 X 同学只有12 岁,所 H 同学要比 X 同学高;②性别,一般男人比女人要高一些,所以性别也有关系。但是第二个观点有同学认为不太对,因为从之前的数据分析,班里有比较矮的都是男同学。

根据小组讨论的几个方面,他们又设计了身高测量记录表并进行测量记录(表 4.2.2)。

表 4.2.2　"身体测量"活动的记录表 1

序号	姓名	性别	年龄(周岁)	身高(厘米)

学生 C 与前两名 A、B 同学一起对全班 34 位同学的身高进行测量,并吸取研究"人的身高早晚会变化"组的测量经验,保证测量的准确性。他们询问

每一位同学的出生日期,并计算出每一位同学的年龄(周岁)。

根据测量的数据,分别制作了 10～12 周岁男女同学身高统计表(见表 4.2.3)。

表 4.2.3　四(2)班男女生身高统计表

年龄	四(2)班男生身高　单位:厘米		
	最矮	最高	均值
10	136.4	145.3	142.2
11	138.0	150.4	145.6
12	143.2	155.2	150.3

年龄	四(2)班女生身高　单位:厘米		
	最矮	最高	均值
10	133.9	143.7	142.0
11	140.5	150.3	145.1
12	146.1	154.9	150.7

通过查找,小组成员知道了全国 10～12 岁儿童的身高标准如下(表 4.2.4)。

表 4.2.4　全国 10～12 岁儿童的身高标准数据表

年龄	女生身高标准(2018 年)　单位:厘米			
	矮小(−2SD)	偏矮(−1SD)	均值	超高
10	127.6	133.8	140.1	146.4
11	133.4	140.0	146.6	153.3
12	139.5	145.9	152.4	158.6

年龄	男生身高标准(2018 年)　单位:厘米			
	矮小(−2SD)	偏矮(−1SD)	均值	超高
10	127.9	134.0	140.2	146.4
11	132.1	138.7	145.3	152.1
12	137.2	144.6	151.9	159.4

他们把全班同学的平均身高和每位同学的身高与全国的标准进行比较,可以看到:四(2)班同学中 10 周岁同学的身高基本达到全国标准,11、12 周岁

同学的身高未达到全国标准。长得矮小的有 3 人,偏矮的有 16 人,说明这部分同学要加强营养,特别在学校吃午餐时,不能挑食,还要加强体育锻炼。

　　小组成员记录了大量实时数据后进行平均数的计算,并对班级里最矮和最高的同学身高进行特别记录,反映出学生已经初步具备选取极值的思维导向。项目学习使得学生能够自发地完善数据的采集和分析,在不断的探索交流中培养严谨性和逻辑性。对班级同学身高的分析也恰到好处,既不缺乏解释说明又不缺少建设性意见。

　　在"身体测量"的项目学习中,小组还要解决怎样才是肥胖儿童这个问题。他们考虑的第一个问题是:肥胖的测评标准与什么有关? 有些同学说:"当然与体重有关,越重的人就越胖。"有些同学说:"那不一定,如果这个人长得很高,虽然有些重,但不一定是肥胖的人,比如甲同学和乙比较,两个人都差不多重,但是韩小芳比陈晨长得高,所以我们觉得甲比乙瘦一些。"那么肥胖的标准与什么有关呢? 大家一致认为与体重、身高都有关系。同学 C 还提出:"体重除以身高得到一个数,表示平均每厘米身高的体重,用这个数来比较,比较大的数这个人就比较胖。"

　　于是他们设计了测量记录表(表 4.2.5)。

表 4.2.5　"身体测量"活动的记录表 2

姓名	体重(千克)	身高(厘米)	体重÷身高

　　全班同学的身高数据已经全部测量完毕。在某日中午,小组就组织全班同学去食堂称体重。在去称体重前,老师指导成员如何用小磅秤:(1)认识秤砣,分别有 50 千克、30 千克、20 千克、10 千克、5 千克的秤砣;(2)秤杆上最多表示是 5 千克;(3)当移动秤杆上的小秤砣使秤杆在中间位置时,秤砣的质量+秤杆上表示的质量=被称东西的质量。

　　在称体重时,他们发现:被测同学不能总是动来动去,也不能用手扶着其他的同学,否则会称不准。可以先估计被测同学大约有多重选择放哪个大秤砣。例如估计同学 J 大约有 30 多千克,他们就先放重 30 千克的大秤砣,若体重 a 大于 30 kg,则继续增加小秤砣或移动秤杆上的小滑块;若体重 a 小于 30 kg,则改用略轻一些的大秤砣,如 25 千克,再反复上述的操作。这样先估计再放秤砣,使后来称得体重的速度快了一些。

根据测量的数据,用"体重 a÷身高 h"计算出平均每厘米身高的质量。但是在算的时候遇到一些困难,比如体重 27.5 千克÷132 厘米,这样的除法算式他们还不会算。教师告知学生得数是一个小数,还建议他们用计算器算。但得数是 0.208333…,学生们觉得这个数很奇怪,老是 33333333 在重复。后来教师介绍这样的小数叫循环小数,可以用"四舍五入"法保留两位小数,约等于 0.21。这"四舍五入"法在学习大数的改写时已经学过,所以学生们能够用计算器来算,并把结果保留两位小数。

学生制作了"四(2)班同学'体重÷身高'得数统计图",如图 4.2.3 所示。

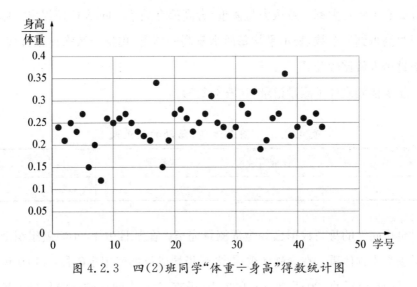

图 4.2.3　四(2)班同学"体重÷身高"得数统计图

他们发现:"体重÷身高"的得数在 0.3 以上的人看起来是偏胖的人,"体重÷身高"得数在 0.2 以下的人看起来太瘦了。所以得出结论:"体重(千克)÷身高(厘米)"的得数在 0.3 以上的人属于偏胖,全班有 4 人的体重指数大于 0.3;在 0.3 和 0.2 之间的是正常;在 0.2 以下的属于偏瘦,也有 4 人。

他们还想知道人们对肥胖的测评标准是什么？于是上网查找。网上介绍：近些年，我国的肥胖人群逐渐多起来，那么究竟胖到什么程度算是肥胖？在召开的"中国人群肥胖与疾病危险研讨会"上，医学专家们就此提出测评标准：成人体重指数（以千克为单位）÷身高^2（以米为单位）大于 24 为超重，大于 28 为肥胖；男性腰围大于 85 厘米、女性腰围大于 80 厘米也属肥胖。

　　根据网上介绍的测评标准，小组就全班同学的数据又进行计算。发现有 4 位同学的体重指数大于 24，属于超重，其中有 1 位同学的体重指数大于 28。这 4 位同学就是前面测评出偏胖的 4 位同学，说明小组研究的测评标准和网上的测评标准基本一致。

　　学生在分析身高与体重的比例关系时，巧妙运用了字母代替数字，将 44 名学生分为了三类：偏瘦、正常与偏胖，并结合网上测评标准进行结果比照，发现基本一致。依据可靠的数据、扎实的理论，小组解释了将不同学生分为三类的原因，展示了严谨的推理能力和严密的逻辑性。

（三）成果展示阶段

　　在班级的总结展示会上，"身体测量"小组用数据图表向全班同学介绍了他们测量身高和体重的小诀窍，展示了他们小组的几项项目成果：（1）全班身高图表，以及与全国标准相比的对照图表；（2）全班体重图表，以及与全国标准相比的对照图表；（3）为超重同学提供的膳食和运动建议。

　　在展示的过程中，班级里时不时爆发出掌声、笑声、惊叹声，全班同学都专注地倾听五人的汇报，还不时向他们提出问题，全体学生对统计图表的解读兴致盎然。

三、数学素养的行为表现

　　如图 4.2.4 所示，在该项目活动中，学生的数学素养在多个方面、不同维度上都得到了提升。由于项目活动中该组学生内部又分成了 2 个小组，因此在相应的活动中对数学素养的提升也略有差异。

　　问题提出素养在项目分组及开始的阶段便有所体现。小组成员在拿到问

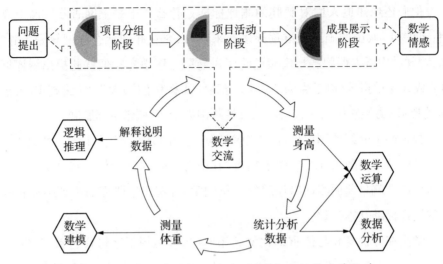

图 4.2.4 "与数据对话-身体测量"中的数学素养培养

题后,首先进行了头脑风暴,把每个人的困惑说出来,然后将问题切分成了不同的小任务。比如,他们将"有同学体型偏大吗"解释为"体型跟体重有什么关系""体型大小是按照什么标准划分的"等不同的小问题,从新问题入手解决综合难题。

逻辑推理能力展现在每一次小组成员依据现有数据猜测结论的推导过程中,主要表现为从特殊到一般,即合情推理。小组成员每次都是通过归纳,而不是严谨的证明,来推导出结论。他们借助个别班级学生的身高或体重指标,判断全校小学生的身高和体重指标,实践运用了数据分析和解读,对学生的合情推理能力与数据分析能力都有一定的提升。

在分析体重和体型时,学生略微体现出一些数学建模的意识,这对于小学生来说还是有一定惊喜的。原本小组成员只是单纯依靠体重和身高数据,在教师的引导下,逐渐学会构建体型计算公式来解决问题。虽然这一公式的构建是简单易得的,但这种构建过程对学生今后体味数学建模是有引领性的。

数学交流与数学情感在项目活动中是一以贯之的。在项目活动的第二阶段,学生们小组内的数学交流是最频繁的。小组成员在讨论之初还是会用"高""重""谁除谁"这样简单的语言,在教师引导下逐渐过渡为"身高""体重"

"比例"等数学语言。数学项目课程归根结底还是数学课,在活动中要加强学生数学语言的使用,也间接巩固了学生的数学认知结构。数学情感同样在潜移默化的项目活动中得到了改善。最明显的成果莫过于展示环节了,学生们兴奋不已,或许在其他人眼中统计身高和体重是最简单的任务,但学生的配合、测量的准确都需要小组下功夫、费时间、动脑筋去完成,也让学生体会到数学家的不易和严谨的态度。

第五章　初中数学项目设计与数学素养

"人人都能获得良好的数学教育,不同的人在数学上得到不同的发展"是《义务教育数学课程标准(2011年版)》所秉持的核心理念。实际课程实践中,习惯被应考左右的数学教学正在逐渐带来一些非良性现象,让学生或望而生畏或进而远之。初中阶段的数学课程承担着在小学基础上进一步启蒙熏陶的作用,让学生感悟数学本质及思想、体验与积累多样化的数学活动经验、养成良好的情感个性品质、发展创新精神和实践能力是主要目的。[1] 为此,《课标(2011年版)》指出,组织课程内容需要处理过程与结果、直观与抽象、直观经验与间接经验的关系,数学课程教学需要有效统一学生学与教师教,学生数学学习需要足够的时间、空间,经历观察、实验、猜测、计算、推理、验证等活动过程。[2] 但受限于种种因素,常规教材难以展现数学知识的多面性和生成性,日常教学也难以承载生动活泼、富有个性的学习过程。

因此,在新课程背景下,数学活动课作为一种以学生活动为主体,让学生亲身经历知识的建构、获得数学活动经验的教学,无疑已经成为数学课程中对传统数学教学的有效补充。项目学习(project-based learning)作为一种新型学习方式,与当下课程的新要求、新内容不谋而合,为建构初中数学活动课提供了新的视野。目前,国内外项目学习理论和实践的研究日渐完善,本章立足将项目学习融入初中数学活动课,旨在培养初中学生数学抽象、逻辑推理、数学建模、直观想象、数学运算、数据分析、问题提出、数学交流8大核心素养,设计面向全体、注重启发、因材施教的学习课程。

---

[1] 教育部基础教育课程教材专家工作委员会.义务教育数学课程标准(2011年版)解读[M].北京:北京师范大学出版社,2012:62-76.
[2] 中华人民共和国教育部.义务教育数学课程标准(2011年版)[S].北京:北京师范大学出版社,2012:1-10.

第一节　初中如何开展数学项目学习

初中数学项目学习对于培养学生的发现问题、提出问题、分析问题并解决问题能力意义深远，同时也有助于加强学生的逻辑推理和数学抽象能力，形成模型思想，提升其应用意识和创新意识。本节首先从数学课程目标入手，阐述初中数学项目学习的意义，然后分析如何围绕数与代数、图形与几何、概率与统计等数学内容设计数学项目。

一、初中数学项目学习的意义

不同于日常课堂教学，数学项目学习是学生"浸泡"于真实的项目中，被吸引、引导并最终解决一个或多个与他们生活联系密切的问题。因此，在注重数学基本知识与技能的同时，感悟数学思想，积累数学活动经验是重中之重。项目设计者与参与者都应秉承这样的观点——体会数学思想重在"悟"，积累活动经验重在"做"。

一个数学思想的形成需要经历一个从模糊到清晰，从理解到应用的长期发展过程，需要在不同的数学内容教学中通过提炼、总结、理解、应用等循环往复的过程逐步形成，学生只有经历这样的过程，才能逐步"悟"出数学知识、技能中蕴含的数学思想。[1] 比如，"分类思想"是贯穿义务教育阶段的重要思想，对初中生而言，分类实际"事、物"和数学对象是一项基本能力，学生不仅需要掌握对数、多项式进行分类，还应学习对模型分类，如方程、不等式、函数等，不仅在数学中会运用，还需要在现实情境中进行识别判断。因此，反复理解、螺旋上升的学习过程必定充满未知与挑战。数学内容作为数学思想的依托，其发生、发展过程也是数学思想凸显的过程，所以数学项目学习中，选择组织知识内容时不能过于单一、单薄。只有知识点连成线、知识线穿成片，才能让学

---

[1] 涂荣豹. 数学教学认识论[M]. 南京：南京师范大学出版社，2003：12-51.

生达到内容联想、类比探究等深度学习的效果,进而完成一个复杂的数学项目。例如,日常教学中借助数轴表示相反数、理解绝对值是"数形结合"思想体现的方式之一,但在项目学习中远不止如此,通过拟合寻找现实生活中的函数模型是"数形结合"思想培养的项目之一,其中涉及数学建模、数据分析、问题提出等综合知识技能,其难度远大于理解单一数学概念,这也是项目学习多以小组合作形式开展的原因之一。

初中阶段,学生的年龄和认知特征决定了他们的数学学习很多时候需要借助一定的外部活动来理解。项目学习的形式多种多样,包括观察、实验、猜测、验证、推理交流、抽象概括、符号表示、运算求解、数据处理、检验反思等等。这些经验教师没有办法"教/交"给学生,必须在"做"中汲取。因此,如何以数学知识为载体,巧妙地将种种小活动组合,串接成一个个鲜活的项目,少不了别具匠心的设计。首先,项目必须是"数学"的,动手实践、小组合作、交流互助都是形式上的保证,深化学生对数学的理解、建立数学与其他学科的联系、体会数学的真实应用才是宗旨,切不可徒有其表,忘本逐末。① 其次,有效任务的另一保障是"量体裁衣",要依据学生已有的技能基础、评估学生能够进一步融入的知识"拓展圈"设计项目。但同时介于每个学生在数学学习、志趣情感等方面的个体差异,项目设计者需要围绕主题知识,设计尽可能多的子任务,帮助学生在活动一开始就打开思路,避免掉进狭窄老套的旧圈子。②

关注学生情感态度的发展是数学项目活动的另一个重要价值体现。《课标(2011 年版)》中的"情感态度"目标与"育人"密切相关,包括"引起好奇心和求知欲""锻炼克服困难的意志,建立自信心""了解数学的价值""养成良好的习惯和科学态度"四个方面。作为一种拓展性课程,项目学习最大的优势在于知识选择与组织形式上的最大化自由。实际上,学生原本就有着对客观世界的浓厚好奇心,其对数学与日俱增的焦虑恐惧,无非来源于这两类问题:"无理

① 郑毓信. 数学教育视角下的"核心素养"[J]. 数学教育学报,2016,25(3):1-4.
② 章飞. 数学解题教学中变式的意义和现代发展[J]. 课程・教材・教法,2008,28(6):45-48.

数是从哪里来的?""我为什么要学习不等式?"此等疑惑不容小觑,细细品味,其实是对"我从哪里来? 要到哪里去?"这一哲学问题的反思,是人的本性所在。因此,首先数学项目活动在这些问题上有着无限的发挥余地,也就是说在"来源与应用"这两方面项目学习能够触及并充实常规课程所不能及之处。为此,对数学知识追根溯源、学以致用是数学项目设计的初心所在,唯有如此才能从根本上把学生的好奇心转化为对数学知识和思想的探索兴趣。其次,在项目开展的过程中,教师需要以身作则,秉持锲而不舍、无畏困难、不耻下问的精神,在历史、物理、艺术等领域积极探求数学知识的缩影,从而感染学生养成严谨的治学态度和积极的合作精神。最后,数学项目学习需要关注到每一个个体的情感认知态度,每一个学生的积极参与是项目学习成功的关键所在,否则很可能沦落为少数学生的数学个人展,这有违义务教育阶段数学课程面向全体学生的基本理念。

结合学段的学习内容及学生的年龄心理特征,初中数学课程在阐述知识技能和数学思考的目标时,兼顾了课程的"数与代数""图形与几何""统计与概率"三个领域。那么,这三个领域中哪些内容更加适应开展初中数学项目学习? 如何选择、组织这些内容? 开展类似的活动能够发展学生的哪些数学素养? 后续将逐一分析。

二、数与代数中的数学项目

初中阶段,数与代数的内容分为三个部分:数与式,方程与不等式,函数。

第一部分,有关"数"的内容,先引入负数和有理数的相关概念以及相应的运算法则,形成数学意义上的数集扩充,再引入无理数,将数的范围从有理数扩张到实数集。数系的两次扩充主要通过对具体的、生动的数量关系的研究讨论,进行抽象概括,逐步了解认识概念,并在运算中加深理解。其中,用有理数估计一个无理数的大致范围,了解近似数,利用近似计算解决实际问题,是帮助学生建立数感、抽象意识、估算能力、逼近思想的重要体现,也是项目任务设计很好的着眼点之一。有关"式"的主要内容有:引入代数式的概念、系统研究整式和分式。其中,求"代数式的值"是沟通数与式的桥梁,对整式的加减、乘除、分式的学习则关乎后续方程与不等式求解是否顺利。因此,这部分内容需要的不仅是机械的繁复训练,更需要在相关项目学习开展前对"代数式"的意义进行深入探讨,帮助学生感受"未知代已知"的好处。

第二部分,有关"方程"的内容,《课标(2011年版)》把方程与方程组的重点放在解法和应用上,特别强调依据具体问题列方程,体会方程作为刻画现实世界数量关系的有效模型。灵活运用一元一次方程、二元一次方程组、一元二次方程解决现实问题,是培养学生问题提出、逻辑推理、数学建模、数学运算等多种素养极为有效的手段,也是数学项目学习历来备受荣宠的"宝地",具备丰富的待开发资源。有关"不等式"的内容,"相等"与"不等"作为数学中两种基本的数量关系,相辅相成,形成对数量关系的完整认识十分重要。而解决方程问题和不等式问题具有知识和方法的"迁移"特点,有助于学生把握知识间的内在联系、建构知识网络、体会数学思维,提高推理素养。为此,设计该类数学项目时将方程与不等式融合,尽可能在一个活动中体现数量关系的多样性是设计者的目标之一。

第三部分,"函数"在初中阶段占有极其重要的地位,因为对学生而言,函数学习是由常量数学过渡到变量数学的思维飞跃,能够解决常量数学所不能解决的数学、物理、化学等多学科问题。函数的主要内容包括:常量和变量;函数的概念和三种表示法;正、反比例函数的概念、图象和性质;一、二次函数的概念、图象和性质。尽管在初中阶段,没有提出函数三要素、性质(单调性、奇偶性)等有关函数的理论问题以及相关概念,但就数学项目学习的拓展性而言,设计者可以尝试结合具体函数,有效渗透,让学生试着逐步揭示函数的本质特征——联系和变化,以及基本思想和方法,含而不露、深入浅出以适应初中学生的认知思维水平。当然,面向能力较好、兴趣浓厚的学生,教师完全可以在函数项目学习中适当"放手",让他们自主摸索探究高中乃至大学里的函数知识。

三、图形与几何中的数学项目

初中阶段图形与几何的主要课程内容分为：图形的性质、图形的变化、图形与坐标三部分。

第一部分，有关"图形的性质"的内容，包括 9 个基本事实，探索并证明一些基本图形的性质，以及基本作图和定义、命题、定理等内容。"点、线、面、角"是研究图形性质的基础。"相交线与平行线"是二维空间的重要关系，而识别同位角、内错角、同旁内角是研究平行线的基础。"三角形"的各类性质需要学生尽可能用演绎推理的方法证明，特别是直角三角形以及三角形的各类"心"是难点，也是各类综合问题的考察点，针对这些内容，项目设计可以充分利用相关史料资源，让学生站在古今中外的不同视角下找到探究平面几何的乐趣。"四边形"的多样分类也很关键，平行四边形、矩形、菱形、正方形的概念及关系比较复杂，是项目学习培养学生"从一般到特殊""分类"等数学思想的好素材。"圆"的内容中，点与圆的关系、直线与圆的关系比较典型地体现了"形"与"数"的内在联系——图形的位置关系确定了相应的数量关系，反之亦然，蕴含的数形结合思想是项目学习培养的关键，但具体设计如何脱离纯粹的数学题目需要在生活中找到合适应用实例。最后，"尺规作图"所强调的理性精神完全可以作为独立的数学项目学习进行探究，应当予以重视。

第二部分，有关"图形的变化"内容涉及三个方面。"图形的轴对称、旋转、平移"借助图形直观不难理解，但是学生如何通过图形的运动变化去发现性质需要精良的项目设计，认识并欣赏自然界和现实生活中的轴对称及中心对称，并发挥想象与创造力完成具备数学美的作品是类似主题项目学习的宗旨，对学生的审美及动手力有很大挑战。"图形的相似"在常规课程中多以证明的方式学习，在项目中则可以与比例、黄金分割、三角函数等很多知识串联组合，让学生感受建筑、艺术等实物"相似"后的美。"图形的投影"分为中心投影和平行投影，后者是学习三视图的基础，有助于发展学生空间观念、直观想象等素养。这类项目学习需要重视部分空间想象力薄弱的学生，用实物操作的形式帮助其克服思维障碍和心理畏惧感。

第三部分,有关"图形与坐标"内容主要围绕平面直角坐标系、运动展开。建立坐标系的难度在项目学习中需要控制,但应使学生明白:在不同的坐标系中,描述图形或者物体位置的结果也不同。在刻画物体运动时,先应该从较为简单的函数模型入手,在学生逐渐掌握后,开展更多有关 GPS 定位、实物追踪等涉及地理、生物、航天航空等领域的内容。

四、概率与统计中的数学项目

"统计与概率"部分在新课程内容中得到了较大的重视,而统计是这一部分的重点,统计的核心是数据分析。该部分的内容主线为:数据分析过程、数据分析方法、数据的随机性、随机现象及简单随机事件发生的概率。主要内容有:收集、整理和描述数据,包括简单抽样、整理调整数据、绘制统计图表等;处理数据,包括计算平均数、中位数、众数、极差、方差等;从数据中提取信息并进行简单的推断;简单随机事件及其发生的概率。

初中阶段数据分析可以分为描述性统计和推断性统计。描述性统计分析是通过集中趋势、离散程度、图形表示来刻画数据;而推断性统计是利用样本数据去推测总体的情况。初中生开始接触推断性统计,需要更加全面地把握这部分内容。首先,学生需要在实际问题中体会抽样的重要性。"如何使得抽样数据更加客观地反映实际?"这是该内容部分的数学项目学习需要关注的,从生活真实问题出发,体现随机抽样的重要性。其次,统计图是描述数据的重要手段,项目学习任务能够将条形统计图、折线统计图、扇形统计图等多样图表融合在一起,学生能够在实际运用中体会各类图表的优劣。当然学会读懂图表是制作图表的前提,在读懂图表的基础上选择最能体现数据特征的图表。最后,围绕该主题的项目学习最终需要发展学生的数据分析观念,包括经历数据分析的过程,体会数据中蕴含着信息,掌握数据分析的基本方法,根据问题的背景选择合适的方法并感受数据的随机性。

第二节　初中数学项目的设计

　　本节以"妙用比例""寻找函数""探究测量""商品包装"和"身边的概率与统计"五个项目为例,详细介绍如何设计完整的数学项目,其中需要考虑设计背景、各种子活动建议、项目实施建议以及评价建议等。

一、"妙用比例"项目

（一）设计背景

　　本项目在《义务教育数学课程标准(2011年版)》对于比例的内容与标准设定的基础上,给出了"妙用比例"项目的课程目标:

　　（1）通过网上搜集资料等深入自主学习,理解比例的意义,特别是其实际应用价值;

　　（2）培养学生发现问题的能力,经历比例知识与圆、统计等其他知识的联系过程,体会从实践中学习的方法,培养学生的问题提出、逻辑推理、数学建模等数学素养;

　　（3）感受生活中处处有数学,激发学习兴趣,体会事物之间的相对联系,培养探究精神;

　　（4）通过学生的亲身实践,培养动手能力和创新能力,增强学生学习的积极性。

（二）"妙用比例"项目

　　1. 挑战性情境

　　我们用如下引导语呈现"妙用比例"项目的情境,激发学生投入该项目学习。

　　我是一把神奇的"尺子",人们坐客车从上海去北京需要很长时间,可是有了我,就是小蜗牛也能几秒内爬到北京;而那些用显微镜才能看见的微生物,有了我,保证用眼睛就能观察得清清楚楚,没错我就是"比例尺"。那么人们在生活与工作中如何使用比例思想呢？让我们一起来探索吧。比例的用途非常广泛,在地理、体育、艺术、机械、物理、房地产等领域中发挥着各种功能!

2. 结构性知识网络

比例在不同领域中体现其价值,在项目活动中可能涉及如下方面(图5.2.1)。

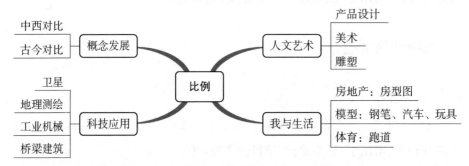

图 5.2.1　"妙用比例"项目的活动结构图

探索比例尺在各个领域中的功能,可能需要如下一些数学概念,见图5.2.2。

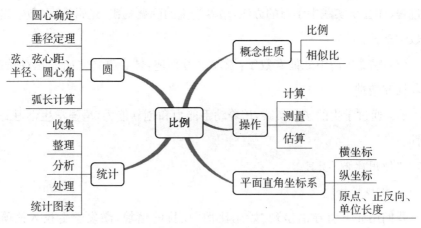

图 5.2.2　"妙用比例"项目的知识结构图

3. 提出各种活动建议

围绕比例可以提出非常丰富的活动建议,下面从历史发展、我的生活、人文艺术和科技应用四个方面提出9个子项目活动建议。学生分组后,选择感兴趣的活动开始项目学习,各小组也可以提出他们感兴趣的活动建议,与教师协商后启动项目学习。

建议 1:"我从哪里来?"——历史上的比例

请同学们针对下面的问题,完成任务。期待你们提交精彩的课题报告,或者排练出生动的话剧。

✤ 在我国历史上很早发生的一些战争中,就遵循着 0.618 的规律。那么比例是在什么背景下产生的? 中国古代在哪些领域使用比例? 如何使用? 西方古代在哪些领域使用比例? 如何使用? 与中国古代有何异同?

✤ 古代与现代地图(电子地图、卫星地图)中比例尺的使用有何不同?

针对这个主题,在活动中可能需要收集相关材料,编写课题报告;或者以小话剧形式展现比例尺的历史发展。另外可能需要用到比例、统计、测量、估算等知识技能。

建议 2:"试着读懂我"——地图上的比例尺

请同学们针对下面的问题,完成任务。期待大家绘制出有创意的电子或手绘版校园地图。

✤ 相信你一定见过诸如图 5.2.3 所示的比例尺。那么不同地图的比例尺有哪些分类标准?

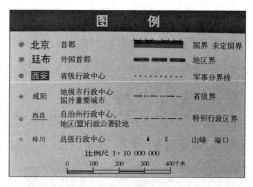

图 5.2.3

▲ 地图是如何绘制的？需要哪些要素？

针对这个主题,在活动中可能需要硬纸板、直尺、彩色笔、剪刀等。请大家事先准备好。在活动中,同学们会认识各种比例尺,了解地图上比例尺的表示方法,了解比和比例、地形图和平面图的区别,知道按比例尺对地图分类,体验地图制作的原理。

建议3:"我把家缩小了"——房地产中的比例

请同学们针对下面的问题,完成任务。期待大家绘制出精彩又合理的房屋/小区平面图。

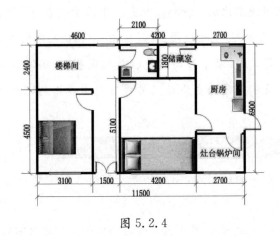

图 5.2.4

▲ 你留意过报纸、杂志、网络上的房地产广告吗？你能否读懂如图 5.2.4 所示的房屋平面图呢？选取某个楼盘,收集它的楼盘位置图、房型图、小区绿化效果图等,这些广告图用到了哪些比例知识？

▲ 请用比例知识,为你的家绘制一个精确的平面图,并计算面积。它与房产证上的房屋面积有什么区别？为什么？

建议同学们为自己的家、小区绘制一个房屋平面图,并标注出你使用的比例尺。在活动中你们会用到比例尺、测量、绘图、空间观念等。

建议4:"由我设计跑道"——运动场上的比例

请同学们针对下面的问题,完成任务。图 5.2.5 所示的是某学校运动场的跑道。期待你们给出一个按一定比例绘制的学校跑道,记得需要标出 400 米径赛的起跑线和终点线。

图 5.2.5

┺ 国际田联半圆式 400 米标准跑道有几种类别? 如何测量这个"四百米"? 这个标准还包括其他什么内容?

┺ 按一定比例,绘制某一种国际标准跑道的平面图。假设要在这个跑道上进行一场 6 人的 400 米竞赛,请在你的平面图上标注出所有的起跑线和终点线。

┺ 请教你的体育老师,或者进行一些实地测量,获取学校的田径场的测量数据。你们学校的跑道是标准跑道吗?

在设计跑道时,主要考察大家弧长计算、尺规作图、比例尺的应用等技能。

建议 5:"我是赚钱小能手"——股市领域中的比例

请同学们针对下面的问题,完成任务。期待你们提交一份有意义的小论文。

┺ 你知道黄金分割线也可以指导买卖股票的操作嘛? 搜集资料并咨询专业人士,了解学习比例在股票市场中的作用,并以小论文的形式汇报你的成果。

在活动中,可以通过上网查询资料、咨询专家等多种方式,了解黄金分割在股票中的应用。另外你们会用到黄金分割、资料搜集、论文写作等知识或技能。

建议 6:"小小设计师"——设计中的比例思想

请同学们针对下面的问题,完成任务。期待你们创作一张作品设计图,并附上说明。

◆ 你知道设计中常用的比例关系吗? 例如,黄金分割、整数比例、均方根比例、模度理论。这些比例关系通常如何应用到生活的方方面面?

◆ 你能灵活地应用这些比例关系,来做一些简单实用的设计吗? 例如,水杯、服装、花瓶、桌椅。

在活动中,你们可能会用到黄金分割、比例、平方根、制图等知识技能。

建议 7:"地标建筑带回家"——建筑中的比例思想

请同学们针对下面的问题,完成任务。期待你们制作出一个实物作品,或者是个铁塔,或者是个建筑,也可以是其他,并附上说明书。

◆ 知名的旅游景点总会摆满各式各样的地标建筑模型或者手工艺品。例如,埃菲尔铁塔、长城、自由女神、悉尼歌剧院……这些小小的模型看似简单,但是要做到神似并不容易,请你查询相关资料在真实数据的基础上,确定合适比例,制作尽可能真实的模型。

在活动中,你们可能会用到黄金分割、比例、三视图、手工制作等知识技能。

建议 8:"你想看得更广些吗?"——遥感影像中的比例

请同学们针对下面的问题,完成任务。期待你们制作一份有创意的海报或者小课堂(视频)。

◆ 影像比例尺(如图 5.2.6)是指影像上任意线段与其在地面上的实际长度之比。对于理想条件下的中心投影影像,即像片水平,地面水平且无起伏,其影像比例尺可用焦距与航高之比来表达。搜集资料,寻找你的兴趣并深入研究,以海报或者专业小课堂的形式展现成果!

在活动中,可以通过上网查询文字、视频资料,与老师专家交流等多种方式,尽可能理解比例在遥感影像中的应用,内化为自己的知识并表达传授给他人。另外你们会用到地理知识、黄金分割、比例、资料搜集、教学技能等。

比例尺

5　0　5　10　15　20千米

图 5.2.6

建议 9："我也超酷的!"——军事应用的比例

请同学们针对下面的问题,完成任务。期待你们制作出一份海报或者小讲座(视频)。

◆ 在冷兵器时代,黄金分割率的法则早已处处体现。从锋利的马刀刃口的弧度,到子弹、炮弹、弹道导弹沿弹道飞行到达的顶点;从飞机进入俯冲轰炸状态的最佳投弹高度和角度,到坦克外壳设计时的最佳避弹坡度,我们都能很容易地发现黄金分割率。请你搜集相关资料,找寻你的兴趣并进行深入研究,以海报或者专业小讲座的形式展现成果。

在活动中,可以通过上网查询文字、视频资料等多种方式,了解武器发展中比例的应用。另外你们会用到黄金分割、比例、资料搜集、演讲技能等。

4. 关于实施建议

学生分小组,并从活动建议 1 至 9 中选取一个活动。明确活动内容,规划活动流程,以确保活动的顺利进行。这个项目活动需要 5～6 个学时,这 6 个学时又可分为三个阶段。

第 1 学时:与老师共同探讨,明确活动主题,分为活动小组;每个小组制定活动计划,填写活动计划书(见第 143 页的附录)。

第 2～4 学时:根据各个活动建议的要求,有些组需要在实地进行数据采集、网上资料查找等工作,因此需要组内明确分工、合作完成。

第5~6学时:在成果展示中充分利用各种形式,海报、论文、图纸、模型等。本项主题项目学习涉及的比例知识十分强调学生的动手实践能力,因此成果也需要尽可能的视觉化、显性化。

展示学生的学习成果可以是多种形式的,或者举办校园展览活动,通过作品展示学生掌握的数学知识和思想,或者在班内部开展小组汇报,向同学或者家长报告学生的活动过程与结果。项目活动过程可以制作成光盘等数码产品,以作纪念。

5. 关于评价建议

活动结束需要通过学生自评表,以此记录学生在整个活动中有哪些收获? 有哪些困惑? 有哪些建议?

表5.2.1 "妙用比例"项目的学习评价表

内容　　　　　　定量评价	4(高)	3(较高)	2(一般)	1(低)
参加这个项目活动的兴趣程度				
对数据的收集、加工、整理、分析能力				
图纸、模型的制作能力				
与同学的交流合作能力				
感受数学美的能力				

你在项目活动中运用到哪些数学知识和能力? 请详细列举。

请你用文字进一步描述在这个项目活动过程中的感受。

你的收获:

你的困惑：

你的建议：

附录：

以下活动计划书供参考使用

活动主题（参照上述活动建议）	
小组成员名单： 小组成员分工： 活动过程（包括具体的活动日期、内容、形式）： 可能有的学习成果： 学习成果展示的形式：	备注

二、"寻找函数"项目

(一)设计背景

该项目学习旨在让学生探索丰富多样的情境,加深对函数概念的理解,掌握不同函数的本质属性并学会运用。同时,让学生体会函数的实际应用价值与艺术气息,更加热爱数学。具体目标如下:

(1)通过收集文献了解函数概念的发展史,认识不同时期函数概念的局限性及发展过程;通过用不同方式表征函数,从根本上破除函数就是表达式,就是图象等错误认识,体会函数表现形式的多样性并尝试运用;通过经历从具体实例中抽象函数的过程,发展学生抽象思维能力、数学建模素养。

(2)培养学生从数学角度认识世界的意识与能力,包括发现、提出数学问题,利用函数知识认识现象;同时,培养学生的数学应用意识,即在用数学认识世界的基础上,再利用函数知识解决问题、优化方案、创新创造。

(3)激发学生合作交流的精神,在小组合作中让学生体会学习并不只能是孤军奋战,合作交流能收获更多;同时培养学生的语言表达能力,联系实际、善于观察、乐于探索和勤于思考的精神。

(二)"寻找函数"项目的设计

1. 挑战性情境

我们用如下引导语呈现与函数相关的情境,激发学生投入该项目学习。

你知道身高与体重的关系吗? 你知道生物在一片区域内生长的趋势吗? 你知道心理学中也有函数吗? 函数,一个遥远又神秘的数学名词,她常伴我们左右,可总被不经意间忽略。今天,我们睁大双眼,开启函数的探索之旅。

2. 结构性的知识网络

我们已经学过正比例函数、反比例函数等初等函数。正是这些初等函数,在我们的理财消费、交通建筑等领域大显身手。当然,在数学、物理、生物、心理学等学科领域,它们也扮演着重要的角色! 这个项目活动可以涉及如下主题(图5.2.7)。

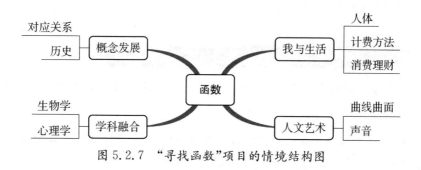

图 5.2.7　"寻找函数"项目的情境结构图

参与活动可能需要以下知识(见图 5.2.8)。这个项目活动将帮学生厘清概念,深化理解,或者检验和反思学生自己的理解。

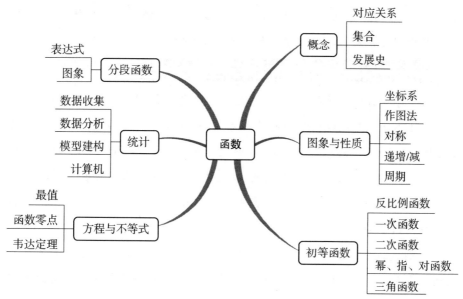

图 5.2.8　"寻找函数"项目的知识网络图

3. 提出活动建议

在多样的活动中,我们要用新视角认识事物、品味生活,通过开展一系列有趣又富有挑战的活动,在商场、交通工具、生物课、艺术展中,找出各种各样的函数关系。学生分组后,选择某个活动开展探究学习,或者也可以提出自己感兴趣的活动建议。

建议 1:"你真的理解我吗?"——找寻对应关系

请同学们针对下面的问题,完成任务。期待你们设计游戏或者制作一份有意义的海报。

⚑ 生活中充满了各式各样的对应关系哦! 例如:学生编号、自动售票机、水电费……比比看,谁能找到更多的对应关系?

⚑ 这些关系能用哪些方式来描述? 你会怎么描述它们? 能用数学语言来描述吗?

在活动中,收集生活中对应关系的例子,用尽可能丰富的方法描述这些对应关系。在此基础上进一步分辨出可以用数学公式描述的对应关系。另外,大家会用到对应关系、函数概念、正比例函数等知识。

建议 2:"你知道我的过去吗?"——追根溯源

请同学们针对下面的问题,完成任务。期待你们制作一个微视频。一部分是讲述抛物线与炮弹轨迹研究的关系,另一部分是讲述函数概念的演进过程,请着重讲述对现行函数定义影响最大的狄利克雷(P. G. L. Dirichlet,1805—1859)对函数的定义及其意义,向全班同学们通过微视频展示成果。

⚑ 我们目前学习的函数定义完美吗? 希望大家可以在函数概念演进的历史中找到答案。

⚑ 你想过一元二次函数的图象为什么叫抛物线吗? 它的名称是怎么来的呢? 古人又是怎么研究抛物线的? 让我们一起在抛物线与炮弹轨迹的研究中寻找答案吧。

在活动中,请收集并研究函数的概念发展过程或者抛物线的来源,集中研究方向,选取适合展示的历史部分。在此过程中教师可以帮忙提供史料,如列举某些中外数学家及其研究成果等。另外你们会用到函数概念、一元二次函数、文献收集等知识技能。

建议 3："拿我照照你?"——用函数认识自己

请同学们针对下面的问题,完成任务。期待你们拍摄出有意义的照片,并附上小论文。

♣ 知道吗,关于我们的身体存在着大量的数据,这些数据之间有没有微妙的关系呢? 可以上网搜集有关数据并选择一种函数,探索与身体有关的某两个数据之间的关系,求出这个函数吧。

♣ 你们也可在学校进行实践操作,采集至少 50 组有关性别、年龄以及你所要探究的与身体有关的某两种数据,做一个真实的统计表。根据数据,给出验证方法与公式,验证你所求出的函数是否适合不同的年龄和性别。

在活动中,可以以与身体有关的某两方面为指标,收集相关数据、分析数据,并建立相应的数学模型,初步感受数学应用和把实际问题转化为数学模型的过程和意义,学以致用。另外,大家会用到各种初等函数,会用 Excel 或描点绘制图象,尝试理解数据拟合等知识技能。

建议 4："零钱都去哪了?"——路费、话费中的函数

请同学们针对下面的问题,完成任务。期待你们创作一份关于交通、话费计费的研究报告,要求通俗易懂。

♣ 调查公共汽车、地铁、轻轨、出租车等交通工具的计费规律,找到其中的函数关系。

♣ 调查家庭中手机、电视、电脑产生的话费、网费的计费规律,找到其中的函数关系。

在活动中,使用你们已有的数学知识,构建数学模型,解释各种交通、话费的计费模式。另外会用到正比例、反比例、分段、常值函数等初等函数基本性质,数据统计能力,图表识别能力等知识技能。

建议 5："我是你的理财小助手!"——消费理财中的函数

请同学们针对下面的问题,完成任务。期待你们制作出一份有意义的计划书、汇总表、建议书。

♣ 调查家人最常去的商场、超市的优惠活动,利用所学知识研究如何消

费最合算？并给亲朋好友提些建议。

    ☣ 向家人了解家庭的存贷款等理财情况，找到其中的函数关系，计算家庭的年收入支出，并给出自己的见解。

    在活动中，你们可以通过与人交流收集数据，用已有知识构建数学模型，针对某一次商场促销活动和家庭理财情况，制定一个购物计划书（注意体现数学工具在其中的应用）、家庭年收支汇总表、建议书。另外，同学们可能会用到正比例、反比例、分段、常值函数等初等函数基本性质，以及数据统计能力、图表识别能力、沟通交流能力。

建议 6："我还有在哪儿？"——生物中的函数

    请同学们针对下面的问题，完成任务。期待你们撰写一份有意义的研究小报告，阐述跨学科研究体验。

    ☣ 你知道如何检测培养皿中酵母菌种群的数量吗？培养皿中酵母菌会无限繁殖吗？探究培养液中酵母菌种群数量的变化规律，试用函数来刻画酵母菌种群数量的变化规律。

    在开展活动之前，先准备好酵母菌菌种，无菌马铃薯培养液或肉汤培养液，培养皿、无菌水、试管、棉塞、恒温培养箱、显微镜、无菌滴管、无菌移液管、小烧杯或小试管、血球计数板、纱布、滤纸、镊子、盖玻片等。在活动中将数学课堂和生物课堂结合起来，观察培养皿中酵母菌种群数量的变化规律，提出问题，提出合理的假设，根据实验数据用适当的数学形式对数量的变化规律进行表达，通过进一步的实验或观察等，对模型进行检验或修正。另外，同学们会用到抽样方法、假设检验、血球计数板的使用方法。

建议 7："我能读懂你的心！"——心理学中的函数

    请同学们针对下面的问题，完成任务。期待你们设计一份海报或者论文，也可以是其他形式（说明涉及的函数知识）。

    ☣ 心理学中也有函数，你能举出哪些例子？听说过艾宾浩斯遗忘曲线（如图 5.2.9）吗？你知道它是怎么绘制出来的吗？尝试绘制自己的遗忘曲线图。

自出生之日起,人的情绪、体力、智力等心理、生理状况就呈周期变化。根据心理学家的统计,人体节律分为体力节律、情绪节律和智力节律三种。请查阅资料,根据自己的出生日期,绘制自己的体力、情绪和智力曲线,并总结自己在什么时候应当控制情绪,在什么时候应当鼓励自己,在什么时候应当加强锻炼,在什么时候应当保持体力。

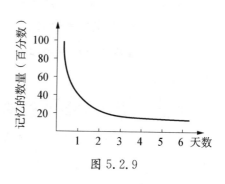

图 5.2.9

在活动中,可以通过查阅资料发现心理学中的函数知识,动手绘制相关图象。另外你们会用到函数的概念,函数的表现形式以及函数图象的画法。

建议 8:"我很美,你看见了吗?"——美术中的函数

请同学们针对下面的问题,完成任务。期待你们拍摄出有数学故事的照片,或创作艺术作品,或编著交流报告。

参考图 5.2.10,寻找出生活中哪些事物包含了函数曲线,用照片记录下来吧。尝试用学过的函数创造你心中的艺术作品。

图画向我们展示的是静态美,是否可以利用函数来展示动态之美,让函数也能动起来? 参考图 5.2.11,你愿意尝试着利用函数来编一套体操吗?

图 5.2.10

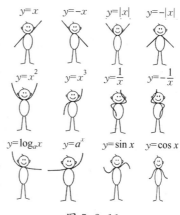

图 5.2.11

在活动中,同学们首先提供若干图片,找出其中包含的函数,其次,想想生活中还有哪些与函数有关的例子,然后根据函数创作出自己心中的艺术作品,并尝试画出,最后在班级中展出作品,进行交流。另外,同学们会用到多种函数图象知识,鉴赏能力。

建议 9:"我也很动听!"——声音中的函数

请同学们针对下面的问题,完成任务。期待你们创作出优美的音频,或乐器模型,或编著实验报告,或设计海报。

▲ 你有思考过乐器中哪些因素(如图 5.2.12)会影响声音的传播距离呢?请你选取一种乐器中的一个因素,利用工具设计实验,建立该因素与声音传播距离之间的关系函数模型。

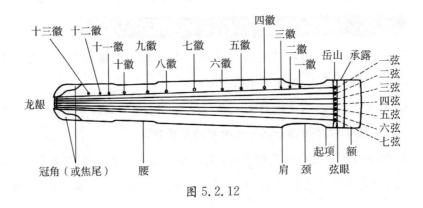

图 5.2.12

▲ 你知道乐曲(如图 5.2.13)中蕴含的函数规律吗?利用不同函数的单调性、周期性等性质,你能自由创作一段小乐曲吗?

3531	6461	3164	6135
4642	7572	4275	7246
4454	4321	1123	
4565	4317	7713	

图 5.2.13

在活动中,以小组为单位,查阅相关音乐音符小常识,利用所学的函数解析式及其性质,自行拟定规则,创作一段小乐曲,并弹奏出来制作成音频。另外,你们可能要用 Excel 绘制图象,并进行数据拟合,学习函数的分类和性质。

4. 关于实施建议

学生分小组，并从活动建议 1 至 4 中选取一个活动。明确活动内容，规划活动流程，以确保活动的顺利进行。这个项目活动需要 5～6 个学时，这 6 个学时又可分为三个阶段。

第 1 学时：与老师共同探讨，明确活动主题，分为活动小组；每个小组制定活动计划，填写活动计划书（见第 152 页的附录）。

第 2～4 学时：根据各个活动建议的要求，有些组需要收集资料、试用电脑软件等，因此需要组内明确分工、合作完成。

第 5～6 学时：在成果展示中充分利用各种形式，海报、模型、照片、策划书等。本项主题项目学习涉及的函数知识十分广阔，强调学生的数学建模能力，因此成果的形式应尽可能多样化。

教师可以组织学生举办校园展览/小讲座活动，通过作品展示学生掌握的数学知识和思想；或者在班内部开展小组汇报，向同学或者家长报告学生的活动过程与结果。项目活动过程可以制作成光盘等数码产品，以作纪念。

5. 评价建议

活动结束需要通过学生自评表，以此记录学生在整个活动中有哪些收获？有哪些困惑？有哪些建议？

表 5.2.2　"寻找函数"项目的学习评价表

内容　　　　　定量评价	4(高)	3(较高)	2(一般)	1(低)
参加这个项目活动的兴趣程度				
对数据的收集、加工、整理、分析能力				
数学推理、建模的能力				
与同学的交流合作能力				
感受数学美的能力				

你在项目活动中运用到哪些数学知识和能力？请详细列举。

请你用文字进一步描述在这个项目活动过程中的感受。

你的收获：

你的困惑：

你的建议：

附录：

以下活动计划书供参考使用

活动主题(参照上述活动建议)	
小组成员名单：	备注
小组成员分工：	
活动过程(包括具体的活动日期、内容、形式)：	

续　表

可能有的学习成果： 学习成果展示的形式：	

三、"探究测量"项目

（一）设计背景

该主题的项目活动学生达到的学习目标有：

（1）了解高度测量的不同方法与原理，能利用相似三角形等数学知识，选用不同的方法测量特定物体的高度，提高数学抽象素养；

（2）了解商高（约前 11 世纪）用矩尺测高的方法，能比较不同测量方法之间的优劣并评估其精确度，从而根据必要条件改进测量方法或测量工具，培养直观想象、数据分析、逻辑推理等数学素养，提升问题提出能力；

（3）动手设计和制作测量工具，了解测高器与测角器的测量原理；实地测量，学会收集数据、撰写报告、评估工具等，经历科学探究的过程，培养数学运算、数学建模等数学素养；

（4）小组合作学习，能够将数学知识运用于实际问题解决中，全面培养动手能力、合作能力和数学交流能力等，提升数学情感。

（二）"探究测量"项目的设计

1. 挑战性情境

为激发学生参加此项目活动，我们可以出示如图 5.2.14 所示的情境图，同时用如下的引导语描述测量的情境。

图 5.2.14

日出于东方，又是崭新的一天，再次走过熟悉的社区与街道，踏进充满浓浓绿意的校园。在日常生活中，你是否驻足思考过这样的一些问题：社区中的那片绿地是什么形状的？绿地上的那棵古树有多高？树影的长短与方向能告诉我们一些什么？或许有人会说："这些看来是市政建设者或者天文学家们的任务吧。"或许有人会问："树的影子除了看出树的轮廓还能看出什么？"其实，拥有一定知识的你们，已经可以运用自己学过的知识来寻找这些问题的答案了。今天就让我们一起走进充满趣味的测量世界吧！

2. 结构性知识网络

测量的用途非常广泛，在地理、体育、艺术、机械、物理、房地产等领域中发挥着各种功能！（见图 5.2.15）

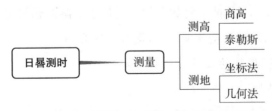

图 5.2.15 "探究测量"项目的情境结构图

探索比例尺在各个领域中的功能,可能需要如下一些数学概念(见图 5.2.16)。项目活动将帮助学生理清概念,深化理解,并鼓励学生在活动中检验自己的理解程度。

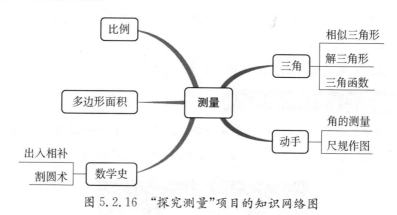

图 5.2.16 "探究测量"项目的知识网络图

3. 提出各种活动建议

有关测量的探究学习,你和你的小组可以提出你们感兴趣的活动建议,也可以选择以下几个活动建议。

建议 1: 坐标法测绘绿地

测绘绿地面积有许多方法,例如坐标法、三角形法等。同样的,测量大树、建筑物的高度,也有许多不同的办法。测量时间呢? 你或许也能想到沙漏或者日晷。在运用这些方法进行测量时,我们还需要设计、制作一些小工具。期待你们设计出直角测角器与绿地平面图(请说明测角器原理并注明相关的坐标数据和面积)。

图 5.2.17

👆 你能利用已掌握的坐标知识来测绘身边的绿地吗? 想想用坐标法测量绿地的具体过程。

♣ 在实际测量某一点的坐标过程中,需要一种特殊的测直角的工具(如图 5.2.17)。你能看出它的工作原理吗? 请你制作这一必需的测量工具。

♣ 测量你身边的某一块绿地(尽可能测出拐点的坐标),并绘制出平面图。根据你的测绘图,要如何进一步估算出绿地的面积呢? 思考可能造成误差的原因。

在活动中可能需要用到三角形的计算、直角坐标系、比例尺等。

建议 2: 几何法测绘绿地

请同学们针对下面的问题,完成任务。期待你们制作出圆盘测角器(如图 5.2.18)与绿地平面图(请注明相关的长度、角度等数据和面积)。

图 5.2.18

♣ 如何"化曲为直"将绿地转化为可测图形? 请你根据图 5.2.19 与图 5.2.20,总结出"三角形法"的测绘方法与"多边形法"的测绘方法。

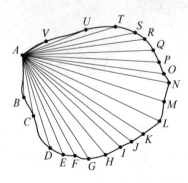

图 5.2.19　三角形法测量面积

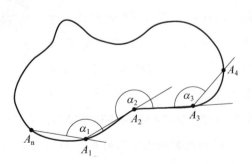

图 5.2.20　多边形法测量面积

用三角形分割或多边形逼近的方法测绘绿地,我们都需要测量三角形的内角。你知道图 5.2.18 中的这个工具是如何测量角度的吗？说出它的原理并制作该测角器。

测量你身边的某一块绿地,并绘制出平面图。

该绿地的面积大约是多少？请你想一个办法来估算。

产生误差的原因会有哪些？

在活动中,可能会涉及到比例尺、平面角、解三角形、化归思想等。

建议 3: 探索泰勒斯测量高度的方法

请同学们针对下面的问题,完成任务。期待你们设计一份泰勒斯法测量高度的原理说明和实物测量的数据报告。

你知道古希腊的数学家泰勒斯(Thales,约前 624—前 546)是如何测量金字塔的高度吗？请你总结一下他的测量方法。

选取身边的大树、高楼、旗杆等物体,试着用泰勒斯的方法测量高度。

如果物体是倾斜的(如比萨斜塔或倾斜的大树)或者物体的影子部分落在墙上等特殊情况下,你还能用该方法测量高度吗？

在什么样的条件下,我们可以用这个方法来测量物体的高度？你如何优化该测量方法？

在活动中,同学们可能会用到相似三角形、三角函数等。

建议 4: 重构商高测量高度的方法

请同学们针对下面的问题,完成任务。期待你们制作一个"三角板测高器"或设计一份测角器测量高度的原理说明和实物测量的数据报告。

你能用手中的三角板作为一个简单的工具,测量大树或高楼的高度吗？说说你的设计原理。

你知道中国古代数学家商高如何用"矩尺"测量古树高度的吗？比较一下他的测量工具、测量方法与原理和你的有何差异？

使用三角板或"矩尺"测高时有什么条件限制吗？

你知道测角器吗？能不能用测角器来测量高度？

☘ 用你设计和制作的"三角板测高器"或测角器来测量身边物体的高度吧!

在活动中,需要用到三角函数、解直角三角形、相似三角形等。

建议 5: 探寻时间的测量方法

请同学们针对下面的问题,完成任务。参考图 5.2.21,期待你们也用自己的方法制作一个或多个测量时间的工具并给出该工具的原理及使用说明书。

☘ 你知道古代在没有秒表等精确仪器的情况下,时间是怎么测量出来的吗?

图 5.2.21

☘ 你能否用自己的方法制作一个或多个测量时间的工具呢? 同时介绍该工具的工作原理?

☘ 试将你所使用工具测量的结果与精确计时仪器(如秒表等)测量结果进行比较,并给出误差分析。

在活动中,你们可能会用到三角函数、周期性、圆锥等。

建议 6: 探索中国历史上丰富多彩的测量

请同学们针对下面的问题,完成任务。期待你们以特别的方式报告中国历史上测量面积、距离、高度、时间等的思想和方法。

☘ 在历史上,中国无疑是世界上在测量方面比较发达的国度。你能找出几部我国历史上涉及测量的数学著作吗?

➕ 据说在公元前六七世纪,有两个叫荣方和陈子的人讨论了测量地球到太阳有多远的问题。他们是如何测量的?

➕ 我们的祖先较早就探讨了测量那些可望而不可即的物体像海岛的高度的办法。他们是怎么做的?

➕ 在古代,我国的数学家用"出入相补""割圆术""几何问题代数化"等思想和方法来解决求面积问题。你能解释这些术语吗? 找几个例子说明前人是怎么应用它们的。

➕ 用你学过的数学知识对前人的工作做一评价!

在活动中,你们会搜索并理解数学史著作、勾股定理、圆的内接或外切正多边形、方程、出入相补。

4. 关于实施建议

学生分小组,并从活动建议 1 至 6 中选取一个活动。明确活动内容,规划活动流程,以确保活动的顺利进行。这个项目活动需要 5～6 个学时,这 6 个学时又可分为三个阶段。

第 1 学时:与老师共同探讨,明确活动主题,分为活动小组;每个小组制定活动计划,填写活动计划书(见第 160 页的附录)。

第 2～4 学时:根据各个活动建议的要求,有些组实地考察、收集数据等,因此需要组内明确分工、合作完成。

第 5～6 学时:在成果展示中充分利用各种形式,测量报告、讲座等。本项主题项目学习涉及的测量知识强调学生的数据收集、推理和数学建模素养,因此成果应该尽可能具备实用价值。

学生可以在室外开展测量活动,运用所学及研究成果向同学或者家长报告多种测量。项目活动过程可以制作成光盘等数码产品,以作纪念。

5. 关于评价建议

活动结束需要通过学生自评表,以此记录学生在整个活动中有哪些收获? 有哪些困惑? 有哪些建议?

表 5.2.3 "探究测量"项目的学习评价表

内容 \ 定量评价	4(高)	3(较高)	2(一般)	1(低)
参加这个项目活动的兴趣程度				
对数据的收集、加工、整理、分析能力				
数学推理、建模的能力				
与同学的交流合作能力				
感受数学美的能力				

你在项目活动中运用到哪些数学知识和能力？请详细列举。

请你用文字进一步描述在这个项目活动过程中的感受。

你的收获：

你的困惑：

你的建议：

附录：

以下活动计划书供参考使用

活动主题(参照上述活动建议)	
小组成员名单： 小组成员分工： 活动过程(包括具体的活动日期、内容、形式)： 可能有的学习成果： 学习成果展示的形式：	备注

四、"商品包装"项目

(一) 设计背景

　　本项目虽然相对简单，但却对教师提出了更大的要求。如果教师不能在项目活动过程中恰如其分地给予引导与指导，学生很容易抱着应付而过的心态参与，这样会使项目学习的意义和价值受到较大影响。在这一活动建议下，希望学生达到的学习目标有：

　　(1) 了解包装盒的不同形状，能利用立体几何等数学知识对其进行分类和分析,提高直观想象和数学抽象素养;拆分不同类型的包装盒,构建立体图形展开为平面图形的过程,建立二维与三维的转化思维,培养直观想象、逻辑推理等数学素养,提升问题提出能力;

(2) 讨论包装盒设计的原理与依据,用数学的方式反思生活实践,寻求包装设计中的数学韵味,培养数学交流能力和数学建模能力;

(3) 设计并制作包装盒,从实践到理论又从理论到实践,通过纸笔设计与动手制作,综合运用平面设计、尺规作图、交流协作、反思改进等知识与技能,提高数学运算、直观想象、数据分析、逻辑推理、数学交流等素养;

(4) 小组合作学习,能够将数学知识运用于实际问题解决中全面培养动手能力、合作能力和数学交流能力等,提升数学情感。

(二)"商品包装"项目的设计

1. 挑战性情境

我们通过如下的引导语把学生带入项目活动情境,探索包装问题。

我们这个时代,人们在追求商品内在质量的同时,也非常注重商品的外在包装。各路商家为了吸引更多的消费者,对商品的外包装更是煞费苦心。材料各异、形状各异的外包装(如图 5.2.22)吸引着各种不同的消费群体。这些形形色色的外包装包含着丰富的数学知识,值得我们好好探究一番。

图 5.2.22

2. 结构性知识网络

商品包装的形状、质地,以及它上面的各类信息,涉及不少生物、化学、环境或者艺术类知识,为我们从事数学活动提供丰富的素材(图 5.2.23)。

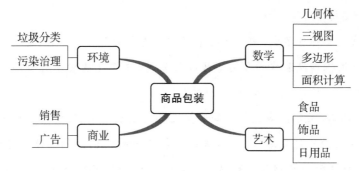

图 5.2.23　"商品包装"项目的情境结构图

在进行项目活动时,学生将会接触到以下这些数学概念,有助于增强学生对这些内容的理解。(见图 5.2.24)

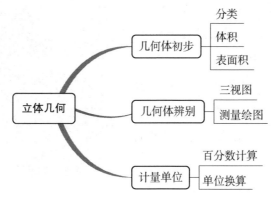

图 5.2.24　"商品包装"项目的立体几何知识网

3. 提出各种活动建议

利用各种商品的包装可以进行各种有趣而又有挑战性的活动,在此我们提供几个活动建议,由学生分组后选择(建议每个小组都能够参加活动建议6)。也允许学生们围绕这个主题自己提出活动建议,先与老师沟通,然后进行活动。

建议 1: 分类包装盒

请同学们针对下面的问题,完成任务。期待你们设计一个外包装的展览,并说明分类标准。

    ★ 收集各种包装盒,用某种标准对它们进行分类。

    ★ 如果根据包装盒的几何形状进行分类,这些包装盒中有哪些是你熟知的几何体? 这些几何体有些什么性质?

在活动前,同学们多收集一些外包装盒。在活动中,可以确立一定的分类标准,对收集的外包装进行分类,探究外包装中的几何体的性质。另外,同学们将会用到生活中几何体的辨认、几何体初步认识、几何体性质的初步认识、分类思想等。

建议 2: 拆分包装盒

请同学们针对下面的问题,完成任务。最后你们要展示各类包装盒的平面展开图(如图 5.2.25),并利用展开图,说明包装盒设计的优缺点。

    ★ 请拆开几个包装盒,考察包装盒的结构,能否画出它们的平面展开图?

    ★ 想一想,各种包装盒是如何被制作出来的呢?

    ★ 比较各种包装盒的设计,例如,结构的稳定性、设计的简洁性、组装的便利性。

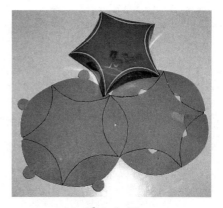

图 5.2.25

在活动中,可以拆分包装盒,说明它们的平面展开图的性质,并加以归类。这里会用到几何体初步认识、几何体的平面展开图、各种多边形的性质、多边形内角之和等。

建议 3: 深入探究包装盒

请同学们针对下面的问题,完成任务。最后你们要设计一份探究报告(尽可能用计算数据说明观点)。

    ★ 选择一些材质不同、形状不同的包装盒,计算这些包装盒分别用掉多少包装材料?

　　♣ 包装盒体积与所包装内容、数量之间关系如何? 它们是否合理?

　　♣ 制作包装盒所用的材质是否合理?(请考虑它们所要包装的物品)

　　在活动中,可以计算包装盒的表面积、体积;分析包装材料对包装内容的影响(从环保的角度);计算包装物品占包装盒体积的百分比,说明包装盒使用的合理性。期间可能需要用到几何体表面积计算、体积计算、百分数计算、计量单位等。

建议 4: 包装产生的垃圾

　　请同学们针对下面的问题,完成任务。最后需要你们为减少包装垃圾提出合理化建议。

　　♣ 观察你的家庭里,一个星期之内会产生多少包装垃圾,如纸盒、罐子、瓶子? 选择其中某几类包装垃圾进行计算(例如体积、质量、表面积等)。

　　♣ 为什么有些物品需要比较多的包装? 举例说明。

　　♣ 如何减少包装垃圾? 你有哪些建议?

　　在活动中,可以选择一些包装盒,进行具体计算,如估算产生的垃圾量。然后根据计算结果提出合理化建议。其间会用到表面积计算、体积计算、百分数计算、计量单位等。

建议 5: 包装上的信息

　　请同学们针对下面的问题,完成任务。最后需要你们给消费者提出建议。(需要首先分析包装上的信息,然后利用分析数据提出诚恳的建议)

　　♣ 仔细观察各种商品包装(如图 5.2.26),上面有些什么信息?

营养成分表		原味		抹茶味		咖啡味	
	项目	每100克	NRV%	每100克	NRV%	每100克	NRV%
	能量	2380千焦	28%	2376千焦	28%	2402千焦	29%
	蛋白质	5.6克	9%	6.0克	10%	5.9克	10%
	脂肪	36.2克	60%	36.2克	60%	37.3克	62%
	一反式脂肪酸	0克		0克		0克	
	碳水化合物	55.6克	19%	55.0克	18%	54.2克	18%
	钠	235毫克	12%	240毫克	12%	231毫克	12%

图 5.2.26

⬆ 包装上的各种数字分别说明什么？

⬆ 你知道包装上的条形码的原理吗？

⬆ 包装上所提供的信息准确可信吗？

在活动中需要用到百分数计算、单位换算、简单的编码知识等。

建议 6：自己制作包装盒

请同学们针对下面的问题，完成任务。期待你们自制精美的包装盒，并说明制作原理。

⬆ 选择要包装的物品。

⬆ 选择包装用的材料。

⬆ 形成一个制作包装盒的计划，并动手制作包装盒。

在活动中可能会用到立体几何初步、体积计算、表面积计算。

4. 关于实施建议

学生分小组，并从活动建议 1 至 6 中选取至少一个活动。明确活动内容，规划活动流程，以确保活动的顺利进行。这个项目活动需要 5～6 个学时，这 6 个学时又可分为三个阶段。

第 1 学时：与老师共同探讨，明确活动主题，分为活动小组；每个小组制定活动计划，填写活动计划书（见第 168 页的附录）。

第 2～4 学时：根据各个活动建议的要求，各组需要去超市等地方实地考察，因此需要组内明确分工、合作完成。

第 5～6 学时：在成果展示中充分利用各种形式，模型、建议书等。本项主题项目学习涉及的几何知识强调学生的几何直观和实践动手能力，因此成果应该尽可能实体化。

最后，可以举办校园展览活动，向师生展示多样的产品包装；或者开展"我是小小企业家"活动，向同学、老师推荐自己的产品包装的美观和性能。项目活动过程可以制作成光盘等数码产品，以作纪念。

5. 关于评价建议

活动结束需要通过学生自评表,以此记录学生在整个活动中有哪些收获?有哪些困惑?有哪些建议?

表5.2.4 "商品包装"项目的学习评价

内容＼定量评价	4(高)	3(较高)	2(一般)	1(低)
参加这个项目活动的兴趣程度				
数据统计分析、直观想象能力				
尺规作图等动手实践的能力				
与同学的交流合作能力				
感受数学美的能力				

你在项目活动中运用到哪些数学知识和能力?请详细列举。

请你用文字进一步描述在这个项目活动过程中:

你的收获:

你的困惑:

你的建议:

附录：

以下活动计划书供参考使用

活动主题（参照上述活动建议）	
小组成员名单： 小组成员分工： 活动过程（包括具体的活动日期、内容、形式）： 可能有的学习成果： 学习成果展示的形式：	备注

五、"身边的概率与统计"项目

（一）设计背景

该项目最终期望学生达到的学习目标有以下几点：

（1）感受生活中的随机现象，能通过列表、画树状图等方法列出简单随机事件所有可能的结果,以及指定事件发生的所有可能结果,了解事件的概率,知道通过大量地重复试验,可以用频率来估计概率,培养动手能力和实验水平,培养数据分析与逻辑推理能力;

(2)了解古典概型和几何概型,能利用其计算公式对简单随机事件的概率进行求解,提高数学建模、数学运算等素养;

(3)动手试验,制作工具、学会收集数据、撰写报告、评估工具等,经历科学探究的过程,培养数学运算、数据分析等数学素养;

(4)小组合作学习,能够综合运用各自数学知识于实际问题的解决中,全面培养动手能力、合作能力和数学交流能力等,提升数学情感。

(二)"身边的概率与统计"项目的设计

1. 挑战性情境

我们可以用下面的引导语,激励学生参与到统计项目活动中。

抛掷硬币、骰子、转盘等都是生活中常见的游戏抽签或抽奖工具,我们可以用数学知识去探究它们所呈现结果的可能性及对游戏的公平性等。怎样才能"让数据说话"? 要让数据为我们提供信息,就要得到准确的数据,不但需要做大量细致耐心的数据收集工作,还需要有合理科学的数据处理方法。统计是研究如何合理收集、整理、分析数据的学科,它通过科学的方法让数据客观地告诉我们有关信息,并帮助我们做出合理的决策。

2. 结构性知识网络

统计情境随处都存在,如下面给出一些建议(图5.2.27)。

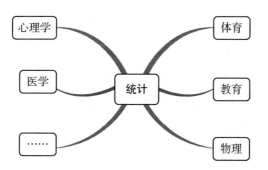

图 5.2.27　"身边的概率与统计"项目的情境结构图

围绕统计进行活动时,会涉及如下一些概念(图5.2.28)。

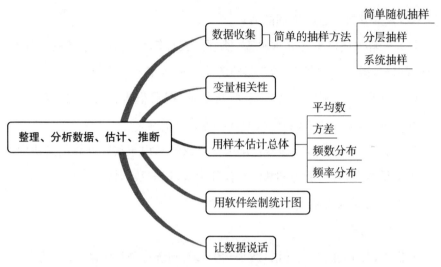

图 5.2.28 "身边的概率与统计"项目的知识网络图

3. 提出各种活动建议

利用概率统计的知识我们可以进行各种有趣而又有挑战性的活动,在此我们提供几个活动建议,由学生分组后选择。也允许学生围绕这个主题自己提出活动建议,先与老师沟通,然后再进行活动。

建议 1: 寻找好老师的标准: 在你的眼中什么样的老师是好老师?

请同学们针对下面的问题,完成任务。最后需要你们完成一份调查报告(设计调查问卷,应用抽样方法,绘制统计图,根据数据与图表分析数据)。

↳ 查阅"好老师的标准"的资料,设计一份调查问卷。

↳ 对不同的人做调查,如不同年级的同学、老师、家长。

↳ 整理并分析调查数据,你能得到哪些结论?

在活动中,同学们会涉及这些内容,如调查问卷的设计,简单的抽样方法,用计算机软件绘制统计图的技能,分析数据的能力。

建议 2：学生幸福吗？

请同学们针对下面的问题，完成任务。最后需要你们完成调查报告（定义幸福感、展示调查问卷、绘制统计图、数据分析）。

你觉得自己幸福吗？ 学生眼中影响幸福感的因素有哪些？

- 查阅有关"幸福感"的资料，了解什么是幸福感。
- 设计一份调查问卷，对学校范围内的同学做调查。
- 整理并分析调查数据，你能得到什么结论？

在活动中，同学们可能会用到调查问卷的设计、简单的抽样方法、用计算机软件绘制统计图的技能、分析数据的能力等。

建议 3：如何抽奖？

请同学们针对下面的问题，完成任务。期待你们展示自制抽奖工具，并通过现场演示等介绍其原理（实物、软件）。

- 生活中有许多抽奖的游戏与活动，但中奖可能性大小却各有不同，如何衡量中奖的概率？ 如何制作公平的抽奖工具？ 如何识破抽奖游戏的"阴谋"？ 这一切都与概率相关。

- 将一副完整的扑克牌打乱（52 张牌），从中任意选取一张扑克牌，这张扑克牌是"黑桃 A"的概率是多少？ 花色是"黑桃"的概率又是多少？

- 硬币、骰子、转盘等都是生活中常见的游戏抽签或抽奖工具，它们所呈现的结果可能性如何？ 什么时候它们对游戏是公平的？ 为什么？

- 你能根据相关的知识为你们小组设计和制作一个特有的公平的抽奖工具（如骰子等）吗？

这里可能需要频率估计概率、古典概型、几何概型、立体几何等知识技能。

4. 关于实施建议

学生分小组，并从活动建议 1 至 3 中选取一个活动。明确活动内容，规划活动流程，以确保活动的顺利进行。这个项目活动需要 5～6 个学时，这 6 个学时又可分为三个阶段。

第1学时：与老师共同探讨，明确活动主题，分为活动小组；每个小组制定活动计划，填写活动计划书（见第173页的附录）。

第2~4学时：根据各个活动建议的要求，各组需要动手做实验，因此需要组内明确分工、合作完成。

第5~6学时：在成果展示中充分利用各种形式，模型、调查报告等。本项主题项目学习涉及的统计概率知识强调学生数据收集、统计、分析的能力，因此成果应该尽可能体现活动过程。

最后可以组织学生举办校园展览活动，向同学老师展示产品原理及提供试用。项目活动过程可以制作成光盘等数码产品，以作纪念。

5. 关于评价建议

活动结束需要通过学生自评表，以此记录学生在整个活动中有哪些收获，有哪些困惑，有哪些建议。

表5.2.5　"身边的概率与统计"项目的学习评价

内容＼定量评价	4（高）	3（较高）	2（一般）	1（低）
参加这个项目活动的兴趣程度				
数据收集、统计分析能力				
制作模型的动手能力				
与同学的交流合作能力				
感受数学美的能力				

你在项目活动中运用到哪些数学知识和能力？请详细列举。

请你用文字进一步描述在这个项目活动过程中的感受。

你的收获：

你的困惑：

你的建议：

附录：

以下活动计划书供参考使用

活动主题（参照上述活动建议）	
小组成员名单：	备注
小组成员分工：	
活动过程（包括具体的活动日期、内容、形式）：	
可能有的学习成果：	
学习成果展示的形式：	

第六章　初中数学项目实施与数学素养分析

本章将选取若干已设计的数学项目,在课堂教学中开展相应的数学项目学习,同时分析学生在参与项目活动过程中表现出的数学素养,阐述这些数学项目对于培养数学素养的作用。

第一节　"寻找函数"项目

本节以"寻找函数"项目为例,首先分析通过该项目活动期待学生发展的数学素养,然后介绍该项目的实施案例,并系统分析学生在参与项目学习中的行为以及创作出的学习作品,阐释学生的数学素养的具体表现。

一、"寻找函数"与数学素养

在本次数学项目活动中,驱动性主题、产品以及评价同样作为不可或缺的三个要素,学生们在"寻找函数"的主题驱动下,需要运用所学的或者未学的函数有关知识(概念、图象与性质、初等函数、分段函数)以及统计、方程与不等式等知识去完成项目任务,在运用知识解决活动任务的过程中也全面地展示了其综合的数学能力。此项目需要学生进行发现问题、交流表达、收集数据、分析解释数据、建模、表征、论证、反思等不同活动,在各样的数学素养的协调下,最终完成"产品"以进行成果展示。在此期间,九大数学素养皆会得到一定的体现与提升。下图 6.1.1 展示了"寻找函数"数学项目活动与数学素养的关系。

以下将根据建构的数学素养模型,结合数学项目活动的具体流程,对学生们体现并发展的数学素养进行分析。

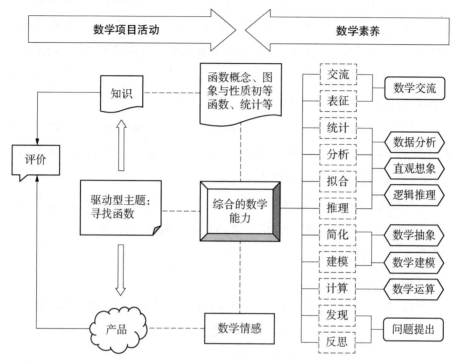

图 6.1.1　"寻找函数"数学项目活动与数学素养的关系

二、项目实施与数学素养分析

　　函数主题下的活动建议相当丰富,学生可从生活、艺术等方面选择自己喜欢的活动建议完成,下面以该项目主题下的两个活动建议为例(①组:"拿我照照你?"——用函数认识自己;②组:"我能读懂你的心!"——心理学中的函数),呈现活动实施的具体过程,并分析期间对学生数学素养的培养。

　　函数是中学阶段重要的数学知识点,也是学生不易理解掌握的内容。函数并不仅限于数学课堂当中,其他学科、现实生活、人文艺术中处处都有函数的身影。该项目学习旨在让学生探索丰富多样的情境,加深对函数概念理解,掌握不同函数的本质属性并学会运用。同时,让学生体会函数的实际应用价值与艺术气息,更加热爱数学。具体目标如下:

（1）通过收集文献了解函数概念的发展史，认识不同时期函数概念的局限性及发展过程，在判别两个变量关系是否为函数的基础上进一步理解函数概念；通过用不同方式表征函数，从根本上破除函数就是表达式，就是图象等错误认识，体会函数表现形式的多样性并尝试运用；通过经历从具体实例中抽象函数的过程，发展抽象思维能力，体会模型思想。

（2）培养从数学角度认识世界的意识与能力，包括发现、提出数学问题，利用函数知识认识现象；同时，培养数学应用意识，即在用数学认识世界的基础上，再利用函数知识解决问题、优化方案、创新创造。

（3）激发合作交流的精神，在小组合作中体会学习并不只能是孤军奋战，合作交流能收获更多；同时培养语言表达能力与联系实际、善于观察、乐于探索和勤于思考的精神。

（一）项目分组阶段

本项目课程针对初中学生设计，可在初中二年级或三年级使用，根据不同学生情况可适当调整活动内容。项目活动前，学生已经具备如下基础：

知识基础：活动前，学生已经掌握课程中函数概念图象、部分初等函数、一元二次方程等相关数学知识。若有少部分必要知识尚未学习，可在项目活动过程中进行适当的教学或介绍，也可以鼓励学习能力强、兴趣浓的学生自行探索。

能力基础：初中生已经具有较好的数学抽象、数据分析、逻辑推理等能力，有一定的数学应用意识和建模思想，能够解决较复杂的问题。同时，初中生有较好的计算机软件的使用经验，能在教师的指导下，以小组活动形式开展活动。

情感基础：初中生具备强烈的好奇心、较高的求知欲和探索精神。同时，初中生合作交流积极性高，有相似的生活体验和情感基础。

基于此，项目开始阶段，全班一起讨论本次项目活动主题，分小组从活动建议中选取一个活动，或者自己另外设计感兴趣的活动。注意明确活动内容，规划活动流程，以确保活动的顺利进行。在课堂上，教师与学生共同探讨，明确活动主题。划分活动小组，小组成员明确各自在分组活动中的角色以及所需完成的任务,制定活动计划填写活动计划书。分组时需要注意遵从学生自愿的原则,但教师需要对各个主题分配情况、小组人数进行适当协调控制,尽可能实现 4 个主题下每个活动都有学生参与。各小组确定各自活动后,教师需要督促学生制定活动计划,并且当堂完成计划书的填写,确定小组组长并要求进行后续实时汇报项目进程。

　　在某中学初三学生的项目活动开展中,①组与②组学生都热烈参与讨论活动。这两组学生的数学基础具有一定的差异:①组学生整体数学成绩优秀,5 人中 3 人有过一定的数学竞赛经历,另外 2 人也在校内考试中有较好的数学成绩;②组的 5 名学生相对而言数学基础较为薄弱,有一位在上学期的期末考中数学成绩还险些不及格。因此,在项目开始的阶段,②组学生便显得有些困难,无从下手,教师也适当地为其提供了一些思路与研究途径,而①组学生则很快确定了目标,并重构了问题,打算学习新的知识以处理新的问题。尽管讨论过程有些差异,但两组学生无不兴致勃勃且充满好奇。

　　该阶段主要培养学生问题提出和数学交流的素养,学生们尝试着在现实问题与数学问题之间建立联系,如①组学生从活动建议中发现,项目活动需要将生活中的实际数据转化为理想的函数,因此需要运用到“函数拟合”的相关知识。

（二）项目活动阶段

　　在教师指导下,各小组按照活动计划书活动。小组成员需要利用课上、课余时间来收集数据、分析交流、制作海报或撰写调查报告等项目成果。过程中,各小组需要向教师和其他同学汇报目前小组的活动进展和遇到的困难,听取他人意见和建议,继续完成项目。需要注意,项目活动过程中学生数据收集、分析等复杂过程不能依赖课堂时间,教师需要敦促小组成员充分利用课余、周末等时间开展讨论交流,推进活动。课堂时间仅仅是小组成员聚集在一起汇报各自的任务完成情况,并征求教师意见、克服困难的时间。

　　对于①组的学生,他们要探究身高与体重之间的函数关系,于是通过对身高、体重等有关数据进行分析,采用图象、数据拟合、表格描述等方法,建立了关于身高与体重的函数模型,并选取某初中 50 多名同学为样本,收集了相关数据来验证该函数模型,并给出了一些说明和评价。

活动任务中首先要求他们上网搜集有关数据并选择一种函数,探索身体中某两者之间的关系,求出这个函数;接着采集至少 50 组有关性别、年龄以及所要探究的身体中某两者的数据,做一个真实的统计表。根据数据,给出验证方法与公式,验证所求出的函数是否适合不同的年龄和性别。学生们细化了以上任务,讨论提出了 4 个更加明确的研究问题:

1. 上网搜集几组未成年男性身高、体重的数据,从我们已经学过的函数中选择一种函数,使它比较近似地反映出体重 y 关于身高 x 的函数关系,试求出这个函数。

2. 在学校中采集至少 50 组有关性别、年龄、身高、体重的数据,做一个真实的统计表。

3. 根据采集的数据验证求出的函数是否适合不同的年龄和性别。给出验证的方法、公式和标准,提出修正的意见。

4. 若体重超过相同身高平均值的 1.2 倍为偏胖,低于 0.8 倍为偏瘦,根据公式,再对统计数据中的每个人做出评价。

学生们先收集资料给出了有关身高与体重的数据,建立了相关的函数模型。为此,他们先把身高与体重放在一个直角坐标系中画出散点图,然后观察该系列散点的变化趋势,从而预测出熟悉的函数模型,最后建立一般的函数关系式并求解。针对问题 2、问题 3、问题 4,他们在学校选择了一个班级收集相关数据,验证上述建立的模型,并给出相应的解释和结论。

具体地,针对问题 1,学生从网上搜集到了某地区不同身高的未成年男性的体重平均值,整理得到表 6.1.1:

表 6.1.1 某地区不同身高的未成年男性体重平均值表

身高(cm)	60	70	80	90	100	110
体重(kg)	6.13	7.9	9.99	12.15	15.02	17.5
身高(cm)	120	130	140	150	160	170
体重(kg)	20.92	26.86	31.11	38.85	47.25	55.05

根据该地区不同身高的未成年男性的体重平均值表所给的数据,学生 A 以体重 y 为纵轴,以身高 x 为横轴在 Excel 软件中建立直角坐标系,并描出相应的散点图如图 6.1.2 所示:

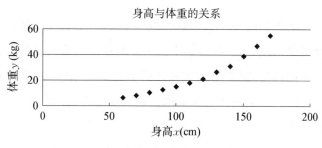

图 6.1.2 身高与体重的关系散点图

观察上述图象,并利用 Excel 软件分别用线性(即一次函数)、二次多项式(即二次函数)进行勾勒,学生发现,该散点图的变化趋势与二次函数的图象比较接近,因此添加二次函数趋势线后的图象如图 6.1.3 所示:

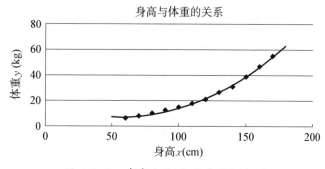

图 6.1.3 身高与体重的关系拟合图

虽然软件中可以自动生成拟合后的函数解析式,但教师建议学生运用已有知识自主动手求出,因此,学生 B 很快设出了身高与体重的函数模型的一般表达式为:

$$y = ax^2 + bx + c(a \neq 0)。$$

之后,选取了图中最靠近趋势线的几个点 $(70, 7.9)$、$(110, 17.5)$、$(130, 26.86)$,分别代入以上函数式,使用待定系数法得到:

$$a = 0.0037, b = -0.431, c = 19.697。$$

故，该地区不同身高(x)的未成年男性的体重(y)之间的函数关系为：

$$y = 0.0037x^2 - 0.431x + 19.697。$$

这一阶段，学生们的多个数学素养得到了提高，如数据分析、数学建模、逻辑推理、直观想象、数学交流等。其中最明显的莫过于数据分析与数学建模素养，学生收集数据，将其以表格和散点图的方式表征出来，并借助趋势图分析了数据的分布，最后还为该趋势线求出了函数解析式，数学知识得到了综合且灵活的运用。

对于问题2和问题3，学生们设计了简单的问卷，对某校某班进行调查，得到了有关性别、年龄、身高、体重的数据及相关统计表如表6.1.2所示。

表6.1.2　有关性别、年龄、身高的数据统计表

姓名	性别	身高(cm)	体重(kg)	年龄(岁)	姓名	性别	身高(cm)	体重(kg)	年龄(岁)
罗＊杰	男	135	28	13	曾＊群	女	145	36	12
吴＊栋	男	145	36	13	田＊可	女	150	36	12
姚＊	男	138	35	12	易＊玲	女	155	43	13
江＊浩	男	140	36	12	卜＊	女	150	41	12
向＊	男	141	36.5	13	张＊霄	女	153	45	13
张＊斌	男	136	35	13	郑＊苏	女	162	50	12
向＊磊	男	155	43	13	石＊娴	女	147	38	14
文＊	男	165	53	13	彭＊晖	女	155	46	12
张＊	男	155	43	13	杨＊圆	女	140	32	13
黄＊	男	140	30	13	邹＊	女	140	30	12
周＊雨	男	145	35	13	张＊莉	女	150	35	13
向＊	男	145	35	13	李＊	女	158	40	12
龙＊高	男	148	40	13	龙＊	女	148	34.2	12
李＊	男	140	32.5	12	石＊	女	154	39	12
李＊伟	男	145	35	14	曾＊	女	158	39	13

续　表

姓名	性别	身高(cm)	体重(kg)	年龄(岁)	姓名	性别	身高(cm)	体重(kg)	年龄(岁)
杨＊	男	156	42	13	田＊	女	154	42	13
冀＊	男	150	52	12	张＊	女	140	30	13
田＊	男	140	25	12	王＊敏	女	155	44	13
孙＊	男	152	38	13	吴＊	女	145	40	13
李＊男	男	145	35	13	郑＊连	女	158	41	13
张＊	男	145	31	13	田＊	女	150	38	13
杨＊菊	女	140	30	13	史＊杰	女	150	44	14
张＊艳	女	140	25	12	唐＊源	女	152	35.5	12
张＊	女	154	40	13	张＊	女	147	36	13
杨＊	女	148	33	12	陈＊	女	145	32	12
高＊	女	150	35	13	曾＊	女	155	40	12
梁＊娟	女	145	36	12	彭＊可	女	153	37.5	12

　　为了衡量所求函数是否适合表 6.1.2 中不同的年龄和性别，他们在教师的引导下查阅资料并引入了相应的验证方法、公式和标准。

　　引入 1：一个近似数与准确数的差的绝对值，称为绝对误差。

　　引入 2：测量的绝对误差与被测量〔约定〕真值之比，称为相对误差。用 a 表示近似数，A 表示它的精确数，那么近似数 a 的相对误差就是 $|a-A|/A$。

　　考虑到数据的特殊性，他们分别以不同性别的数据进行误差分析，结果如表 6.1.3 及表 6.1.4 所示：

表 6.1.3　男生体重误差

姓名	体重拟合值	绝对误差	相对误差	姓名	体重拟合值	绝对误差	相对误差
姚＊	30.6818	4.3182	0.123377	张＊斌	29.5162	5.4838	0.15668
江＊浩	31.877	4.123	0.114528	向＊磊	41.7845	1.2155	0.028267

姓名	体重拟合值	绝对误差	相对误差	姓名	体重拟合值	绝对误差	相对误差
李＊	31.877	0.623	0.019169	文＊	49.3145	3.6855	0.069538
冀＊	38.297	13.703	0.263519	张＊	41.7845	1.2155	0.028267
田＊	31.877	6.877	0.27508	黄＊	31.877	1.877	0.06257
罗＊杰	28.9445	0.9445	0.03373	周＊雨	34.9945	0.0055	0.000157
吴＊栋	34.9945	1.0055	0.027931	向＊	34.9945	0.0055	0.000157
向＊	32.4857	4.0143	0.109981	龙＊高	36.9538	3.0462	0.076155
李＊男	34.9945	0.0055	0.000157	杨＊	42.5042	0.5042	0.012
张＊	34.9945	3.9945	0.12885	孙＊	39.6698	1.6698	0.04394
李＊伟	34.9945	0.0055	0.000157	总计（平均）	35.6862	2.7773	0.0750

表 6.1.4　女生体重误差

姓名	体重拟合值	绝对误差	相对误差	姓名	体重拟合值	绝对误差	相对误差
曾＊群	34.9945	1.0055	0.027931	易＊玲	41.7845	1.2155	0.028267
田＊可	38.297	2.297	0.06381	张＊霄	40.3673	4.6327	0.102949
卜＊	38.297	2.703	0.065927	杨＊圆	31.877	0.123	0.003844
郑＊苏	46.9778	3.0222	0.060444	张＊莉	38.297	3.297	0.0942
彭＊晖	41.7845	4.2155	0.091641	曾＊	43.9658	4.9658	0.12733
邹＊	31.877	1.877	0.06257	田＊	41.0722	0.9278	0.02209
李＊	43.9658	3.9658	0.09915	张＊	31.877	1.877	0.06257
龙＊	36.9538	2.7538	0.08052	王＊敏	41.7845	2.2155	0.050352
石＊	41.0722	2.0722	0.05313	吴＊	34.9945	5.0055	0.125138
唐＊源	39.6698	4.1698	0.11746	郑＊连	43.9658	2.9658	0.07234
陈＊	34.9945	2.9945	0.09358	田＊	38.297	0.297	0.00782
曾＊	41.7845	1.7845	0.04461	张＊	36.2933	0.2933	0.00815
彭＊可	40.3673	2.8673	0.07646	杨＊菊	31.877	1.877	0.06257
张＊艳	31.877	6.877	0.27508	张＊	41.0722	1.0722	0.02681

续　表

姓名	体重拟合值	绝对误差	相对误差	姓名	体重拟合值	绝对误差	相对误差
杨 *	36.9538	3.9538	0.11981	高 *	38.297	−3.297	0.0942
梁 * 娟	34.9945	1.0055	0.027931	史 * 杰	38.297	5.703	0.129614
石 * 娴	36.2933	1.7067	0.044913	总计（平均）	38.3416	2.69807	0.07343

综合上述两个表格的数据可以发现，根据学生所建立的函数模型求出男生体重的绝对误差平均值为 2.7773 厘米，相对误差平均值约为 7.5%；女生体重的绝对误差平均值约为 2.6980 厘米，相对误差平均值约为 7.34%，能够比较近似地反映出身高与体重的关系。

针对问题 4，若体重超过相同身高平均值的 1.2 倍为偏胖，低于 0.8 倍为偏瘦，学生根据自己得到的公式，对统计数据中的每个人都做出了评价。

考虑到数据的特殊性，他们以 10 厘米为组距把身高分组，分别计算出不同性别下相应分组的体重平均值，然后作出相应评价如表 6.1.5 与表 6.1.6：

表6.1.5　男生各身高段有关体重的评价

身高(cm)	平均体重(kg)	姓名	体重(kg)	比例系数	评价结果	身高(cm)	平均体重(kg)	姓名	体重(kg)	比例系数	评价结果
135至145	32.25	罗 * 杰	28	0.8682	合理	145至155	37.44	吴 * 栋	36	0.9615	合理
		张 * 斌	35	1.0853	合理			周 * 雨	35	0.9348	合理
		姚 *	35	1.0853	合理			向 *	35	0.9348	合理
		江 * 浩	36	1.1163	合理			李 * 伟	35	0.9348	合理
		黄 *	30	0.9302	合理			李 * 男	35	0.9348	合理
		李 *	32.5	1.0078	合理			张 *	31	0.8280	合理
		田 *	25	0.7752	偏瘦			龙 * 高	40	1.0684	合理
		向 *	36.5	1.1318	合理			冀 *	52	1.3889	偏胖
155至165	45.25	向 * 磊	43	0.9503	合理			孙 *	38	1.0150	合理
		张 *	43	0.9503	合理						
		杨 *	42	0.9282	合理						
		文 *	53	1.1713	合理						

表6.1.6　女生各身高段有关体重的评价

身高(cm)	平均体重(kg)	姓名	体重(kg)	比例系数	评价结果	身高(cm)	平均体重(kg)	姓名	体重(kg)	比例系数	评价结果
135至145	32.33	杨*菊	30	0.9280	合理	145至155	38.08	石*娴	38	0.9979	合理
		张*艳	25	0.7733	偏瘦			张*	36	0.9454	合理
		杨*圆	32	0.9898	合理			杨*	33	0.8666	合理
		邹*	30	0.9279	合理			龙*	34.2	0.8981	合理
		张*	30	0.9279	合理			高*	35	0.9191	合理
		梁*娟	36	1.1135	合理			田*可	36	0.9454	合理
		曾*群	36	1.1135	合理			卜*	41	1.0767	合理
		吴*	40	1.2372	偏胖			张*莉	35	0.9191	合理
		陈*	32	0.9898	合理			田*	38	0.9979	合理
155至165	42.87	易*玲	43	1.0028	合理			史*杰	44	1.1555	合理
		彭*晖	46	1.0728	合理			唐*源	35.5	0.9322	合理
		王*敏	44	1.0261	合理			张*霄	45	1.1817	合理
		曾*	40	0.9328	合理			彭*可	37.5	0.9848	合理
		李*	40	0.9328	合理			张*	40	1.0504	合理
		曾*	39	0.9095	合理			石*	39	1.0242	合理
		郑*连	41	0.9562	合理			田*	42	1.1029	合理
		郑*苏	50	1.1660	合理						

　　这一阶段的①组学生已经渐入佳境,能够对调查得到的数据进行进一步的处理、比较与分析,数据分析、数学建模、逻辑推理、数学运算、数学交流等素养都得到了相应的呈现。实际上该组学生已经构建了一个数学的评价模型,并用其对每一个体都进行了评价,学生们虽然还不太理解数学建模的概念及意义,但已经在建模与应用了。活动最后,学生们也发现了所得到的"评价模型"的便捷之处,一个小小的算法便可以用于评价所有的个体,学生C甚至道出:"或许手机应用程序中的算法就与我们的类似呢!"

　　对于②组的学生,同样有精彩的活动过程。他们经过激烈的讨论,在教师的引导下,细化了活动任务,提出了如下的研究问题:自出生之日起,人的情绪、体力、智力等心理、生理状况就呈周期变化。根据心理学家的统计,人体生物节律分为体力节律、情绪节律和智力节律三种。这些节律的时间周期分别为 23 天、28 天、33 天。每个节律周期又分为高潮期、临界日和低潮期三个阶段。以上三个节律周期的半数为临界日。这就是说 11.5 天、14 天、16.5 天分别为体力节律、情绪节律和智力节律的临界日。临界日的前半期为高潮期，后半期为低潮期。生日前一天是起始位置（平衡位置）。请根据自己的出生日期，绘制自己的体力、情绪和智力曲线，并总结自己在什么时候应当控制情绪，在什么时候应当鼓励自己，在什么时候应当加强锻炼，在什么时候应当保持体力。

首先，对于人的体力、情绪和智力变化周期曲线，他们通过搜集查找资料，得到了如图 6.1.4 的成果：

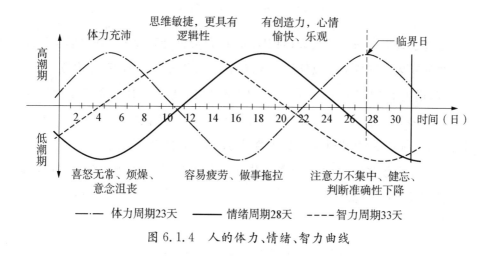

图 6.1.4　人的体力、情绪、智力曲线

虽然学生还未学过三角函数与周期函数，但从图象（图 6.1.4）上依旧可以发现三条曲线都是呈现周期运动的，通过讨论和解读，学生们发现智力、情绪和体力的节律周期的天数分别是 33 天、28 天、23 天，而在每一个周期内，都是先经过上升期到顶峰再下降到低谷期至最低点，之后回升到原水平。

为了更精确地计算如今的"你"所在的周期如何，需要先计算总天数，即算出从出生之日到计算之日的天数。查找到的一个公式是：

$$t = (365.25 \times 周岁数) \pm X 。$$

上述公式中，t 表示总天数；周岁数指实际年龄（计算视未满或已满当年都算一岁）；±表示生日在计算日前用"＋"，生日在计算日后用"－"；X 指除周岁以外的天数，即生日到计算日的天数。

例：某人 1957 年 1 月 24 日出生，要计算他在 1986 年 2 月 29 日的生物节律。其周岁数为 29 岁，出生日在计数日前 35 天，故应"＋"。得到 $t=(365.25\times 29)+35=10\,627$ 天（四舍五入）。

学生发现，这个算法其实是有估计的成分在的，即直接假设每一年为 365.25 天，而事实上每一次计算的总天数数值并不会很大，一般情况下没必要估算，可以更加精确地算出具体数值。于是学生们讨论得到另外一种计算总天数的方法：

$$t=(365\times 周岁数)\pm A+B。$$

上述公式中，t 表示总天数；周岁数指实际年龄（计算视未满或已满当年都算一岁）；A 表示除周岁数以外的天数；B 表示你目前所度过的闰年次数。

如，出生于 1987 年 10 月 8 日，要计算在 2010 年 9 月 12 日的三节律。$t=365\times 23$（岁）-26（天）$+6$（次闰年），得到 $t=8375$ 天（未到 10 月 8 日，也就是还未满 23 周岁，所以减掉 9 月 12 日距离 10 月 8 日的 26 天）。

有了总天数之后，便可以将总天数分别除以 33、28、23，得到智力、情绪和体力的周期运行情况。

例：

$$智力：10\,627\div 33=322\cdots\cdots1；$$
$$情绪：10\,627\div 28=379\cdots\cdots15；$$
$$体力：10\,627\div 23=462\cdots\cdots1。$$

以上得到的"商"为生物节律已运行的周期数，"余数"是指新开始的周期运行到第几天了。如智力节律运行了 322 个周期，第 323 个周期正运行到第一天；情绪节律已运行了 379 个周期，现正处在第 380 个周期的第 15 天。若总天数除以各生物节律的周期数正好除尽，表明生物节律正好运行在它周期的最末一天。

算得以上数据后，学生还需要了解"今天"的"你"处在什么时期（高潮期、低潮期、临界期),因此可以采用半周期法,即用 33、28、23 分别除以 2,得到它们的半周期数:智力半周期数为 16.5 天;情绪半周期数为 14 天;体力半周期数为 11.5 天。

若所得"余数"小于此生物节律的半周期数,那么此生物节律运行在高潮期;若大于半周期数,则运行在低潮区;若接近半周期数或整周期数以及"余数"为零者,为临界期。

综上,学生便可以计算每个人目前所处的生物节律情况。

可见,②组学生在进行数学项目学习的时候所用到的数学知识较为简单,相比于①组学生而言,他们更多停留在搜集资料,分析、整理、讨论、运算等基本步骤,但完成项目所使用的数学知识难易程度并不完全是项目学习的评价标准,我们更希望看到学生们将数学运用到生活中、问题中、项目活动中,在实践层面上训练数学能力,培养数学素养。该组学生便在活动过程中充分地提升了数学建模、数学运算、逻辑推理、数学抽象、直观想象、数学交流、问题提出等素养,数学情感也有不小的改善。学生在对人的体力、情绪和智力变化周期曲线进行研究时,便充分体现了直观想象、数学抽象、逻辑推理等数学素养,他们发现了曲线中的关键特征,并将其转化为数学语言(如周期、高峰期等),并由此开展后续活动。之后发现所查找的"总天数"计算方法不够准确,也能用已有的数学知识自行构建更加精确的总天数数学模型,学生们的参与度同样高涨。

(三) 成果展示阶段

各小组通过成果展示活动,汇报项目成果。首先,完成布展,准备回答其他同学提出的各种问题。其次,各小组轮流报告、展示成果,其他小组参与交流讨论,找到优缺点。最后,评选出优秀作品,并在校园主题文化活动中进行展示。需要注意项目成果展示建立在教师与各小组充分沟通的基础上,需要对项目成果进行全方位的考核,如成果是否达到预期计划,能否体现小组工作量等,切不可在毫无准备的情况下,仓促结项。建议各小组除各自成果外,制作一个项目开展说明海报,利于他人理解评价,也为后续校级展示做好准备。

项目活动结束后,评价分为教师评分量表和学生评价部分,教师需要结合每组学生在活动中的具体表现、项目成果以及自评结果,综合对每个小组给出评价。同时,建议评价结果与物质性(奖品)或精神性奖励(奖状、校级成果展示)挂钩。

三、数学素养的行为表现

如图 6.1.5 所示,学生在该项目学习中的数学素养在多个方面不同维度上都得到了提升,但作为一个以函数知识为核心的项目学习活动,数学建模素养最大程度地得到了体现。无论是对身体还是心理的函数模型构建上,两组学生都充分地运用到了数学建模能力。①组学生通过信息技术拟合二次函数,但并没有过分依赖技术,而是选择了动手求解函数,得到该活动下模型一——二次函数模型,而且还在此基础上构建了模型二——评价模型,再在此基础上经历了模型的检验并运用于实际的过程,基本上完整地经历了数学建模的过程。②组学生虽然缺少构建模型的过程,基本上是通过收集资料得到

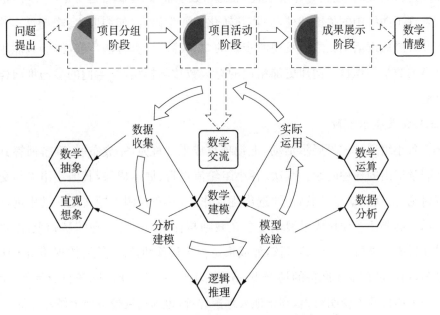

图 6.1.5　数学项目学习流程图及素养培养

已有的数学模型,但他们同样对模型进行了验证,发现了其不严谨之处,根据实际情况对已有模型进行修改完善,最后运用于实际之中。可见数学建模素养的培养一直贯穿在项目活动的始终。这不是一个完整的数学建模活动,因为我们并没有要求学生严格按照数学建模的流程与目标完成项目,但学生也同样能在其中提升数学建模能力。

　　数学抽象与直观想象素养在该项目活动中并没有过于显性的表现,但依旧是不可或缺的能力。如①组学生在收集数据时,便是在情境中抽象出数学元素(身高、体重、年龄等),积累从具体到抽象的活动经验,也能够在日常生活和实践中一般性地思考问题。又如②组学生在分析曲线的过程中,便运用到了几何直观能力,数形结合地看待函数图象,从中发现最本质的规律。

　　逻辑推理与数学运算素养是整个活动实行过程中的支柱,学生们需要不断地运算与推理以完成一步又一步的工作。①组学生在检验模型时,并没有主观地判断模型的优劣,而是找到更加严谨的数学概念(绝对误差、相对误差),利用严格的方法运算与推理得到结论。②组学生在将成果运用到实际的过程中,在成果展示的环节,与现场学生一起采用纸笔的方式算出自身的总天数与相应的周期情况,并对应函数模型分析。

　　数据分析素养主要在①组学生的活动中有所体现。该组学生能通过上网搜集和抽样调查的方式获取有价值的信息并结合信息技术进行定量分析,也能够通过数据认识事物,探索事物本质、关联和规律。无论是表格与散点图的运用,还是拟合函数与寻求误差的手段,学生们的数据分析素养都得到了相当好的体现。

　　问题提出素养主要在项目分组及开始的阶段体现,学生们都针对项目的学习活动任务重构了问题,并能够依据问题进行下一步的活动。除此之外,在活动过程中同样需要问题提出素养的参与,如①组学生在分析误差与构建评价模型时,都发现了性别所带来的差异,于是分类讨论;②组学生则在搜集总天数算法时发现了公式"粗糙"的问题,从而优化了模型。能够发现问题并提出问题,数学项目活动才能得到更好的开展。

　　数学交流与数学情感则无处不在。这两个活动都有很大一部分时间需要学生坐在一起讨论问题。这样的讨论若想要高效，数学交流是必不可少的。
②组学生在讨论人体智力、情绪和体力的节律周期时花费了不少时间，对他们
来说，这是困难的，学生 G 甚至花了 10 分钟都没能看懂曲线图，也没能听懂组
员们的讨论内容。但逐渐地，沉浸式的交流让学生们渐入佳境，在学生 H 的
帮助下，学生 G 开始找到曲线图中横纵坐标，开始理解了曲线的意义，也明白
了公式的本质，正如他所说的，"一开始看到这张图和这一堆的公式，我的脑子
是懵的，感觉一定是很难的东西，但最后发现原来是这么简单的事情"。可见，
数学交流促进了数学理解，而数学交流与数学理解进一步激发了数学情感。

第二节　"探究测量"项目

本节以"探究测量"项目为例，首先分析通过该项目活动期待学生发展的
数学素养，然后介绍该项目的实施案例，并系统分析学生在参与项目学习中的
行为以及创作出的学习作品，阐释学生的数学素养的具体表现。

一、"探究测量"与数学素养

在数学项目活动中，主要包括三个要素：驱动性主题、产品以及评价。在
本次数学项目活动中，学生们在"探究测量"的主题驱动下，需要运用所学的或
未学过的与测量相关的知识（包括相似三角形、解三角形、角的测量、尺规作
图、比例尺等）去完成项目任务，在运用知识解决活动任务的过程中也全面地
展示了其综合的数学能力。此项目需要学生进行交流、表征、作图、测量、分
析、证明、简化、建模、求解、发现、反思等不同活动，在各方面数学素养的协调
下，最终完成"产品"以进行成果展示。在此期间，九大数学素养皆会得到一定
的体现与提升。下图 6.2.1 展示了"探究测量"数学项目活动与数学素养的
关系。

以下将根据建构的数学素养模型，结合数学项目活动的具体流程，对学生
们体现并发展的数学素养进行分析。

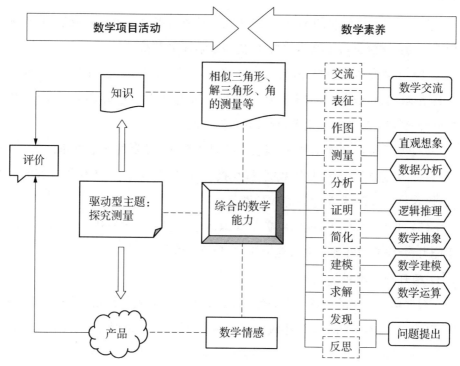

图 6.2.1　"探究测量"数学项目活动与数学素养的关系

二、项目实施与数学素养分析

　　下面以该项目主题下的活动建议"重构商高测量高度的方法"为例,呈现活动实施的具体过程,并分析期间对数学素养的培养。

　　该活动要求学生思考用手中的三角板作为一个简单的工具如何去测量大树或高楼的高度,并说明其数学原理;进一步希望学生去了解和探究中国古代数学家商高如何用"矩尺"测量古树高度,以此在普及数学史的基础上帮助学生完善三角板测高的环节,也有助于学生发现测量过程中的条件限制;之后希望学生能够在比较测角器测高法的基础上亲自设计和制作新的测高工具,最后用于实际测量检验工具。这一活动建议下,最终期望学生达到的学习目标有：

（1）了解高度测量的不同方法与原理，能利用相似三角形等数学知识，选用不同的方法测量特定物体的高度，提高数学抽象素养。

（2）了解商高用矩尺测高的方法，能比较不同测量方法之间的优劣并评估其精确度，从而根据必要条件改进测量方法或测量工具，培养直观想象、数据分析、逻辑推理等数学素养，提升问题提出能力。

（3）动手设计和制作测量工具，了解测高器与测角器的测量原理。

（4）实地测量，学会收集数据、撰写报告、评估工具等，经历科学探究的过程，培养数学运算、数学建模等数学素养。

（5）小组合作学习，能够将数学知识运用于实际问题解决中全面培养动手能力、合作能力和数学交流能力等，提升数学情感。

（一）项目分组阶段

根据学生的年龄特点和知识结构，向学生简单而到位地讲解测量中的数学基础。由于本次活动学生年级为初三，刚学过相似三角形等相关知识，于是教师在活动前并没有花太多的时间为学生讲解知识，只是简单向所有学生介绍了测量距离、角度、时间等的基本工具与原理，并与他们一起回顾了解直角三角形、相似三角形、比例等项目活动中可能需要使用到的数学知识。在此基础上教师组织学生分小组，选取活动建议，并进行小组讨论分配任务且计划活动过程，完成《活动计划书》。

教师适当参与到不同小组的讨论中，给予一定提示和建议。如向"重构商高测量高度的方法"小组的学生推荐资料收集的途径，介绍"三角板测高器"与商高发明的"矩尺"之间的联系，引导其发现测量工具的基本原理。学生原本接到该活动建议时略微有些迷茫，但在教师的帮助下对活动任务反复阅读和理解之后便发现活动建议中的5个任务是一脉相承的，这些问题是在引导他们解决问题。在渐入佳境的讨论中，学生们解决问题的思路和信心也就慢慢形成了。

学生小组获得相应活动建议，在讨论与交流中尝试着在实际问题与数学知识之间建立联系，提出数学问题，探讨解决问题的思路，从而计划活动流程并分配相应任务。该阶段主要培养学生问题提出和数学交流的数学素养,同时学生们切实地参与到现实问题与数学问题之间的桥梁构建中,能进一步感受到数学之于现实的作用,从而有助于数学情感的提升。

（二）项目活动阶段

以"重构商高测量高度的方法"小组活动为例,该组学生需要根据活动建议,先小组讨论如何使用三角板等简单工具测量大树或高楼的高度。在头脑风暴的基础上,他们还适当利用了互联网和图书馆的书籍收集资料,获取一些其他的测高方法,进一步讨论分享并发现不同的测量方法与原理。

（1）如一开始学生 A 便有提到课本中泰勒斯用影子测出金字塔高度的方法,于是同样可以用影子测量别的物体的高度;

（2）另有学生 B 从数学课本中的练习题联想到了用镜子测量高度的方法,提出之后其他学生共同完善使其成为一个切实可行的方案;

（3）也有学生 C 通过上网查找资料发现三角形纸板可以测高,加之自己的理解与演化,向组员们演示了一种用三角板测高的方案;

（4）而学生 D 在此期间得到启发,表示三角板可以测高,那么量角器也可以啊,于是在几位同学的帮助下顺利发现用量角器测高的方法。

当然,期间学生们也提到了许多更复杂的方法,比如受到练习册题目的启发,他们发现由两个人共同使用量角器从不同位置测量仰角最终也可以测量高度等,但由于操作性更为复杂且效果不佳,学生们未将该方案呈现在最终结果内。

至此,该组学生归纳得到了以下几种测高法:

（1）用影子测出高度。如图 6.2.2 所示,泰勒斯利用太阳光是平行的,从而得到两个相似三角形,于是只需要测量 BC、AB、$A'B'$ 的长度,便可以利用相似比建立方程求出金字塔的高度 $B'C'$ 了。对于其他室外物体也可以用类似的方法测量高度。

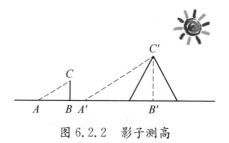

图 6.2.2　影子测高

（2）用一面镜子测出高度。如图 6.2.3 所示利用镜面反射构造两个相似三角形（可配合激光笔，利用光路可逆进行实地演示），只需要测量人的身高（眼睛到地面距离或激光笔到地面距离）、人到光线反射点的水平距离和光线反射点到待测物的水平距离即可利用两个相似三角形解决问题。

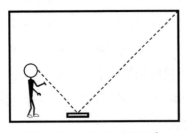 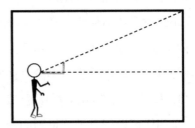

图 6.2.3　镜子反射测高　　　　　图 6.2.4　三角板测高

（3）用一块三角板测出高度。如图 6.2.4 所示，得到两个相似三角形，进而利用相似比解决问题。

教师由此引导学生，其实这个方法与中国古代著名数学家商高用"矩尺"测高的方法如出一辙。这位数学家或许学生们并不陌生，因为我们都知道"勾股定理"又叫"商高定理"。但你可知道，商高在测量上也有巨大的建树。

学生便借此进一步收集与商高相关的数学史内容。很快地，他们发现，《孟子·离娄上》中就有大家熟悉的"不以规矩，不能成方圆"之说，其中的"规"就是圆规，而"矩"就是矩尺。我国最早运用于测量的工具之一便是矩尺。大约在公元前 1100 年（距今 3000 多年前），西周时期的商高便已经精通使用矩尺测量的方法，并提出了可以利用矩尺和三角形相似的原理进行测量。

《周髀算经》中也记载了，周公（? —前 1105）问商高：怎么用"矩尺"测量距离？商高说道："……偃矩以望高，覆矩以测深，卧矩以知远……"其中"偃矩以望高"便是指把矩尺的一边仰着（竖直），另一边放平，就可以测量高度。由此可知，适当应用矩尺，便可测量出许多目标的高度、深度、距离等等。

学生们也为之震撼，古人如此智慧，竟能将一个简单的矩尺工具用到如此地步，而我们手中的三角板却仅仅被我们用于测量纸面上的长度。教师鼓励学生:"你们现在做的事情正是商高在做的事情!"这也促使了学生们在下一环节中选择了三角板作为他们自制测量工具的原型。

（4）用一块量角器测出高度。如图6.2.5所示,用量角器测出仰角,进而利用正切的三角函数便可解决问题。需要注意的是,此方法测量过程中与上一个方法的类似之处在于,最后算出高度应该加上人的身高（眼睛到脚的距离）。若想得到更加精确的角度数据可以优化测量工具,如直接采用"测角器"测量。

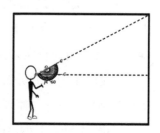

图6.2.5　量角器测高

由此,学生们可发现并比较多种不同的测量方法,从而探讨它们的优劣。

◇　提出影子测高法的学生A主动提出了该方法的巨大弊端,即影子不常有,在室外需要考虑天气原因,在室内更是无从谈起,即该方法对外部条件要求较为严格;

◇　另有学生E表示,用镜子反射原理测量的话较难把握激光点恰好落在待测物顶端,因为距离问题,只要激光笔稍微调节角度光点就会出现巨大位移,而且室内测量尚好,若在室外测量更高的建筑物,那么光点的确定就更加困难了,因此操作性不强。

◇　学生C则表示,三角板测高与量角器测高的方法很类似,但测量精确度依旧不够高,比如三角板很难保证三点一线,而量角器很难读出准确角度。

◇　因此最终总结道:以上测量方法虽然都极其巧妙且可行,但在测量精度上仍然需要进一步优化。

这一阶段,学生们主要探讨测高法,培养数学交流能力。学生们需要学会收集资料,整合已有知识,对现实情境进行数学抽象,用数学方法进行表征,用数学符号进行交流等。同时还需要通过一定的思想实验,比较测量精度,更加科学地论述不同测量方法之间的误差情况与可操作性等。可见,在培养数学交流素养的同时,对数学抽象、直观想象、数学运算等数学素养都有一定的帮助。另外,数学史的了解与学习,测量活动的实践与研讨也可以极大地促进学生的数学情感。

下一步,为了得到更加精确的测量工具,该组学生需要进一步讨论"三角板测高器"(或量角器)测量时有什么条件限制?

在数学交流的基础上,不难得到测量时三角板斜边需要满足与待测物三点一线、三角板一条直角边需要水平放置等要求。根据这些数学上的条件限制,学生需要返回现实,设计出更加完备的"三角板测高器"。

于是学生们开始分头查找资料,了解仰角测角器等其他类似的测角工具,剖析其测量与设计的原理,以期为自身的测量工具设计提供参考。教师参与学生讨论,成为学生小组的顾问,在组内讨论遇到设计难点时适当给予一些引导。

之后,学生们有了许多亮眼的表现。如,为了满足三角板的斜边与待测物三点一线,学生们想到在斜边处设计两个可瞄准星,如图 6.2.6 所示;为了使三角板一条直角边水平放置,学生们又在该直角边上设计一个水平仪,为了测量时方便观察,他们还为其配合设计了一个 45 度角放置的镜子,如图 6.2.7 所示等。

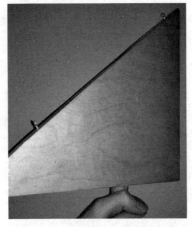 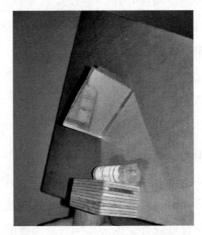

图 6.2.6   为测高器设计两个可   图 6.2.7   为测高器设计可视的
　　　　　　瞄准星　　　　　　　　　　　　　　水平仪

有了设计想法,计算好材料尺寸与比例并画出设计图纸后,学生们开始分工寻找材料并携手制作测量工具。经过不断的尝试与调整,学生最终可以制造出类似的"三角板测高器"。

　　最后,还需要将其运用到实践。学生们回到生活中,利用自制的测量工具测量身边物体的高度(如图 6.2.8),并根据不同测量方法或已知数据,估算测量误差,最终生成实物测量的数据报告。

图 6.2.8　实地测量

　　如表 6.2.1 所示,学生们比较数据发现,自制的三角测高器具有较好的测量精度,但误差会随着测量高度的上升而提高。

表 6.2.1　"三角测高器"实际测量数据

测量物	测量高度 1（m）	测量高度 2（m）	平均测量高度（m）	查得真实数据（m）	绝对误差（m）	误差率
教室高度	3.24	3.46	3.35	3.4	0.05	1.47%
某大厅室内高度	4.46	4.52	4.49	4.6	0.11	2.39%
操场旗杆高度	13.68	13.24	13.46	12.8	0.66	5.16%

　　以上便是本次活动的核心环节,学生通过数学原理上的分析得到思路,进一步运用到实际的设计与制作中,最终落实到实践上。其间,学生培养了多种数学素养。如从构思设计测量工具时便不断地提出问题并解决问题,"如何做到三点一线""如何保证直角边水平"等的问题引导着学生们的探究与思考,问

题提出素养便贯穿其中。学生收集可靠数据与测量数据后,通过比较数据推断得到结论的过程则体现了其数据分析与逻辑推理的素养。同时还涉及数学交流、直观想象、数学抽象、数学运算、数学情感在内的许多数学素养,而且在最后的实践测量中学生们还感受到了数学建模的魅力。

如图 6.2.9 所示,设测量工具("三角板测高器")两条直角边分别为 h_0 与 l_0,测量者身高(眼睛到地面的距离)为 h,待测高度为 H,测量者到待测物水平距离为 L,则利用相似三角形有 $\dfrac{H-h}{h_0} = \dfrac{L}{l_0}$,化简可得,$H = \dfrac{h_0}{l_0}L + h$。

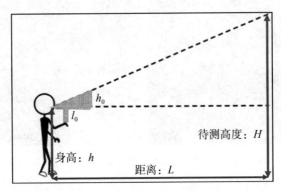

图 6.2.9 "三角板测高器"测量说明书配图

可见,"三角板测高器"两条直角边分别为 h_0 与 l_0 是已知且不变的,因此只需将测出的 h 与 L 数据代入以上数学模型便可以求得待测高度。

该模型简洁又精确,充分体现了数学公式之美与数学模型之巧。学生将其呈现在测量工具的使用说明书中可以省去大量的解说与演示,同时体现了数学活动的严谨与深刻。

(三)成果展示阶段

"重构商高测量高度的方法"小组的学生得到了以下几项项目成果:(1)自制的"三角板测高器",及其说明书(原理介绍和使用说明);(2)利用自制测量工具或其他测量方法得到的实物测量数据报告(包括测量方法介绍、测量照片展示、计算方法与原理、误差估计、方法比较等);(3)自制海报,介绍项目活动经过,展示"三角板测高器"的设计与制作过程、实地测量的操作过程、收集到的相关数学史素材等。

在展示现场,该小组学生还进行了现场演示并教学,参与成果展的其他组成员或其他学生等都可以参与到测量过程中,感受运用数学知识解决实际问题的乐趣。

三、数学素养的行为表现

如图 6.2.10 所示,在该项目活动中,学生的数学素养在多个方面不同维度上都得到了提升。

问题提出素养在项目分组及开始的阶段体现得最为明显。学生们在头脑风暴中不断思索活动建议的核心问题所在,不断对问题进行表述和重述,最终形成一个数学问题:"如何利用相似三角形的知识测量高度?"该问题并非活动建议中直接给出的,而是学生将现实问题与数学知识之间建立联系之后生成的,该问题有点知识导向的意味,但却能让学生们迅速找到解决问题的切入口。之后在活动过程中,学生们也多次训练到了问题提出素养,如测高法的优

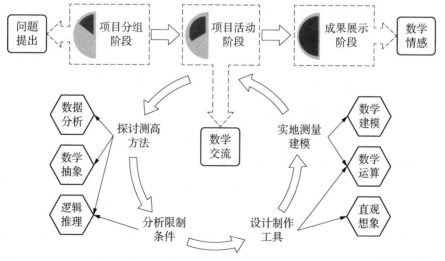

图 6.2.10　数学项目学习流程图及素养培养

劣比较时,学生们提出要从哪些要素比较方法的优劣;又如在自制测高器的过程中,学生们提出如何保证一条直角边水平,又如何保证斜边上的三点一线等。这些问题的提出都是在活动中自然发生的,只有不断提问才能不断解决问题。

数学交流素养在整个活动过程中的培养是无处不在的。作为一个小组合作式的项目学习实践活动,交流是必不可少的环节,而数学项目学习的数学性尤为突出,学生们在期间需要不时地使用数学语言与数学符号进行交流。在探索测高法的头脑风暴环节,学生提出一个新方法时总是需要借助纸笔画出简单的几何图形,并借助点线之间的关系用数学符号描述方法的使用,平行、垂直、相似、方程等数学名词也一直在学生们的交流中出现;自制测高器的过程也不是一个纯粹的"手工活",这需要学生们的智慧与协作,数学语言同样必不可少,有学生便在活动中有这样的表述,"要使待测物顶点、三角形斜边、眼睛在同一直线上,只需要在斜边上任取两点即可,因为两点确定一条直线"。活动中的数学交流几乎每时每刻都在发生,学生们或许毫无意识,但数学素养却在这种潜移默化中得到了提升。

相比于其他素养,数据分析素养在该项目中的体现并不明显,但依旧不可或缺。学生们在探讨测高法的优劣和最终测量得到数据的过程中都蕴含了对数据的分析。该组学生利用自制的三角测高器测出了三个地方的高度,并根据查到的或咨询得到的真实数据进行比较,算出了测量的误差率,并以此分析三角测高器的精确度,该过程学生们灵活地进行数据的处理,利用表格形式记录和比较数据,得到随着测量高度上升误差率也随之上升的结论,这种通过测量等方法获取数据,运用数学方法对数据进行整理、分析和推断,形成关于研究对象知识的素养不正是数据分析素养吗?

作为一个以测量为主题的项目学习活动,数学抽象与直观想象素养在项目活动中是相辅相成、贯穿始终的。学生们在探究测高法时、在设计测高器时、在测量时都运用并提升了这两个素养。以探究测高法时为例,学生们提出了许多方案,在讨论时需要结合实际操作并在纸面上作图与组员讨论,此过程中学生需要将实际情境抽象为简单的几何图形,如将金字塔抽象为三角形、将太阳光抽象为平行线等,也运用到了空间想象能力将三维情境转化为了二维图形(如图 6.2.11 所示),之后结合几何直观发现其中的相似三角形进而解决问题。这种现实情境与数学情境的相互转化不断考验学生的数学抽象与直观想象能力。

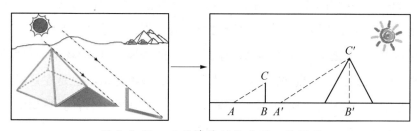

图 6.2.11　三维情境转化为了二维图形

逻辑推理与数学运算素养同样贯穿在整个数学项目学习之中。学生需要运用相似三角形的判定去推理证明为何两个三角形相似,进而去利用相似比通过列方程求解问题;学生也需要去推理如何让三角测高器的斜边与另外两点处于同一直线,用数学原理去解释操作过程;学生还需要去计算平均数、绝对误差、误差率等数值以此进行测量数据的比较分析。逻辑推理与数学运算作为数学学习中基本的素养在该项目活动中也得到了良好的提升。

数学建模素养主要体现在最后一个环节,这也是意外的收获。学生们在测量第一个和第二个物体高度时依旧没有感受到数学建模的魅力,每次都是先测得数据然后重新建立方程求解问题。直到测量第三个物体的高度时,有学生突然表示到,"这几次算法的过程都是相同的,只要改改数据就可以了"。教师马上给予反馈,进一步提示道:"那么能不能让这个代入数据的过程更加简单一点呢? 需要整个过程从头到尾改一遍数据吗?"经过简单地讨论,学生们很快在纸上得到了函数"$H = \dfrac{h_0}{l_0}L + h$",于是第三次测量的数据很快便代入算出了最终的高度,为此学生们欢欣鼓舞。确实,初三的学生或许还不能感受到这个函数是一个二元函数,随着 h 与 L 数据的改变因变量的结果也会发生改变,但学生们却能够运用并且感受到它"以不变应万变"的魅力。一名学生表示:"只要写一遍推理过程,之后所有的测量都只需要代入数据计算就好了,不需要每次都重新推理运算一遍,真是方便!"

数学情感素养也在其他素养发展提升的过程中得到了提升。有的学生因为数学史对数学有了更高的敬意;有的学生因为动手操作运用知识对数学的应用价值有了更深的体会;有的学生因为数学模型的魅力而对数学有了更执着的追求;有的学生因为合作与探究对数学有了别样的感情。数学情感的培养绝不是刻意为之的,每位学生都可能在不同的情境、不同的环节、不同的细节中得到自己对数学全新的认识,对数学学习的兴趣与信心也是在这些地方获得提升的。成果展示现场,同学们洋溢在脸上自信的、兴奋的、热切的笑容便是最好的证明。

第三节　"商品包装"项目

本节以"商品包装"项目为例,首先分析通过该项目活动期待学生发展的数学素养,然后介绍该项目的实施案例,并系统分析学生在参与项目学习中的行为以及创作出的学习作品,阐释学生的数学素养的具体表现。

一、"商品包装"与数学素养

驱动性主题、产品以及评价是数学项目活动不可或缺的三个要素。在本次数学项目活动中,学生们在"商品包装"项目的主题驱动下,需要运用所学的或未学过的立体几何、尺规作图、表面展开图、平面几何、体积与表面积计算、比例等相关的知识去完成项目任务,在运用知识解决活动任务的过程中也全面地展示了其综合的数学能力。此项目需要学生进行交流、表征、作图、直观想象、比较、论证、简化、建模、计算、发现、反思等不同活动,在各方面数学素养的协调下,最终完成"产品"以进行成果展示。在此期间,九大数学素养皆会得到一定的体现与提升。下图 6.3.1 展示了"商品包装"数学项目活动与数学素养的关系。

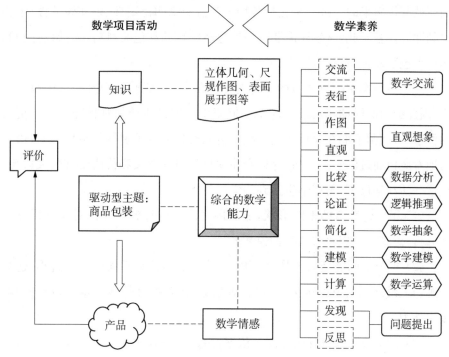

图 6.3.1 "商品包装"数学项目活动与数学素养的关系

以下将根据建构的数学素养模型,结合数学项目活动的具体流程,对学生们体现并发展的数学素养进行分析。

二、项目实施与数学素养分析

由于该项目主题下学生除了需要选择前 5 个活动建议中的一个完成外,还需要完成活动建议 6,因此我们选择其中一个小组,对其活动过程进行具体跟踪,该小组完成了活动建议 2"拆分包装盒"和活动建议 6"自己制作包装盒",下面将呈现其活动实施的具体过程,并分析期间对数学素养的培养。

根据活动建议,学生需要先收集一些包装盒,以一定的标准对其进行分类并拆开几个以考察其结构,试着画出它们的平面展开图,并思考各种包装盒是如何被制作出来的。进一步比较各种包装盒的结构稳定性、设计简洁性、组装便利性等。基于此,学生还需要选择要包装的物品和包装材料,为其设计和制作一个包装盒。

由于参与本次项目学习的学生为初一的新生,他们刚刚接触初中数学知识,因此给出的活动建议较为简单。但简单的项目活动却对教师提出了更大的要求,若教师不能在项目活动过程中恰如其分地给予引导与指导,学生很容易抱着应付而过的心态参与,这样会使项目学习的意义和价值受到较大影响。在这一活动建议下,希望学生达到的学习目标有:

（1）了解包装盒的不同形状,能利用立体几何等数学知识对其进行分类和分析,提高直观想象和数学抽象素养。

（2）拆分不同类型的包装盒,构建立体图形展开为平面图形的过程,建立二维与三维之间的思维转化,培养直观想象、逻辑推理等数学素养,提升问题提出能力。

（3）讨论包装盒设计的原理与依据,用数学的方式反思生活实践,寻求包装设计中的数学韵味,培养数学交流能力和数学建模能力。

（4）设计并制作包装盒,从实践到理论又从理论到实践,通过纸笔的设计与动手的制作,综合运用平面设计、尺规作图、交流协作、反思改进等知识与技能,提高数学运算、直观想象、数据分析、逻辑推理、数学交流等素养。

（5）小组合作学习,能够将数学知识运用于实际问题解决中,全面培养动手能力、合作能力和数学交流能力等,提升数学情感。

（一）项目分组阶段

活动开始阶段先根据学生的年龄特点和知识结构,向学生简单而到位地讲解包装盒中的数学基础。本次活动中,学生虽然已有了一定的知识基础,但由于学生刚刚步入中学学习,对于立体图形体积、表面积的计算依旧不熟悉,于是教师先与所有学生一起学习了正方体、长方体、直棱柱、圆柱等基本的立体图形概念和其表面积与体积的计算方法;之后,教师向所有学生介绍立体图形表面张开图、三视图等数学探究"工具"。在此基础上,教师组织学生分小组,选取活动建议,并进行小组讨论分配任务且计划活动过程,完成《活动计划书》。教师也适当参与到不同小组的讨论中,给予一定提示和建议。各小组也获得相应的活动建议,在讨论与交流中尝试着在实际问题与数学知识之间建立联系,提出数学问题,探讨解决问题的思路,从而计划活动流程并分配相应任务。

"拆分包装盒"小组共有 5 名学生,讨论时,学生 A 提出先从家里尽可能多地收集包装盒,再进一步开会讨论,采用归纳法对其进行分类;学生 B 则建议先列出所有已学的立体图形(如长方体、圆柱体等),再根据类别有针对性地寻找对应形状的包装盒,若出现新的类别再单独分为一类,这样可以避免大家找到的都是类似的形状,或导致类别不全。之后学生们采用了两者相结合的方法,先大致分类有针对性地寻找,最后在此基础上进一步分类。

分工也随之展开:每名学生都有收集包装盒的任务;有两名学生(A 与 B)主要负责前面包装盒的拆分任务,因此需要先去收集资料,了解包装盒设计的一些原理;另外两名学生(C 与 D)主要负责后面包装盒的设计与制作,需要提前准备好工具与材料(纸板、剪刀、胶水等);最后一名学生 E 作为组长,主要负责协调各位组员的工作,掌握项目进度,并随时处于机动状态。

该阶段主要培养学生问题提出和数学交流的数学素养,同时学生们切实地参与到现实问题与数学问题之间的桥梁构建中,能进一步感受到数学之于现实的作用,从而有助于数学情感的提升。

(二)项目活动阶段

以"拆分包装盒"小组活动为例,该组学生根据活动建议收集了不同的包装盒(如图 6.3.2),按照形状对其进行分类,最终得到长方体、正方体、圆柱体、其他棱柱等类别。

由此,学生还理论联系实际,从中归纳出了简单立体图形的一些性质,如:

(1)长方体的性质:长方体有 6 个面,每组相对的面完全相同;长方体有 12 条棱,相对的四条棱长度相等;长方体有 8 个顶点,每个顶点连结三条棱;长方体相邻的两条棱互相垂直。

(2)正方体的性质:正方体有 8 个顶点,每个顶点连结三条棱;正方体有 12 条棱,每条棱长度相等;正方体有 6 个面,每个面面积相等。

图 6.3.2　学生收集包装盒

（3）圆柱的性质：一个圆柱是由两个底面和一个侧面组成的；圆柱的底面是完全相同的两个圆；两个底面之间的距离是圆柱的高；圆柱的侧面是一个曲面，圆柱的侧面展开图是一个长方形、正方形或平行四边形。

（4）棱柱的性质：棱柱的各个侧面都是平行四边形，所有的侧棱都平行且相等；棱柱的两个底面与平行于底面的截面是对应边互相平行的全等多边形；直棱柱的侧棱长与高相等；直棱柱的侧面及经过不相邻的两条侧棱的截面都是矩形。

之后，根据包装盒形状结构试着画出了它们的平面展开图，再拆开包装盒进一步观察其特点。

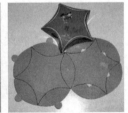

图 6.3.3　学生拆分包装盒

　　学生们研究包装盒的设计,讨论各种包装盒是如何被制作出来的。学生D发现外形类似的包装盒可能展开图也是不同的,如,同是长方体的玩具包装盒与牛奶包装盒,拆开后的形状是有差异的。通过网络资料的查找,学生们认为基于不同的商品需要采用不同的包装方式,前者上下底面采用可自由开关的“天地盖”式,而牛奶包装盒却是采用一次性的黏贴式。学生B则发现,包装盒上的曲面,基本上也都是由平面包装纸扭曲得到的,如图6.3.3所示的包装盒展开图。

　　对包装盒结构的稳定性、设计的简洁性、组装的便利性进行讨论时,学生发现包装盒的设计基本都是满足稳定性的,以便于摆放,如他们并没有在市场上见到过斜棱柱外形的包装盒。不过相对而言,在常见的立体图形中,长方体与立方体的稳定性是最好的,其次是圆柱,最后是球体,可见相对于平面,曲面并不稳定。另外,设计的简洁性与组装的便利性是相关的,若设计简洁则组装相对便利,其中长方体包装盒最为常见,简洁且便利,若设计复杂、形状新颖的包装大多组装不便,如图6.3.3中的五角星形包装盒。同时,学生A认为,带有曲面的包装组装难度大于多面体,而且棱数越多的包装盒组装难度越大。

　　虽然学生们得到的以上结论都是简单且直接的,但却是他们自己动手收集并亲自参与讨论总结得出的,从该角度看,这样的结论并不简单,学生们已经发现了立体图形中的不少特征,同时能够更加深刻地认识到它们之间的区别,这比教师在课堂上一条一条列出来讲解要生动且深刻得多。学生们也充分发挥了归纳总结的能力,提高了逻辑推理素养(合情推理),也培养了数学交流能力。

　　更有趣的是,在该阶段的讨论中,学生们还得到了不少活动建议之外的发现,并经过一定的探究收获了许多有趣的结论。

　　这开始于学生B所提的一个问题——“为何生活中的包装盒基本上都是长方体呢?”

　　看似习以为常的问题却引发了同学们热烈的讨论。是呀,商品形状千千万,有地球仪、机械玩具、牙膏等,但为何商家都钟爱长方体的包装盒呢? 组长E表示,正如前面讨论时得到的结论,因为长方体的结构具有良好的稳定性,而且设计简洁且组装十分便利。但组员们明显不满足于这样几个简单的理由,学生 C 便表示:"长方体与正方体包装盒对空间利用率更高,一来其可以不断叠放,不像两个球体叠放在一起极不稳定,更重要的是长方体的占地形状为长方形或正方形,这样多个叠加或者并排摆放时不会出现缝隙,即空间利用率高。"教师满意地补充道:"很好的理由,类似于平面镶嵌的原理,这或许也可以解释虽然正六边形也可以进行平面镶嵌,但若摆放在墙角,那么 120 度的内角依旧会在墙角处留下缝隙,即相对而言长方形的底部设计更好。"

　　能将平面几何的密铺问题拓展到立体几何的问题讨论中,可见学生的迁移能力得到了巨大的提升,同时对该现实问题的理解进入了一个全新的深度。用数学解释了生活问题的成就感也点燃了学生们提出问题和应用数学的热情。此时,教师提示一名正在喝 250 毫升装的纸盒牛奶的学生 C:"你的牛奶盒不就是一个经典的长方体吗? 似乎很多牛奶包装盒都是这个形状的。"学生 D 相继提出:"是否这样的形状可以装更多的牛奶呢? 是不是比较省包装材料呢?"教师意识到这是一个富有价值的数学建模问题,于是鼓励学生拿出纸笔验算,试着给出这个问题的答案。

　　数学基础较好的学生 D 试着设出未知数,建立方程组求解问题。他将问题简化为数学问题,忽略包装展开图中黏贴等部分的面积,直接设长方体的体积为 V,表面积为 S,长、宽、高分别为 x、y、z,想证明 V 一定的前提下,x、y、z 满足什么要求会得到最小的 S。于是列出以下方程:

$$V = xyz, S = 2(xy + yz + zx)。$$

　　学生 D 清楚,前者为约束条件,后者是要求其最小值,但由于缺乏一定的数学知识,该学生并没能进一步解决问题,但教师依据对他的数学抽象能力、数学建模能力表示了肯定,并提出了表扬。之后,教师提示:以上问题的数学求解需要用到高中推广的均值不等式,那我们能否用更加简单直接的方式说明该牛奶盒包装是否是更优的呢?

　　进而学生 E 猜想立方体才是更优的方案,于是学生们采用简单的比较法解决问题。

首先测量牛奶盒的长、宽、高,得到分别是 6.3cm、4cm、10.4cm,于是设体积相等的立方体边长为 a cm,则可得到

$$a^3 = 6.3 \times 4 \times 10.4 = 262.08(\text{cm}^3),$$

解得 $a \approx 6.4(\text{cm})$。

因此体积相等的立方体表面积为

$$S_{立} = 6 \times 6.4^2 = 245.76(\text{cm}^2) < S_{长} = 2 \times (6.3 \times 4 + 4 \times 10.4$$
$$+ 10.4 \times 6.3) = 264.64(\text{cm}^2)。$$

由此可以发现,确实立方体设计表面积更小,更能节省包装材料。那为什么商家们还是一如既往的喜欢这个常见的设计呢? 难道商家不懂数学?

显然不是的,学生 C 表示包装的设计除了材料上的节省外还是需要考虑美观、方便等因素,立方体的牛奶盒想象起来并不美观。教师进一步提示学生,能否从数学的角度说明其设计的美感呢?

学生们马上开始了不同的尝试与比较,最终在教师的引导下通过计算发现原牛奶包装盒的长、宽、高比例具有特殊的关系:

宽:长＝4:6.3≈0.635,

长:高＝6.3:10.4≈0.606。

学生们惊喜地发现,这两个比值都非常接近古老而神奇的黄金分割数 0.618,这不正是体现了数学的和谐之美吗! 可见它的设计者也是懂数学的啊!

学生们的发现远不止于此,类似地,学生 D 还发现,若使用相同表面积的包装材料制作以上几种形状的包装盒,那么圆柱的体积最大,不过限于初中的数学知识基础,学生们还未能严谨地给出数学证明,但教师依旧鼓励学生课下自学进一步探究。

这一阶段,学生们主要对收集到的包装盒进行分类、探讨、比较、分析,培养了数学交流能力。这个过程学生们需要学会收集资料,整合已有知识,对实物进行数学抽象,归纳其数学特征,用数学符号和语言进行交流等。更重要的是,在头脑风暴的讨论中,学生们还充分展示和培养了问题提出能力、数学建

模能力、直观想象能力、数学运算能力、数据分析能力等。在热切的讨论和验证中，学生们充分体会到了数学的魅力，这极大地促进了学生的数学情感。学生 E 表示，在此之前都不知道习以为常的包装盒中居然蕴含了这么多的数学元素。

图 6.3.4   学生自制包装盒

在此之后学生们开始自行动手设计并制作一个包装盒。该组学生选择了扑克牌作为包装材料，于是测量了一副扑克牌的长宽高，并以此为基础在白纸板上设计出包装盒的展开图（如图 6.3.4 所示），最终裁剪得到了该包装盒。这并不是一个简单的过程，由于平面作图设计时就要考虑到不同面之间的长度关系，并综合考虑到盖子的设计与黏贴处的设计，学生们也是画错了两次之后才得到正确且可制作的设计图。

最后学生们归纳出做一个简单的长方体包装盒的步骤为：

（1）先在一张软纸上画出包装盒表面展开图的草图（先画出对应立体图形的平面展开图再进一步增加黏贴的部分），简单设计、裁纸、折叠，观察效果。如果发现问题，调整原来的设计，直到达到满意的初步设计。

（2）在硬纸板上，按照初步设计，画好包装盒的表面展开图，注意要预留出粘合处，并要减去适当的棱角。在表面展开图上进行图案与文字的美术设计。

（3）裁下表面展开图、折叠并粘好黏合处，得到长方体包装盒。

若说上一阶段是在现实世界寻找数学，那么这一阶段便是将数学知识反馈到现实情境中。学生们根据前面积累的收获，自己动手设计并制作包装盒。看似简单的工作，学生们也是几经尝试最终才得以完成，这让学生们深刻感受到了细节的重要性，并极大地促进了学生们空间想象能力的提升。不少学生在第一次设计作图时出现了不同的错漏，如缺少或重复了某两面的粘贴处、边长出现不对应等。学生们的直观想象素养在该环节中得到了显著的提升。

（三）成果展示阶段

"拆分包装盒"小组的学生最终得到了以下几项项目成果：（1）自制的包装盒，及设计制作包装盒的介绍，并且现场教学包装盒的设计与制作；（2）一份关于包装盒分类及特征的海报，还加入了发现的诸多数学结论（如怎样节省包装材料，牛奶盒中的设计美感等）；（3）在教师的帮助下制作多媒体幻灯片，介绍项目活动的经过和收获。

在现场展示时，学生们热情高涨，参与成果展的其他组成员或其他学生等都参与到制作包装盒的过程中，由于有了一定的经验，学生们制作的成功率大大提高，不少学生还在包装盒的设计中也加入黄金分割比。

三、数学素养的行为表现

如图 6.3.5 所示，在该项目活动中，学生的数学素养在多个方面不同维度上都得到了提升，但作为一个以几何知识背景为核心的项目学习活动，直观想象素养最大程度地贯穿始终，从学生接受该活动建议开始，直观想象便陪伴左

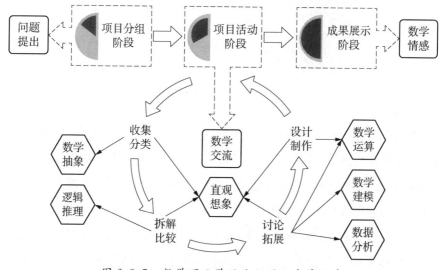

图 6.3.5　数学项目学习流程图及素养培养

右。在设计制作环节,学生们首先需要通过现实物体的形状和大小对相对应的包装盒的立体几何体有所构思,接着通过一定的空间想象能力描绘出立体几何体的展开图,再回归现实补充相应的可黏贴部分以构成最终设计图纸,最后在拼接过程中验证设计,几经波折才得到成品。在多次的设计制作与再设计过程中,学生不断完善自身知识结构中立体几何体与其展开图的对应关系,极大地训练了直观想象素养。在其他环节上也是类似,学生们需要不断地观察、讨论、分析包装盒在几何上的特征与关系,同时需要随时在三维立体物与二维展开图之间转换,空间几何思维被充分调动着。

　　数学抽象素养很多时候都伴随着直观想象素养被运用与训练,其中在收集和分类包装盒期间尤为突出。学生们需要根据包装盒的外观几何特征将其分为长方体、正方体、圆柱和其他棱柱体等,这过程中需要充分运用到数学抽象能力。这些立体几何图形都是数学世界的产物,现实生活中并不存在严格的长方体或圆柱,学生们需要将包装盒抽象为数学世界的完美几何体(如图6.3.6),并从数学的角度发现其几何特征,如棱柱体上下底面全等且平行等。

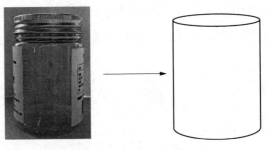

图 6.3.6　三维抽象

　　逻辑推理素养在拆解与比较包装盒期间有较为显著的体现。如学生们通过包装盒的几何体特点讨论了其设计的稳定性,利用归纳法,他们发现包装盒基本都需要满足稳定性的要求,这是一种合情推理,虽然不具备最为严谨的证明却也是数学思维中不可或缺的一个环节。

　　数学建模与数据分析素养并不是该项目活动的核心素养,但从学生们活动中的具体表现上看,这两个素养依旧被一定程度地体现出来了。在讨论容积一定的前提下牛奶包装盒如何更加节省包装材料的问题上,便有学生利用数学建模的思想对该实际问题进行数学化,并设出未知数建立了合理的数学模型,虽然由于知识的局限性,该学生并未能顺利求出数学解,即建模环节并不完整,但我们依旧能从中感受到学生较好的数学建模素养。同样在该环节中,学生们通过测量获得牛奶盒上的基本数据,进而通过求体积、求比例等方式分析其中的数学原理,最终发现了黄金分割数,虽然数据的量并不大,但学生依旧运用了数学的方法对数据进行了分析和推断,因此这一过程同样是数据分析素养最好的体现。

数学运算素养同样是必不可少的,学生们在分析牛奶盒表面积与体积关系时、在设计和制造包装盒时,都是需要不断演算的。学生们也有过由于计算失误导致制作出来的包装盒与待装物大小不匹配的情况,因此,学生们能在活动中进一步发展数学运算能力,有效借助运算方法解决实际问题,这也促进了数学思维发展,有助于学生养成一丝不苟、严谨求实的科学精神。

问题提出素养在项目分组及开始的阶段有所体现,但在该项目学习活动中,表现得最为明显的环节还应当是讨论拓展环节。从学生 B 无意中提出的"为何生活中的包装盒基本上都是长方体"的问题开始,学生们开始了新一轮的探讨与研究。类似的问题在项目学习活动中并不少见,随着情境与活动的开展,学生们很容易从中发现和联想到一些有趣的问题,这些问题与课堂上教师强制学生提出的问题很大的不同便在于其是"自然生成"的。自然的问题往往更能调动学生的兴趣,但相应的,这样的问题经常转瞬即逝,学生们提出后很容易便被忽略掉。这时,教师的引导作用便体现出来了,教师需要去识别学生提出的问题的价值,并引导学生从特定的方面去思考并加以解决,这一方面促进了活动的开展,另一方面也让学生认识到问题提出的重要性与意义,对培养学生的问题提出素养具有重要的作用。在该活动环节中便是如此,学生们多次提出了有意义的问题,教师都能敏锐地捕捉到并加以引导,使其能够顺利开展问题的探究,项目学习活动也因此变得更加丰富与精彩。

数学交流与数学情感在项目学习的各环节中均有所体现。小组合作的活动模式极大地促进了数学交流的开展,学生的讨论无处不在。以讨论拓展环节为例,学生们借助了纸笔、包装盒等媒介开展了丰富地数学交流,如学生 D 借助其列好的方程组向组员介绍了其建模的思想与参数的意义,以寻求求解模型的方法;又如学生 C 借助牛奶包装盒与组员分析了其长、宽、高具有和谐的数学美感。学生们都能使用精确的数学语言表达自己的思想,虽然一开始学生们还会偶尔出现"长方形"与"长方体"表述不清的情况,但在教师与组员的提醒与帮助下,活动后期学生们对相关数学名词的把握已经极为准确且严谨,这便是项目活动所带来的改变。数学情感也在这些细节中得到了丰富。在收集与分类包装盒时,学生们感受到了数学的无处不在;在解决"体积一定的长方体表面积如何更小"的问题时,学生们感受到了数学方法的多样性与灵活性;在发现包装盒上黄金分割数时,学生们感受到了数学的和谐之美;在设计和制作包装盒时,学生们又感受到了数学的严谨性……通过一次数学项目学习想让一名厌恶数学学习的学生爱上数学是很困难的,但让更多学生更加了解数学与数学之美却是很容易的,量变才能引起质变,数学情感的提升还需要更多这样的机会。

第四节 "身边的概率与统计"项目

本节以"身边的概率与统计"项目为例,首先分析通过该项目活动期待学生发展的数学素养,然后介绍该项目的实施案例,并系统分析学生在参与项目学习中的行为以及创作出的学习作品,阐释学生的数学素养的具体表现。

一、"身边的概率与统计"与数学素养

数学项目活动主要包括三个要素:驱动性主题、产品以及评价。在本次数学项目活动中,学生们在"身边的概率与统计"项目的主题驱动下,需要运用所学的或未学过的与统计概率相关的知识(包括直方图、扇形图在内的统计图表、平均数中位数在内的统计指标、古典概型、几何概型等)去完成项目任务,在运用知识解决活动任务的过程中也全面地展示了其综合的数学能力。此项

目需要学生进行交流、表征、统计、分析、解释、设计、概括、建模、计算、发现、反思等不同活动,在各方面数学素养的协调下,最终完成"产品"以进行成果展示。在此期间,九大数学素养皆会得到一定的体现与提升。下图 6.4.1 展示了"身边的概率与统计"数学项目活动与数学素养的关系。

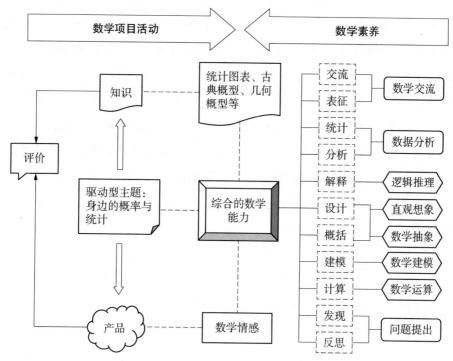

图 6.4.1　"身边的概率与统计"数学项目活动与数学素养的关系

　　以下将根据建构的数学素养模型,结合数学项目活动的具体流程,对学生们体现并发展的数学素养进行分析。

二、项目实施与数学素养分析

　　该项目在华东师范大学第一附属中学开展。该活动主题下大部分活动建议都是以统计知识为基础的,学生们设计问卷进行较为科学的抽样调查,最后通过 Excel 等信息技术工具处理数据分析结果。但活动建议"如何抽奖?"却是以概率为核心知识的项目活动。义务教育课标中对初中生概率的学习要求并不高,但该组学生的表现却异常亮眼,学生能做到的比我们所能预见的要高得多。因此,下面将以该小组的项目活动为例,呈现其活动实施的具体过程,并分析期间对数学素养的培养。

根据活动建议,该组学生需要先讨论解决"将一副完整的扑克牌打乱(52张牌),从中任意选取一张扑克牌,这张扑克牌是'黑桃 A'的概率是多少? 花色是'黑桃'的概率又是多少?"的概率问题。该问题与学生的日常生活极其贴近且与义务教育课程标准中所提供的案例有异曲同工之妙,即学生完全有能力在探究中得到该问题的答案。这也是一个引入,让学生借此探究概率的世界,学习古典概型与几何概型的基础知识,为后面活动任务的完成做铺垫。之后,学生们需要研究硬币、骰子、转盘等,这都是生活中常见的游戏抽签或抽奖工具,用数学知识去探究它们所呈现结果的可能性及对游戏的公平性等。这是一个应用知识的过程。最后在此基础上学生还需要设计和制作一个抽奖工具,得到项目学习的最终产品。

这一活动建议下,最终期望学生达到的学习目标有:

(1)感受生活中的随机现象,能通过列表、画树状图等方法列出简单随机事件所有可能的结果,以及指定事件发生的所有可能结果,了解事件的概率,知道通过大量地重复试验,可以用频率来估计概率,培养动手能力和实验水平,培养数据分析与逻辑推理能力。

(2)了解古典概型和几何概型两类常见的概率模型,能利用其计算公式对简单随机事件的概率进行求解,提高数学建模、数学运算等素养。

(3)探究硬币、骰子、转盘上的概率问题,知道其数学原理,能够运用概率知识解释各自结果的概率与公平性问题。

(4)动手试验,制作工具、学会收集数据、撰写报告、评估工具等,经历科学探究的过程,培养数学运算、数据分析等数学素养。

(5)小组合作学习,能够综合运用各自数学知识(代数、几何、统计与概率等)于实际问题的解决中,全面培养动手能力、合作能力和数学交流能力等,提升数学情感。

（一）项目分组阶段

本项目需要的数学基础较为简单，教师可以选择性地在项目开始前简单向学生介绍"概率"、"频率"等相关数学概念，也可直接开展活动让学生在项目学习过程中自学，教师在期间适当性地指导。

本次项目在实际开展中教师并未提前教授学生相关知识点，学生分配好小组并选择了相应活动建议后便开始讨论、分配任务且计划活动过程，完成《活动计划书》。

教师适当参与到不同小组的讨论中，给予一定提示和建议。如对于"如何抽奖？"小组的学生，教师提示活动建议中的第一个问题在于为学生们提供研究问题的切入口，从卡片概率出发可以自学"概率"、"频率"、"古典概型"等相关概念，为后续问题的解决提供一定的知识储备；而第二个问题是在知识储备的基础上对相关概率工具的进一步研究，通过实验的方法探索理论与实践之间的关系，深化对相关概率的理解；第三个问题是本次项目学习的核心，将理论学习转化为实践作品，制作可行的抽奖工具。教师可为其推荐学习资料收集的途径，如学校图书馆资源、相关网址或微课平台等。

在此期间，学生小组获得相应活动建议，在讨论与交流中逐渐理清项目活动的思路。学生 A 与学生 D 都无法马上理解该项目的内涵，对概率等相关数学名词表示困惑以致难以发现实际问题背后的数学问题；学生 B 则能很快理解问题一并迅速地给出其直觉下的答案，他认为将一副完整的扑克牌打乱，从中任意选取一张扑克牌，这张扑克牌是"黑桃 A"的概率是五十二分之一，而花色是"黑桃"的概率是四分之一；学生 C 与学生 F 表示认同，但在教师进一步追问其数学原理时他们却陷入了迷茫。此时概念的学习显得尤为重要。因此学生们分配了后续的任务，先集体进行相关知识的学习并共同解决第一个问题；之后分成 3 个小队分别探究硬币、骰子、转盘中的概率知识，分享归纳提炼成果；最后集体选择一种或多种抽奖工具进行制作。

该阶段是对实际问题与数学知识之间建立联系，主要培养了学生的数学交流能力与问题提出能力。没有问题就没有活动，虽然活动任务中给出了引导性的问题，但正如学生 A 与学生 D 所困惑的，这并不是他们心目中的问题，因为他们无法理解,而对于学生 B 而言,这也不是一个问题,因为虽然理解了问题但同时也产生了自己的"答案"。在教师的引导下,学生们逐渐理解了该问题中的核心环节,即"为什么",学生们的心理动机被激活,真实有效的问题也因此被提出。

(二) 项目活动阶段

以"如何抽奖?"小组活动为例,该组学生纷纷上网查找相关概念,搜索与筛选过后他们得到了一些概念的表述,并分享讨论,逐渐理解了概率的内涵及古典概型的原理,有学生还进一步提出了几何概型的讨论,因为他发现问题二中需要涉及到。最终学生们整理得到了相关知识点如下(如图 6.4.2):

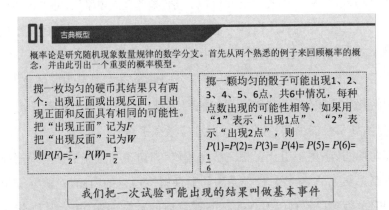

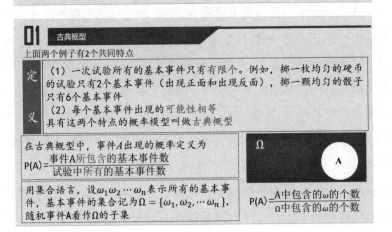

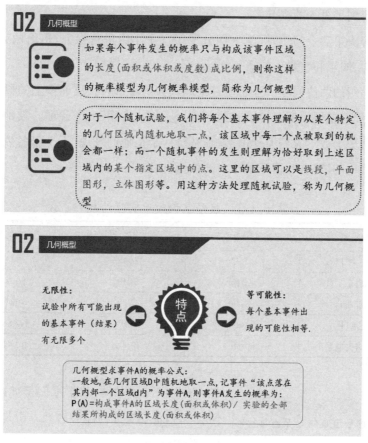

图 6.4.2 学生整理概率知识

　　虽然古典概型与几何概型是高中数学才涉及到的概念,初中数学只要求学生初步感知概率的大小,本次项目活动的目的也不在于希望学生掌握到多么熟练的程度,但这并不意味着初中生便不能或无法学习。虽然学生们整理得到的知识大多借鉴书本或网络,也未必都能够很好地理解,但收集和讨论的过程中学生们依旧收获颇丰。他们都能大致理解两种概率模型的算法,并较好地将其运用到第一个问题的解答中,这也是义务教育课程标准对学生的基本要求。当教师告知学生他们正在探索高中才要求掌握的概率知识时,学生们不仅没有感到困难反而更加兴奋地学习,该小组的数学自信得到了强化。此过程中,学生们综合训练了逻辑推理、数学抽象、数据分析等数学素养,数学情感也得到了极大的提升。

在解决第二个问题时,学生们分成了三个小组进行探究,每组两人,分别探究硬币、骰子和转盘中的概率问题。

第一组的两位同学一开始便直觉地认为抛硬币时正反面朝上的概率各是50%,因此对抛硬币实验提不起劲,觉得是一个"真理"无需验证。教师建议他们查阅历史上数学家们抛硬币实验的资料,于是他们发现,不少著名数学家都做过抛硬币的试验,并留下了珍贵的数据(如表6.4.1)。

表6.4.1　数学家抛硬币实验结果

数学家	抛硬币总次数	正面向上	反面向上
德·摩根	4092	2048	2044
蒲丰	4040	2048	1992
费勒	10000	4979	5021
皮尔逊	24000	12012	11988
罗曼诺夫斯基	80640	39699	40941

	A	B	C
1	投掷序号	正面向上	反面向上
86	85	1	0
87	86	0	1
88	87	0	1
89	88	1	0
90	89	0	1
91	90	1	0
92	91	0	1
93	92	1	0
94	93	0	1
95	94	1	0
96	95	0	1
97	96	0	1
98	97	0	1
99	98	0	1
100	99	0	1
101	100	0	1
102	频次	47	53
103	频率	47.00%	53.00%

图6.4.3　学生抛硬币数据

学生们深受触动,数学家们都如此严谨,不辞辛苦,他们又如何能够偷懒。于是两名学生合作抛硬币100次,并用Excel记录了正反面出现的频次(如图6.4.3所示),最后算得频率确实约等于50%,与数学家们的结论相似。

但学生A却提出,虽然频率可以估计概率,但我们这次的实验或许还不能证明抛硬币时正反面向上的概率都是50%,因为硬币正反两面都是有花纹的,这意味着硬币的质量也非均匀的,因此有可能历史上不同数学家使用了不同版本的硬币也导致了试验结果的不准确。虽然该同学的猜想未见得正确,但其批判性的思维方式和敢于提出质疑的勇气都是值得表扬和鼓励的。这一切也并非凭空产生,或许是数学家们前仆后继追求真理的毅力和智慧触动了他,又或许是 100 次投掷硬币的过程中厚积薄发的思维亮点,总之,这是数学项目学习的又一成果。

在此基础上,两位学生还将数学家们的数据与自己实验得到的数据进行了对比,发现随着投掷次数的增加,正面向上的频率逐渐稳定到 50% 附近,故可以用这个常数表示概率。不过在生成柱状图时,学生 A 与学生 B 存在一些分歧(如图 6.4.4 所示):学生 A 更喜欢上图,他认为该图可以看出随

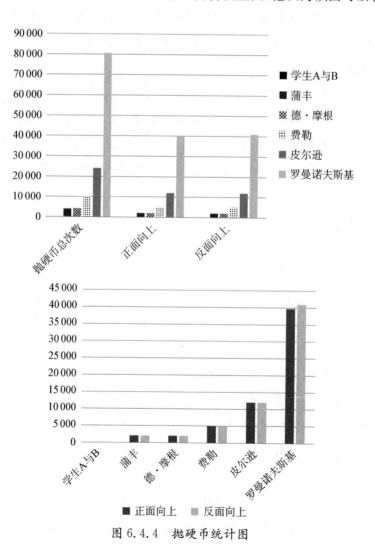

图 6.4.4 抛硬币统计图

着抛掷硬币总次数的上升,正面与反面向上的频次也跟着上升,并且上升幅度基本相同;学生 B 则更偏向下图,他认为从这个图就可以简单地看出正反面频次都是差不多的,各占 50% 左右。教师便从中引导,肯定了两位同学的想法都是合理的,因为对数据的解读方式不同,所以选择不同的表征手段也是必要的,学生 A 看重正反面向上次数与总数之间的关系,因此使用上图,而学生 B 仅仅想比较正反面频次之间的关系,因此使用下图,只要言之有理即可。

第二组学生并未进行投掷骰子的实验,而是试图通过理论论证投掷骰子是否公平,是否每一面出现的概率都是相同的。结合概率的知识,他们认为,投掷质量均匀的立方体时,每个面向上的概率都是相同的,那是因为立方体六个面大小相等形状相同。

学生 C 提到,电影中曾经出现有人利用骰子"出老千",使用的办法便是在其内部加重了某一面的质量,使得该面在投掷过程中更容易处于下方,因此质量也是影响骰子投掷点数的重要因素。由此他们得出结论:质量均匀的立方体骰子所呈现的结果有六种可能,其中每一种结果出现的概率都是六分之一,此时是公平的;若骰子质量不均匀,那么重心最靠近的那一面处于下方的概率最大,其相对的面朝上概率最大。

在教师的引导和鼓励下,该组学生还进一步上网了解了骰子的历史,这让他们大为震惊。立方体的骰子,相传是三国时期魏国的曹植(192—232)所创造的,而且古代的骰子似乎并不只是立方体。古代骰子的材料和形状多种多样,材料上包括金属、骨头、黏土等,甚至还有陶骰子,而形状上除了立方体还包括许多其他的正多面体,甚至还有陀螺骰子。两名学生由此突发奇想,可以做出几个另类的骰子出来与大家交流。

于是在教师的鼓励与帮助下,擅长信息技术的学生 C 利用 Geogebra 软件画出了几个正多面体的图形,虽然适当借助了数据库中的一些免费素材,但学生也在修改和调整已有模型的过程中提升了空间想象能力。而另一名学生 D 便尝试着动手做出纸质版的骰子(如图 6.4.5 所示),虽然由于时间和条件的限制,该同学并没有做出更为复杂的正多面体,但这样的尝试却为该小组第三个问题的解决提供了参考与帮助,因为他们发现,这样做出来的骰子由于黏贴处多留出来的区域会使骰子的质量分布不均匀,换而言之,这样的骰子并不会很公平。

图 6.4.5　学生自制骰子

第三小组的学生研究转盘中的概率问题。首先,根据之前学习的几何概型基本知识与生活常识,学生们讨论得到,转盘若是圆形的且旋转中心位于圆心,那么转到某一区域(扇形)的概率与其扇形面积和圆心角都是相关的,为了方便计算,学生取了圆心角大小除以周角(360度)求得对应区域的概率。如对于图 6.4.6 所示的转盘,由于三块区域的圆心角被平分,因此有

图 6.4.6　转盘游戏

$$P(再来一次) = P(抱歉没奖) = P(你获奖了) = \frac{120°}{360°} = \frac{1}{3}。$$

但这种如此理想且公平的情况并不常见。首先,他们将转盘游戏分为虚拟转盘与现实转盘两类进行讨论。学生 E 表示,虚拟转盘十分常见,在各大网络游戏、网页抽奖中都可以遇到,它们或许看上去中“大奖”与“谢谢参与”所占圆心角都是相等的,但实际上的概率差距却十分明显,十有八九的抽奖结果都是“谢谢参与”,余之一二也大多是“参与鼓励奖”,想要得到“大奖”实在天方夜

谭。他认为,虚拟转盘中的概率问题不能简单地看圆心角的大小,因为其内部是由一定程序控制的。教师顺势追问:"为什么它不能用几何概型的算法运算呢?难道数学知识有误?"这时,另一名学生 F 拿出之前整理的概率资料,思考再三后兴奋地抢答道,几何概型的前提条件中说要满足"等可能性",虚拟转盘大多由于计算机程序控制而丧失了"等可能性"。学生 E 也恍然大悟:"所以不满足几何概型的使用条件就不能直接用几何概型求概率。"

进而在探讨现实转盘是否一定公平时,学生们便多提出了一个前提,如果转盘是竖直摆放旋转的,那么质量是否均匀也会影响到结果的概率,所以外面各种商店的转盘游戏若想降低中奖率,只要在"谢谢惠顾"所在区域偷偷加重即可。教师对该组学生严谨的分析与讨论表示肯定和表扬,学生们也因此认识到了数学在生活中的价值。

这一阶段学生分组完成虽然少了一些思维火花的碰撞,但却提高了探究的效率,同时也因为存在一定的组内竞争关系而显得尤为积极。三组学生的表现都有许多可圈可点的地方。第一小组学生在探究硬币问题时能够不畏枯燥投掷硬币,体现了数学实验的严谨性,培养了数据分析、逻辑推理、问题提出等能力。第二小组在探讨骰子问题时能从理论转到实践,动手制作电子版与手工版骰子,充分发挥了数学项目学习的价值,培养了直观想象、逻辑推理、数学抽象、问题提出等能力。第三小组在研究转盘游戏时能灵活运用刚刚学过的几何概型知识,将理论与实际相结合,发现了其适用范围的重要性,培养了数学抽象、数学运算、直观想象、数学建模等能力。三个小组都在活动过程中极大地促进了数学交流与数学情感的提升,正如第三小组的学生所说,"数学可以让我们远离骗局",而第一小组的同学也表示"数学需要不断地质疑与探索"。

在此之后,这一组的 6 名学生进行了集体的讨论交换成果,并共同参与到第三个问题的解决中。学生们很快发现,要为自己这样一个 6 人小组制作一个抽奖工具,最简单的方式自然是制作一个立方体的骰子,但若使用纸板制作,那么由第二小组之前得到的经验可知,很难做出一个质量均匀的骰子,若用木头等其他材料制作,由于工具有限,也较难做出一个准确的立方体。基于此,学生们最后决定制作一个转盘抽奖工具,同时基于第三小组之前的经验,他们决定做一个水平旋转的转盘而非竖直旋转的,以最大限度地保证公平。

设计与制作马上得到开展,组长分配了每个人的任务,有人负责准备材料,有人负责设计转盘,有人负责测量与制作等(如图 6.4.7 所示)。此过程中学生们需要先利用几何概型的知识反算得出转盘每个扇形的圆心角为 60 度,进而利用尺规作图得到准确的图形。

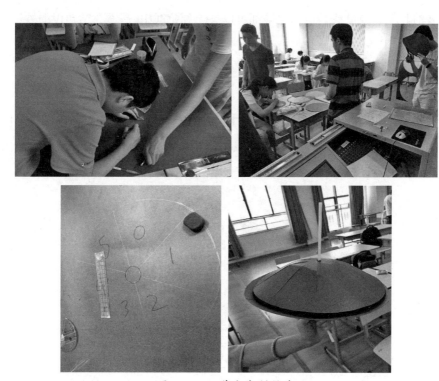

图 6.4.7 学生自制转盘

这一阶段,学生们主要将之前的理论所得转化为实际的作品,培养数学交流能力。学生们需要学会分工合作,整合已有知识,对现实情境进行数学抽象,用数学方法进行计算、测量、尺规作图等。可见,在培养数学交流素养的同时,对数学抽象、数学运算、逻辑推理等数学素养都有一定的帮助。另外,动手实践活动也极大地促进了学生们的数学情感。

(三)成果展示阶段

"如何抽奖?"小组的学生最终得到了以下几项项目成果:(1)自制的"转

盘抽奖工具",及其说明书(原理介绍和使用说明);(2)收集整理得到的概率知识制成的 PPT 课件;(3)对第二个问题的探索中得到的小结论与成果,制作成了海报,并在其中介绍了项目活动经过,分享抛硬币实验结果、自制骰子、转盘原理等。

在展示现场,该小组学生还现场演示硬币、骰子或转盘抽奖游戏,参与成果展的其他组成员或其他学生等都可以参与到游戏中,探索数学知识的妙用。

三、数学素养的行为表现

如图 6.4.8 所示,在该项目活动中,学生的数学素养在多个方面不同维度上都得到了提升。由于项目活动中该组学生内部还另外分成了三个小组,因此在相应的活动中,对数学素养的提升也略有差异。

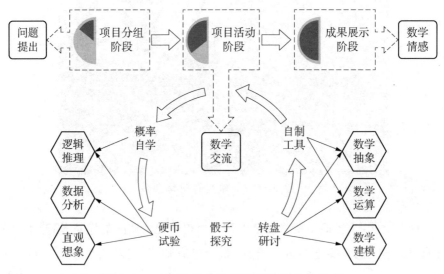

图 6.4.8 数学项目学习流程图及素养培养

问题提出素养在项目分组及开始的阶段便有所体现。在理解了学习活动任务后,学生们根据已有知识与经验,很直观地便能给出第一个小问题的答案,但这种基于直觉的解答显然无法满足学生们的需求,进而他们将"从一副完整且打乱的扑克牌中任意选取一张,为何恰好是'黑桃 A'的概率是多少"的问题转化为"从一副完整且打乱的扑克牌中任意选取一张,为何恰好是'黑桃 A'的概率是五十二分之一"。这种对问题进行重述而形成一个新的数学问题的能力也是问题提出素养的一种表现,学生从而有了更加明确的任务目标。

逻辑推理素养在概率自学环节与第一小组学生的硬币试验环节上都有所体现,主要表现在从特殊到一般的归纳上,即合情推理。学生在自学古典概型与几何概型及其计算时,运用的思想方法基本都是归纳法,即不是严格地从数学角度推导与证明得到结论,而是借助一定的实例,通过合情的推理去理解相关知识。如在自学古典概型时,学生们通过硬币概率和骰子概率的求法,回归到古典概型计算公式上,从而理解了公式中的"基本事件数"的内涵。在自学阶段,学生们最大程度地发挥了类比与归纳的能力,竭尽所能去理解新知识。而在硬币试验环节上,学生们除了同样需要运用逻辑推理能力之外,还需要数据分析能力的参与。一方面是收集了历史上数学家们硬币试验的数据,另一方面也自己动手抛掷硬币得到了一些数据,并且结合信息技术通过一定的数学手段对数据进行可视化处理,再通过合理地推理与归纳,对数据进行分析和解读,从而更加深刻地理解了频率估计概率的内涵。这一过程对学生的合情推理能力与数据分析能力都有一定的提升。

直观想象、数学抽象和数学运算素养主要体现在骰子探究环节和自制工具环节上。学生们需要将常见的骰子抽象为数学世界中的正方体,再借助立体几何中的一些认识去研究骰子的概率问题。当发现骰子除了正方体外还可以是其他多面体之后,学生们打开了一扇新的大门,迅速地将概率知识与几何知识建立联系,学生 B 甚至脱口而出说到,这样的多面体应该是正多面体,这样才能保证各面朝上(或朝下)的概率相同。在 Geogebra 软件下操作的学生 C 综合调动着自己的空间想象能力,寻找着每一个点的位置与坐标,也计算着它们之间的距离与角度;手工制作正多面体的学生 D 也不断转化着二维与三维几何之间的点线面关系,虽然做出的几何体相对简单,但也花费了他不少精力,完成任务后的他甚至自豪地说:"现在只要给我一张纸,我就能还你一个骰子。"而在手工制作之前,学生们都需要运用一定的数学运算能力去算出对应设计图纸上的边长、角度等，数学运算素养是必不可少的。

数学建模素养则在转盘研讨环节上得到了较好的表现。学生第一个环节自学古典概型与几何概型时，对"概型"二字并没有什么体悟。直到第三小组的学生利用几何概型的计算公式求解转盘上的概率问题时才开始有了些许顿悟。学生 E 一开始认为转盘上某一区域（扇形）转到的概率等于其对应的面积除以圆的面积，而教师引导道："必须用面积计算吗？"学生 F 思考片刻答道，用圆心角除以周角也可以，而且结果是一样的。鉴于几何概型对于初中生具有一定难度，教师便直接进一步补充道："在圆形的转盘问题上，除了扇形面积、圆心角，弧长也是可以利用的几何度量，只要满足等可能性，所有合理的几何对象都可以利用，这便是几何概型计算公式的美妙之处。"学生 E 回应道："所以才被称为概率模型吧。"模型思想作为 2011 年版义务教育数学课标的十个核心素养关键词之一，需要在这样的一些情境下让学生逐渐体悟"模型"的意义与价值。

数学交流与数学情感在项目活动中一直是一以贯之的。在项目活动的第二阶段，学生们在小组内的数学交流最为频繁。第一小组讨论之初所使用的语言系统还停留在"抛硬币次数""正面朝上大概是 50％"等，之后在教师的引导下，他们逐渐习惯性地使用"频次""频率""概率""试验"等专业术语进行描述了。现象即本质，学生们改变的不仅仅是语言体系，还有思维方式，学生们也逐渐认识到了何为试验，频率为何可以估计概率等问题。类似的情况在其他小组内部也有发生，交流机会的增加不仅仅提升了学生的数学交流素养，也间接巩固了学生的数学认知结构。数学情感同样在潜移默化的项目活动中得到了改善。最明显的莫过于成果展示环节了，学生们兴奋不已，或许在别的学生眼中，做出一个转盘工具不足为奇，但这组学生却深刻地知道其中承载的内涵有多么丰富。学生们迫不及待地向其他同学介绍这个转盘工具的优势，学生 D 甚至拿出自制的骰子配合演示，以说明转盘具有更好的公平性。学生 A 和学生 B 则在自己制作的海报前宣传着数学家们投掷硬币的试验次数，以自身 100 次试验的经验衬托出数学家们的辛苦、坚毅与严谨。有时并不需要纸笔的测试，从表现与言语中我们就可以直观地感受到学生们数学情感的提升。

第七章　高中数学项目设计与数学素养

"推动人才培养模式的改革创新,培养德智体美全面发展的社会主义建设者和接班人"是《普通高中数学课程标准(2017 年版)》修订的指导思想。我国普通高中教育是义务教育后为进一步提高国民素质、面向大众的基础教育,任务是促进学生全面而有个性的发展,为学生适应社会生活、高等教育和职业发展作准备,也为学生的终身发展奠定基础。[①] 而在考试的压力下,学生更偏向于将数学学习活动单纯地依赖于模仿与记忆,并没有形成积极主动的学习态度,教师也并没有向学生提供充分地从事数学活动的机会。但真正有效的数学学习活动,应遵循教育教学规律和学生身心发展规律,贴近学生的思想、学习、生活实际,重视学科综合的学习,重视合作的问题解决,要让学生通过动手实践、自主探究与合作交流来理解数学、学习数学。

在新课程背景下,学生的数学学习新要求与新内容,与盛行的项目学习不谋而合,国内外的教育研究者们围绕着"项目学习"开展了多方面的研究与实践。[②] 目前国内外的数学项目学习研究日渐完善,本章立足于我国教育的基本国情,借鉴国内外优秀的项目研究成果,吸收前辈研究者的成功经验,将项目活动与高中数学课程适当地融合,旨在培养高中学生的数学抽象、逻辑推理、数学建模、直观想象、数学运算、数据分析、问题提出、数学交流八大核心素养,开发适合高中数学教育所需的数学项目学习。

第一节　高中如何开展数学项目学习

本节首先从数学课程目标入手,阐述高中数学项目学习的意义,然后分析

---

① 中华人民共和国教育部. 普通高中数学课程标准(2017 年版)[S]. 北京:人民教育出版社,2018:1-3.
② 王莺雨. 数学项目学习的研究现状分析[J]. 新课程研究(上旬刊),2018(7):51-52.

如何围绕数与代数、图形与几何、概率与统计等数学内容主题设计数学项目。

一、高中开展数学项目学习的意义

项目学习不是学生对知识的简单复现,而是创造性地解决问题或创造出新颖独特的产品。提高学生高层次认知技能,需要学生从事解决问题的任务,需要向学生提供如何解决问题的指导。学生的能力并不是自然而然形成的,也不是教师所能教会的,而是学生在运用知识、探索知识的过程中发展起来的。因此,项目活动能让学生更好地体悟数学思想,积累活动经验。

教育是在经验中、由于经验、为着经验的一种发展过程,经验是一个经历的过程,是维护某种事物的过程,是爱好的过程。^① 学习就是经验的积累。在项目活动中,教师多了指导与示范,少了给予,他们不像传统教学那样是知识的灌输者,而是促进者,在学生调查研究中帮助学生设计活动,提供资料和建议;而学生有权选择自己感兴趣的主题,使项目能适合他们自身的兴趣与能力,有更多跨学科的思考、更多发现、更多小组工作,能够专心致志地搜集、分析所获得的资料,做研究并报告研究结果。在此过程中,学生能不断感悟数学思想,把学习的过程与经验积累起来。因此,在设计项目活动中,设计者应围绕主题,设计真正体现数学的子任务,让学生体悟数学思想,比如函数的思想,这是贯穿高中数学课程的核心思想之一,设计者可依托数学内容,将方程、不等式、函数进行联结,让学生通过动手实践与合作交流,完成具有挑战性的数学项目。

数学项目学习的另一个重要价值是关注学生情感态度的发展。《普通高中数学课程标准(2017年版)》中,数学情感目标有"态度""习惯""信念与精神""德育与社会价值""个人发展价值"这五方面。^② 作为数学活动课,项目学习能够很好地带动学生学习数学的积极性,产生对知识的好奇与探索,对于知识从

---

① 褚洪启.杜威教育思想引论[M].长沙:湖南教育出版社,1997:175.
② 徐斌艳.20世纪以来中国数学课程的数学情感目标演变[J].数学教育学报,2019,28(3):7-11,29.

何而来,又从何而去进行反思,磨练意志。与此同时,在开发设计项目课程时,可以从数学的本源、德育价值、社会价值、个人发展价值等出发,培养学生的社会责任感与科学思想观念。

　　结合学段的学习内容及学生的特征,高中数学课程兼顾了"数与代数""图形与几何""统计与概率"三个内容领域。那么,高中的三类数学课程内容分别包含哪些具体内容?哪些内容能较好地开展数学项目学习?这些内容如何去开展数学项目学习?开展的数学项目学习发展了学生哪些数学素养?本书将在这一章具体展开。

二、数与代数中的课程内容

　　《普通高中数学课程标准(2017年版)》中,必修课程、选择性必修课程、选修课程这三类高中数学课程中,整理出涉及"数与代数"内容的主题与单元,如表7.1.1所示。

表 7.1.1　高中数学课程中"数与代数"内容分布①

数学课程	主题	单元与内容
必修课程	主题一　预备知识	集合
		常用逻辑用语
		相等关系与不等关系
		从函数观点看一元二次方程和一元二次不等式
	主题二　函数	函数概念与性质
		幂函数、指数函数、对数函数
		三角函数
		函数应用
	主题三　几何与代数	平面向量及其应用
		复数

① 中华人民共和国教育部.普通高中数学课程标准(2017年版)[S].北京:人民教育出版社,2018:13-73.

续　表

数学课程	主题	单元与内容
选择性必修课程	主题一　函数	数列
		一元函数导数及其应用
	主题二　几何与代数	空间向量与立体几何
		平面解析几何
	主题三　概率与统计	计数原理
选修课程	A 类课程	微积分
		空间向量与代数
	B 类课程	微积分
		空间向量与代数
		模型
	C 类课程	逻辑推理初步
		数学模型
	D 类课程	美与数学
		音乐中的数学
		体育运动中的数学
	E 类课程	拓展视野的数学课程
		日常生活的数学课程
		大学数学的先修课程

　　从表 7.1.1 中,我们不难发现,"数与代数"在必修课程、选择性必修课程、选修课程中均有涉及,是高中数学知识的体系主干,也是高等数学认知的基础,这部分教学过程的核心是运用"函数思想"来解决数学问题,用函数这条主线联结高中数学课程的内容,形成一张网。[①] 同时,值得一提的是,在高中阶段,"数与代数"体现更多的是综合性,例如在几何与代数为主题的单元中,平面解析几何突出了以代数方法解决几何问题;在概率与统计为主题的单元中,计数原理也体现了以分类讨论、归纳总结等代数思维去解决现实中的实际问题;在 B 类课程的模型单元与 C 类课程的数学模型单元,都是通过大量的实际

---

① 吕世虎,王尚志. 高中数学新课程中函数设计思路及其教学[J]. 课程·教材·教法,2008(2)：49-52,86.

问题作为切入点,建立包括二次曲线模型、三角函数模型等基本数学模型,以及存款贷款模型等经济数学模型;在 D 类课程与 E 类课程中,看出"数与代数"存在于大量的实际问题中。

根据《普通高中数学课程标准(2017 年版)》的要求,参加数学高考的学生必须要学习必修课程和选择性必修课程,而选修课程则是为学生发展数学兴趣提供选择,为大学自主招生提供参考,因此以必修课程和选择性必修课程为重点研究对象,发现"数与代数"中除了与几何、概率统计的融合之外,其余部分均以函数为主,课时数如表 7.1.2 所示,从课时数中也可以发现函数的重要性。

表 7.1.2 "数与代数"中以预备知识为主题、以函数为主题的内容及课时安排

课程	主题及内容	建议课时数
必修课程	预备知识(集合、逻辑用语、方程、不等式)	18
	函数(概念与性质、幂函数、指数函数、对数函数、三角函数、函数应用)	52
选择性必修课程	函数(数列、导数)	30

从上表可以看出,函数部分占据了半壁江山,需要教师花费大量时间与精力去讲授,让学生充分吸收与掌握函数内容。函数是高中的核心知识,函数思想方法在现实世界也非常常见。总之,函数是贯穿高中数学课程的主线[①],是中学数学的重要内容之一,也是基本的数学思想之一,涉及的函数内容丰富,但概念复杂,知识点繁多且抽象,理解有一定难度。与此同时,函数在各领域应用广泛,生活、军事、民生、音乐、美术等等中也都处处渗透着函数。此外,朱立明从数学史、高中数学课程标准、综合与实践三个角度看函数,将函数定为高中"数与代数"领域的核心内容群,可不断开发教学设计与教学资源[②]。因此,本章"数与代数"部分选择了以"身边的函数"为驱动性主题开展数学项目

---

① 中华人民共和国教育部. 普通高中数学课程标准(2017 年版)[S]. 北京:人民教育出版社,2018:19.
② 朱立明,韩继伟. 高中"数与代数"领域的核心内容群:函数——基于核心内容群内涵、特征及其数学本质的解析[J]. 中小学教师培训,2015(7):40-43.

学习。

在高中函数部分的学习中、课程标准中,希望学生能将函数理解为刻画变量之间依赖关系的数学语言和工具,也能理解为实数集合之间的对应关系,也能从函数图象的几何直观理解函数的意义;理解函数符号表达与抽象定义之间的关联;能用代数运算和函数图象揭示函数性质;掌握一些基本函数类(一元一次函数、反比例函数、一元二次函数、幂函数、指数函数、对数函数、三角函数等);能够从函数观点认识方程和不等式,运用函数的性质求方程的近似解以及解不等式,感悟数学知识之间的关联;知道数列的通项公式是这类函数的解析表达式;理解导数概念,感悟极限思想,能用导数研究简单函数的性质和变化规律;理解函数模型是描述客观世界中变量关系和规律的重要数学语言和工具,在实际情境中,选择合适的函数类型去刻画现实问题的变化规律,利用函数构建模型并解决现实问题,运用模型思想发现和提出问题、分析并解决问题,经历运用函数解决实际问题的全过程,体会函数在解决实际问题中的作用。

三、图形与几何中的数学项目

《普通高中数学课程标准(2017 年版)》中,必修课程、选择性必修课程、选修课程这三类高中数学课程中,涉及到"图形与几何"内容的主题与单元如表 7.1.3 所示。

表 7.1.3   高中数学课程中"图形与几何"内容分布①

数学课程	主题	单　元
必修课程	主题三　几何与代数	平面向量及其应用
		复数
		立体几何初步

---

① 中华人民共和国教育部. 普通高中数学课程标准(2017 年版)[S]. 北京：人民教育出版社,2018：13 - 73.

续　表

数学课程	主题	单　　元
选择性必修课程	主题二　几何与代数	空间向量与立体几何
		平面解析几何
选修课程	A 类课程	空间向量与代数
	B 类课程	空间向量与代数
		模型
	D 类课程	美与数学
		美术中的数学
		体育运动中的数学
	E 类课程	拓展视野的数学课程
		日常生活的数学课程
		地方特色的数学课程
		大学数学的先修课程

　　从表 7.1.3 中可以粗略看出,《普通高中数学课程标准(2017 年版)》中突出几何直观与代数运算之间的融合,向量成为了沟通几何与代数的桥梁,并强调运用代数方法解决几何问题,加强数学整体性的理解。同时,从选修课程中看出图形与几何可应用于其他领域,可看出其实际应用价值。在本书第七章第一节中,我们确定以必修课程和选择性必修课程为重点研究对象,整理出其中关于图形与几何的内容知识及建议的课时数,如表 7.1.4 所示。

表 7.1.4　"图形与几何"中的内容知识及课时安排

课程	主题	内　　容	建议课时数
必修课程	主题三　几何与代数	平面向量及其应用(向量概念、运算、基本定理及坐标表示、应用)	42
		复数(复数的概念、运算)	
		立体几何初步(基本立体图形、基本图形位置关系)	
选择性必修课程	主题二　几何与代数	空间向量与立体几何(空间直角坐标系、空间向量及其运算、向量基本定理及坐标表示、空间向量的应用)	44
		平面解析几何(直线与方程、圆与方程、圆锥曲线与方程)	

　　从表 7.1.4 中更能具体地看出,《普通高中数学课程标准(2017 年版)》中注重向量与平面几何、立体几何的联系,向量为立体几何提供了新的视角[①],应当综合法和向量法并重,且以向量法为主[②]。但是,平面几何与立体几何的逻辑证明部分较少,使得几何的难度降低,从而降低了学生几何部分的逻辑能力训练。但教学目标要求通过高中数学课程的学习,能运用直观感知、推理论证等认识和探索空间图形的性质,建立空间观念,并能够发展学生的数学抽象、逻辑推理、直观想象等核心素养。因此要充分认识立体几何的教育价值,通过立体几何的学习,提高学生把握空间与图形的能力。同时,几何图形的直观形象为学生进行自主探究和空间想象提供了更便利的条件,学生通过观察、实验、操作、猜想等发现和提出问题,获得视觉愉悦,有助于发展学生的推理论证能力,培养逻辑思维能力,以及运用几何语言进行表达与交流的能力。[③]　于是,本章“图形与几何”部分选择了以“神奇的几何体”为驱动性主题开展数学项目学习,旨在提升学生的直观想象与逻辑推理能力。

　　在高中数学课程标准中,立体几何初步里,希望学生能够利用实物、计算机软件等观察空间图形,认识柱、锥、台、球及简单组合体的结构特征,能运用这些特征描述现实生活中简单物体的结构;知道球、棱柱、棱锥、棱台的表面积和体积的计算公式,能用公式解决简单的实际问题;能用斜二测法画出简单空间图形(长方体、球、圆柱、圆锥、棱柱及其简单组合)的直观图;运用直观感知、操作确认、推理论证、度量计算等认识和探索空间图形的性质,建立空间观念。

四、概率与统计中的数学项目

　　《普通高中数学课程标准(2017 年版)》中,必修课程、选择性必修课程、选

---

① 王建明.《高中课标》和《高中大纲》之“空间向量与立体几何”的比较[J]. 北京教育学院报,2005(2):65-69.

②《国家高中数学课程标准》制订组.《高中数学课程标准》的框架设想[J]. 数学通报,2002(2):2-6.

③ 韩龙淑. 高中“课标”与“大纲”中立体几何内容比较研究及启示[J]. 数学教育学报,2006(2):71-73.

修课程这三类高中数学课程中,涉及"概率与统计"内容的主题与单元如表7.1.5所示。

表7.1.5　高中数学课程中"概率与统计"内容分布①

数学课程	主题	单　元
必修课程	主题四　概率与统计	概率
		统计
选择性必修课程	主题三　概率与统计	计数原理
		概率
		统计
选修课程	A类课程	概率与统计
	B类课程	应用统计
	C类课程	社会调查与数据分析
	D类课程	音乐中的数学
		体育运动中的数学
	E类课程	日常生活的数学课程
		地方特色的数学课程
		大学数学的先修课程

从表7.1.5中可以看出,概率与统计主要分为概率、统计、计数原理,还要学会社会调查、应用统计与数据分析。我们以必修课程和选择性必修课程为研究对象,具体来看概率与统计的内容,于是本节也整理了其中关于概率与统计的内容知识及建议的课时数,如表7.1.6所示。

表7.1.6　"概率与统计"中的内容知识及课时安排

课程	主题	内容	建议课时数
必修课程	主题三　概率与统计	概率(随机事件与概率、随机事件的独立性)	20
		统计(获取数据的基本途径及相关概念、抽样、统计图表、用样本估计总体)	

---

① 中华人民共和国教育部.普通高中数学课程标准(2017年版)[S].北京:人民教育出版社,2018:13-73.

续　表

课程	主题	内容	建议课时数
选择性必修课程	主题二　概率与统计	计数原理(两个基本计数原理、排列与组合、二项式定理)	26
		概率(随机事件的条件概率、离散性随机变量及其分布列、正态分布)	
		统计(成对数据的统计相关性、一元线性回归模型、2×2列联表)	

　　从表 7.1.6 中可以发现,概率与统计的前提基础是数据。在数据处理过程中,学生要学会收集数据、整理数据、分析数据,并能从大量的信息中寻找到对研究问题有用的数据,从而做出后续的判断;此外,针对不同的问题,需要选择合适的收集数据的方法,与此同时,根据问题的具体情况,选用合理的统计方法整理数据,再构建适当的模型对数据进行分析并获取结论。[1] 教学是为了发展学生"用数据说话"的理性思维,而非只是用现成的数据计算概率或一些统计量,在制定教学目标、创设情境时应突出数学核心素养,设计完整的概率统计活动,发展学生数据分析的素养。[2]《普通高中数学课程标准(2017 年版)》中也强调让学生经历较为系统的数据处理全过程,根据实际问题的需求,选择不同的抽样方法获取数据,理解数据蕴含的信息,可利用信息技术选择适当的统计图表描述和表达数据,并从中提取需要的数字特征,估计总体的统计规律,从而解决该实际问题。[3] 因此,本章"概率与统计"部分选择了以"让数据说话"为驱动性主题开展数学项目学习,以提升学生的数据处理能力。

---

① 龙正武,陈星春. 近三年概率统计内容的高考特点及相关教学思考[J]. 数学通报,2018,57(11): 31-34.

② 叶立军,王思凯. 两版高中课程标准"概率与统计"内容比较研究——以 2017 年版课标和实验版课标为例[J]. 中小学教师培训,2019(7):71-74.

③ 中华人民共和国教育部. 普通高中数学课程标准(2017 年版)[S]. 北京:人民教育出版社,2018: 30-34.

第二节　高中数学项目的设计

本节以"身边的函数""神奇的几何体"和"让数据说话"三个项目为例,详细介绍如何设计完整的数学项目,其中需要考虑设计背景、各种子活动建议、项目实施建议以及评价建议等。

一、"身边的函数"项目

(一)设计背景

本项目在《普通高中数学课程标准(2017年版)》关于函数的内容与标准设定的基础上,给出了"身边的函数"项目的课程目标:

(1)通过上网或查阅书籍等途径,学会收集与整理数据,画出函数图象,灵活运用基本函数(一元一次函数、反比例函数、一元二次函数、幂函数、指数函数、对数函数、三角函数等),运用最小二乘法拟合函数;会选择合适的函数模型刻画现实问题的变化规律;

(2)了解函数零点存在定理,探索用二分法求方程近似解的思路,并会画程序框图;能借助计算机工具用二分法求方程近似解;能在具体的问题情境中,发现数列的关系,并解决相应问题。

(3)通过计算机模拟,学会使用计算机软件制作函数图象。

(4)通过学生的亲身实践,培养学生的数学抽象、数学建模、数据分析等数学核心素养,培养动手能力和创新能力,增强学生学习的积极性。

(二)"身边的函数"项目的设计

1. 挑战性情境

我们可用如下引导语呈现"身边的函数"项目的情境,激发学生投入到该项目学习。

钱江潮,自古被称为天下奇观,涌潮,是一种自然界的周期现象。在信息时代的21世纪,能借助技术手段来研究身边问题吗？老龄化,是社会的重大关注点,老年人口究竟会如何发展? 双11,逐渐成为了一年一度的盛典,商家应该选择哪家公司寄快递? 音乐,让我们为之着迷,它跳动的音符能画出图象吗? 就让我们一起用心、动脑、动手来发现我们身边的函数,并制作我们自己的美丽作品吧。

2. 结构性知识网络

我们可以借助函数来研究很多地理学中的自然现象;运用现代信息技术的程序语言帮助我们更好地了解函数与方程的关系,更好地拟合函数图象;在美妙的音乐声中感受函数的存在;在美丽的艺术作品中也常常用函数图象作为素材;在生活中处处有函数的身影;民生问题也能运用函数来加以分析。数学关注生活、关注民生,应用广泛;数学和地理、信息技术、音乐、美术在函数中有了交汇(如图7.2.1)。

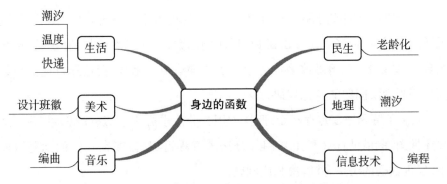

图 7.2.1 "身边的函数"项目的活动结构图

学生参与这个项目活动可能需要如下数学概念(图7.2.2)。该项目活动将有助于学生理清概念,深化理解,进而反思检验自己的理解。

3. 提出各种活动建议

这里我们围绕函数设计了各种有趣又富有挑战性的活动,在此有几个活动建议可供选择,当然也可以围绕函数这个主题,鼓励学生提出他们感兴趣的活动建议。

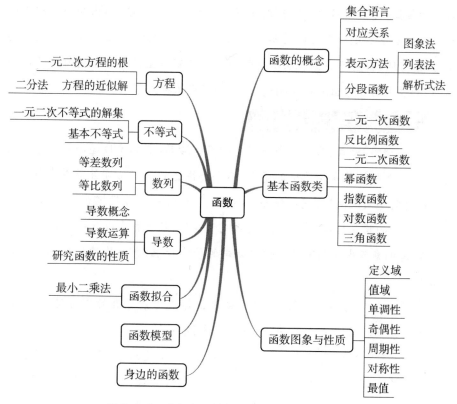

图 7.2.2　"身边的函数"项目的知识结构图

建议 1：身边的自然现象

在我们的身边，有很多自然现象发生，如潮汐的变化、一年四季气温的变化等。请同学们针对下面的问题，完成任务。期待你们提交关于这个自然周期性现象的精彩小论文。

🐟 你能用三角函数来描述一次潮汐现象吗？

🐟 一年四季的温度变化可以用三角函数来描述吗？

🐟 还有哪些周期性变化的自然现象可以用三角函数来描述？

针对这个主题，在活动中可能需要用到三角函数的图象及性质、三角函数解析式、拟合函数、分段函数、分段拟合等。建议你们的小论文包括如下内容：结合地理等知识，概述该自然现象的成因及你所获取数据的地域特征；用拟合函数的数据列表,并用代数解析式及图象描述该自然现象;指出拟合过程中还存在的问题或不足。根据你的拟合函数,推出该自然现象在将来可能发生的情形,以待验证;也可举例说明所得的拟合函数可在生产生活中对哪些实际问题(如潮汐中船舶进出港口等问题)的解决提供依据或帮助。

建议 2：双 11,快递我做主

双 11 期间,天猫、京东各个商家进行促销活动,忙坏了快递小哥。除了运送任务,还必须计算每份快递的费用,而每个快递的费用与寄件质量有关。请同学们针对下面的问题,完成任务。期待大家设计一份方案报告单,应该含各个快递公司的收费标准、建立函数关系式的过程、函数图象以及你的分析等。

　　♣ 请调查不少于两家不同快递公司的计费标准,并写出快递费用的函数关系式。

　　♣ 画出相应的函数图象,根据图象给出你认为最划算的寄件选择。(比如质量在某一范围内选 A 公司,另一范围选 B 公司)。

　　在活动过程中需要经历函数关系式的建立、分段函数、函数图象、函数的应用等。你们可以收集不同快递公司计费标准的资料,根据计费标准写出函数关系式,并画出图象,根据函数关系式与函数图象选择更划算的快递公司。

建议 3：我是小小程序员

在学习方程的解时,你们有遇到过求不出精确解的情况吗? 随着现代信息技术的快速发展,这些方程的解我们都可以用无限逼近的方法去得到它的近似解,精确度也可以任我们操控。请同学们针对下面的问题,完成任务。期待你们写一份求方程近似解的小论文,将你们的探究过程展示出来,要求有二分法求方程近似解的程序语言,以及一些方程在软件上运行后得到的近似解的例子,也可以探究除二分法外其他求解近似解的方法。

　　♣ 探究方程的解逼近的方法,试着用程序语言将其表示出来。

　　♣ 请在计算机上加以尝试。

　　在活动中,需要涉及到函数零点与方程解的关系、函数图象、二分法、程序语言及相关软件(如 C 语言或 Matlab)。请同学们查阅相关资料,或编写算法并尝试运行。

建议 4: 我是城市小主人

随着经济的发展,"老龄化"逐渐成为大城市发展面临的一个重要问题。请同学们针对下面的问题,完成任务。期待大家写出一份高质量的关于上海市近几年老年人口现状调查的小论文,要求有数据调查表格、数据拟合的图象及函数模型、预测的数据,你们也可以给出城市发展的一些小建议。

　　⬥ 调查近几年上海老年人口的数量,请绘制表格,并画出图象。

　　⬥ 你能用合理的函数模型来刻画老年人口数量的变化吗?

　　⬥ 请对未来老年人口的数量变化加以预测。

在活动中,需要涉及函数模型、函数图象、函数的拟合等知识技能。在过程中注意收集关于上海老龄化的相关数据,绘制表格、函数图象,进行数据拟合(可以用 Excel 或其他软件)。

建议 5: 我是小小音乐家

同学们都爱听音乐,可是你们知道吗? 音乐和数学也有很大的关系呢! 请同学们针对下面的问题,完成任务。期待大家以海报形式展示成果,并且制作所编曲子的音频。

　　⬥ 上网查阅相关资料,找一找音乐中包含着哪些函数并制作成海报。

　　⬥ 尝试利用函数知识编一段小曲子。

在活动中,学生们需要进行资料的收集,海报的制作,以及函数的相关知识。

建议 6: 我是班级设计师

生活中有很多地方都体现出了函数图象的曲线美,那么今天我们可以利用数学中的函数图象画出一些美丽的图案吗? 请同学们针对下面的问题,完成任务。期待你们设计出有思想的班徽图形,并说明运用到的函数表达式。

　　⬥ 学习数学作图软件(比如几何画板等),利用数学作图软件画出一些熟悉的函数图象。

　　⬥ 尝试运用数学作图软件画出一个美丽图案作为我们的班徽,并指出每条线的函数表达式。

在活动中,需要用到函数的图象、图形的变换、数学作图软件等知识技能。

4. 关于实施建议

分小组,并从活动建议 1 至 6 中选取一个活动。明确活动内容,并规划活动流程,以确保活动的顺利进行。这个项目活动需要 5～6 个学时。这 6 个学时又可分为几个阶段。

第一阶段(第 1 学时):与老师共同探讨,明确活动主题,分为活动小组;每个小组制定活动计划,填写活动计划书(见第 245 页的附录)。

第二阶段(第 2～4 学时):根据各个活动建议的要求,有些组需要调查获取数据,分工合作完成,用所获得的数据进行计算,描点拟合函数图象等。

第三阶段(第 5～6 学时):在成果展示中充分利用多媒体技术再现制作过程,展示资料研究成果,数据分析成果及艺术作品的分析与创作成果。

最终,可以在校园进行一个展览活动。学生通过自己的作品展示,加深对数学知识和数学思想的掌握与理解,也可以在班上向同学或者家长报告你们的活动过程与结果。利用学生们的小论文、海报展示、艺术图案、图文作品可编制一张校报,或者可以将项目成果制作成数码作品,作为学校用于馈赠客人的礼物。

5. 关于评价建议

活动结束后,学生们需要思考在整个活动中有哪些收获,有哪些困惑,有哪些建议,并将想法记录在下面的三张表格中。

表 7.2.1 "身边的函数"项目的学习评价表

内容 \ 定量评价	4(高)	3(较高)	2(一般)	1(低)
参加这个项目活动的兴趣程度				
对数据的收集、加工、整理、分析能力				
函数图象的绘制能力				

续　表

内容＼定量评价	4(高)	3(较高)	2(一般)	1(低)
与同学的交流合作能力				
计算机软件的使用能力				
感受数学美的能力				

你在项目活动中运用到哪些数学知识和能力？请详细列举。

请你用文字进一步描述在这个项目活动过程中的感受。

你的收获：

你的困惑：

你的建议：

附录：

以下活动计划书供参考使用

活动主题(参照上述活动建议)	
小组成员名单：	备注

续　表
小组成员分工：
活动过程（包括具体的活动日期、内容、形式）：
可能有的学习成果：
学习成果展示的形式：

二、"神奇的几何体"项目

（一）设计背景

本项目在《普通高中数学课程标准（2017 年版）》关于立体几何的内容与标准设定的基础上，给出了"神奇的几何体"项目的课程目标：

（1）通过上网或查阅书籍等途径，收集柏拉图几何体、星状几何体、对偶几何体、柏拉图旋转体的相关材料；

（2）会用解三角形、几何等知识设计几何体模型的平面展开图，并完成各类几何体模型的制作；

（3）通过计算机模拟，学会使用几何软件制作几何体图形；

（4）通过亲身实践，培养空间想象能力、动手能力和创新能力，增强学习的积极性。

（二）"神奇的几何体"项目的设计

1. 挑战性情境

我们用如下引导语呈现与几何体相关的情境，激发学生投入到该项目学习中。

你们肯定已经认识图中的这些柏拉图几何体了。它们分别是，以四个全等的正三角形为表面的正四面体，以八个全等的正三角形为表面的正八面体，以二十个全等的正三角形为表面的正二十面体，以六个全等的正方形为表面的正方体以及以十二个全等的正五边形为表面的正十二面。（如图 7.2.3）

图 7.2.3　柏拉图几何体

柏拉图几何体是神奇的三维几何体，几百年来，它吸引着许许多多的数学家。在这个项目活动中，你们一起来制作这些几何体。当然，你们也可以自己创造，结合已经学到的有关三角和立体几何的知识，可以对这些几何体做一些变化，制作连你们的老师都没有见过的几何体。比如，把两个几何体组成一个新的组合几何体；或者把一个几何体的棱或面延长得到一个星体（如图 7.2. 4）。你们可以动手做出多姿多彩的多面体，还可以用已有的知识制作出多面体热气球，去放飞它吧！

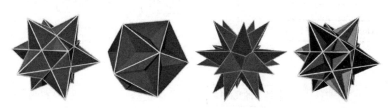

图 7.2.4　星体

2. 结构性知识网络

在这个项目活动中,你需要运用到三角、几何的知识。除了数学知识,还需要空间想象力、动手能力以及创新意识(图 7.2.5)。

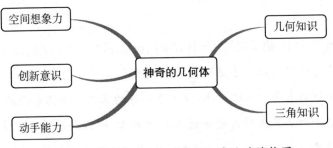

图 7.2.5　"神奇的几何体"项目的活动结构图

参与该活动可能需要如下数学概念(图 7.2.6)。在这个项目活动过程中,更重要的是积极动手操作,探索新的知识。

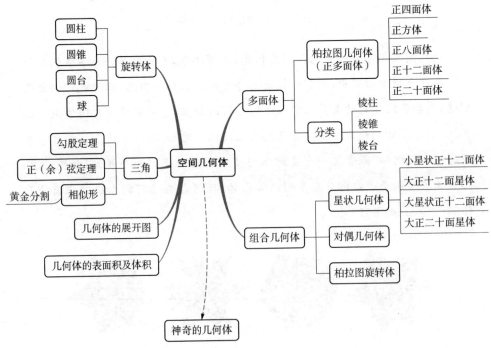

图 7.2.6　"神奇的几何体"项目的知识结构图

3. 提出各种活动建议

围绕神奇的几何体我们可以进行各种有趣而又有挑战性的活动,在此我们提供几个活动建议,由学生分组后选择(建议 7 除外)。当然学生也可以围绕这个主题提出自己感兴趣的活动建议。在完成建议 1 至建议 6 中某个活动后,全班共同完成建议 7。

建议 1: 正多面积的认识与制作

同学们一定知道,柏拉图几何体有正四面体、正方体、正八面体、正十二面体、正二十面体。请你们针对下面的问题,完成任务。期待你们最后设计并创作出某个正多面体模型,说明其设计、制作过程(一定要有计算过程)。

　✦ 各种正多面体的面是由同一种正多边形组成的,请你计算出各正多边形内角的度数。

　✦ 为什么正多边形有无数种? 而正多面体只有五种?

　✦ 合作制作正多面体。

　✦ 探究自制的正多面体,观察正多面体面数、棱数、顶点数之间的关系。除此之外,正多面体中还存在什么关系吗?

在活动过程中,需要用到正多边形内角度数、余弦定理、表面展开图的设计、空间想象能力、把空间直线的夹角及线段长问题转化为平面问题的能力等。需要师生互动,查阅相关书籍,收集相关材料,根据材料制作平面展开图,并完成正多面体的制作。

建议 2: 星状几何体的制作

近百年来很多美术家及数学家都对诸如图 7.2.7 所示的星状几何体(星体)十分着迷。德国数学家及美术家温佐·雅姆尼策尔(W. Jamnitzer, 1508—1585)在 1568 年就写了一本关于这些星体的书,并在其中给出了星体的图。

在意大利威尼斯的圣马克巴斯里卡有一幅正十

图 7.2.7

二面体星体的拼图。约翰内斯·开普勒(J. Kepler,1571—1630)和后来的路易斯·普安索(L. Poinsot)都对星体作了数学上的研究。

请同学们针对下面的问题,完成任务。期待大家制作出有创意的星体模型,并对设计、制作过程进行数学说明(一定要有计算过程)。

⬇ 请你用相关材料制作这些星体。

⬇ 哪些数学知识蕴藏在这些星体中?

⬇ 你还能找到别的星体吗?

在活动中,需要涉及余弦定理、黄金分割、表面展开图的设计、把空间直线间的夹角及线段长问题转化为平面问题、空间想象能力等知识与能力。

建议 3:对偶几何体的嵌套

如果两个多面体的棱数相等,并且其中一个多面体的顶点数和面数分别等于另一个多面体的面数和顶点数,则称这两个多面体为对偶多面体。

对于任一多面体,我们可以通过三个步骤找到它的对偶多面体:

1. 找出原多面体每个面的中心;

2. 连结相邻两个面的中心;

3. 擦去原来的多面体。

图 7.2.8 是一个正二十面体及其对偶几何体嵌套形成的模型。

图 7.2.8

请同学们针对下面的问题,完成任务。期待大家最后制作出对偶几何体嵌套模型,并撰写设计及计算的说明。

⬇ 你可以用一个正方体和一个正八面体来试一下,记得要计算一下相关的棱长。

⬇ 请你试一试其他的对偶几何体的嵌套。

在过程中,需要用到余弦定理、表面展开图的设计、空间直线间的夹角的计算、把空间直线间的夹角及线段长问题转化为平面问题的能力、空间想象能力等。

建议 4:柏拉图旋转体的制作

通过旋转一个柏拉图几何体,得到它的组合体,我们称之为"柏拉图旋

转体"。图 7.2.9 应该会给你们一些
启示。

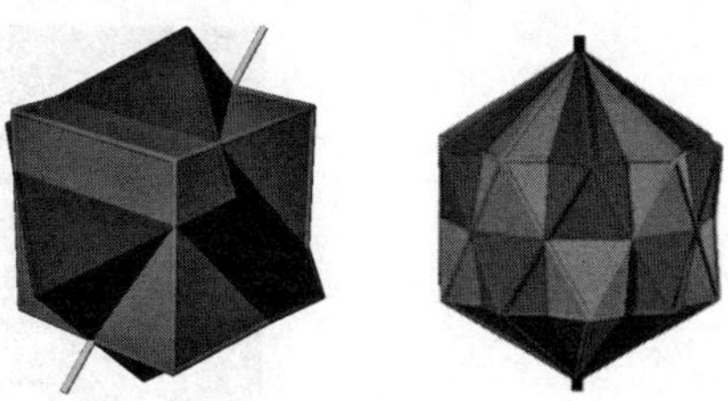

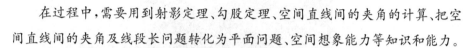

图 7.2.9

请同学们针对下面的问题,完成任
务。期待大家最后制作出柏拉图旋转体
模型,并撰写设计及计算的说明。

🔸 如果旋转一个正方体或正十二
面体,会产生怎样的组合体?

🔸 再试试正二十面体!

在过程中,需要用到射影定理、勾股定理、空间直线间的夹角的计算、把空
间直线间的夹角及线段长问题转化为平面问题、空间想象能力等知识和能力。

建议 5: 模拟几何体的计算机模型

你们肯定看到过用计算机软件制作的有趣的数学几何体图形,图 7.2.10
就是其中之一。制作这些数学几何体图形有专门的软件,并且不需要很多的
计算机编程知识就可以使用了。期待你们最后设计出有
创意的几何体图形,并撰写几何体设计说明。

🔸 你知道哪些软件可以制作几何体?

🔸 请你用软件至少制作出两个神奇的几何体或者特
殊星状体的图形。

图 7.2.10

在活动中,需要用到把空间直线间的夹角及线段长
问题转化为平面问题的能力、空间想象能力等。

建议 6: 神奇组合体的设计

现在,没有任何的限制,你们可以自由发挥,制作神奇的几何体。你可以
展示几何体变化的过程,或者可以试试除了纸以外的其他材料。期待你们制
作出几何体的模型,及其设计和计算的说明。

在活动中需要你们发挥空间想象能力,用到空间直线间的夹角的计算、把
空间直线间的夹角及线段长问题转化为平面问题的能力等。

(图 7.2.11 为神奇组合体的作品展示)

图 7.2.11

（请全班同学一起参与该活动，图 7.2.12 记录了部分放飞场景）

图 7.2.12

热气球主要由球壳、热源及其所携带的重物构成。当热气球里面空气的质量，加上热气球本身的质量，以及它所携带的物品的质量，比外界相同体积冷空气的质量小的时候，热气球就飞起来了。

根据热气球飞行原理和给定材料的性质，制作多面体热气球所需的数学公式如下：

1. 热气球球壳质量＝单位面积的纸张质量×球壳表面积；

2. 空气质量＝单位体积的空气质量×给定体积。

同时，了解到室温 27℃时，每立方米的空气重 1175.72 克；当温度上升至 60℃时，每立方米的空气质量反而下降，只有 1059.21 克重。

🔻 要成功制作一个多面体热气球，关键在于什么的选择？

🔻 根据你所选择的热气球形状，计算保证热气球升空的最小棱长。

🔻 请你试着放飞制作的热气球吧！

在活动中，需要经历表面展开图的设计、空间几何体的表面积及体积计算、空间直线间的夹角的计算等；需要用到空间想象能力、把空间直线夹角及线段长问题转化为平面问题的能力等。

4. 关于实施建议

这个项目活动需要 9 个学时以及 4 个小时的课外时间。这 9 个学时又可分为六个阶段。

第一阶段（第 1 学时）：在课堂上，与教师共同探讨，明确活动主题，形成活动小组，并制定活动计划，小组成员明确自己在分组活动中的角色以及所需完成的任务，并填写活动计划书（见第 255 页的附录）。

第二阶段（第 2 学时）：根据活动建议 1 的要求，并按照计划书的安排，各组在同学及教师的帮助下认识正多面体，并与小组成员合作讨论，设计平面展开图，完成正多面体的制作，同时撰写制作说明等。

第三阶段（第 3 学时）：召开关于正多面体制作的展示会，各组在全班展示成果并交流活动情况，请每个组都进行成果汇报，其他各组可以提问，也可以指出该组的优缺点，同时继续对自制的正多面体进行探究，并可以利用课外时间了解各类几何体。

第四阶段（第 4～5 学时）：根据活动建议 2～6 的要求，并按照计划书的安排，各组在同学及教师的帮助下收集、整理相关几何体的资料，与小组成员合作讨论，设计平面展开图，并完成几何体的制作，同时撰写制作说明等。当然，各组也可以充分地利用课外时间制作几何体、撰写制作说明，此时，可以先了解热气球的物理原理及所需的数学公式。

第五阶段(第6～8学时):根据建议7的要求,各组在同学及教师的帮助下收集、整理有关热气球的信息,小组成员合作讨论,设计多面体热气球平面展开图,并完成多面体热气球的制作与放飞,同时撰写制作说明等。各组可以充分地利用课外时间,总结并反思神奇的几何体、多面体热气球的制作过程。

第六阶段(第9学时):召开总结会,各组在全班展示成果并交流活动情况。请每个组都进行成果汇报,其他各组可以提问,也可以指出该组的优缺点,之后教师和同学一起评选出优秀作品。各组制作的几何体及制作说明可以在校园公共区域中展出。同时,各组可以利用课内外的时间总结此次项目活动的收获。

作为有形的成果,建议学生们写下项目活动的日记(记下制作思路和计算过程);或者制作展板展示几何体及多面体热气球的制作说明,也可以在学校刊物上或者网页上展示你们的成果;或者在学校的公共空间展示制作出来的几何体和多面体热气球(附上几何体的制作说明)。

5. 关于评价建议

在整个活动中,学生们需要思考并评价自己的参与程度。思考有哪些收获? 有哪些困惑? 有哪些建议? 并将想法或观点记录在下面的三张表格中。

表7.2.2 "神奇的几何体"项目的学习评价表

内容 \ 定量评价	4(高)	3(较高)	2(一般)	1(较低)
参加这个项目活动的兴趣程度				
资料的收集、整理与加工				
几何体设计的满意度				
几何体制作的满意度				
与同学的交流、合作能力				
电子软件的使用能力				

你在项目活动中运用到哪些数学知识和能力？请详细列举。

请你用文字进一步描述在这项目活动过程中：

在小组中,你的具体任务：

你遇到的困惑,如何解决：

在项目学习中,你的收获：

对于项目学习,你的建议：

附录：

以下活动计划书供参考使用

活动主题(参照上述活动建议)	
小组成员名单：	备注
小组成员分工：	

活动过程(包括具体的活动日期、内容、形式)： 可能有的学习成果： 学习成果展示的形式：	

三、"让数据说话"项目

（一）设计背景

在《普通高中数学课程标准(2017 年版)》关于概率与统计的内容与标准设定的基础上，本章节给出了"让数据说话"项目的课程目标：

（1）掌握样本点、有限样本空间、随机事件、概率等相关基础知识；学会运用数据收集和整理的方法、数据直观图表的表示方法、数据统计特征的刻画方法。

（2）了解离散型随机变量及其分布列的含义；理解伯努利试验，掌握二项分布，了解超几何分布；了解样本相关系数的统计含义，了解一元线性回归模型和 2 * 2 列联表。在此基础上，能够应用随机变量及其分布解决实际问题。

（3）感悟在实际生活中进行科学决策的必要性和可能性；体会统计思维

与确定性思维的差异、归纳推断与演绎证明的差异。

（4）通过实际操作、计算机模拟等活动，学会用统计软件进行数据分析，积累数据分析的经验。

（5）提升学生数据分析、数学建模、逻辑推理和数学运算等数学核心素养。

（二）"让数据说话"项目的设计

1. 挑战性情境

我们用如下引导语呈现与数据相关的情境，激发学生投入该项目学习。

怎样才能"让数据说话"？要让数据为我们提供信息，就要得到准确的数据，不但需要做大量细致耐心的数据收集工作，还需要有合理科学的数据处理方法。

统计是研究如何合理收集、整理、分析数据的学科，它通过科学的方法让数据客观地告诉我们有关信息，并帮助我们做出合理的决策。随着信息时代的发展和科学技术的进步，统计在人们的日常生活和社会生活中发挥着越来越重要的作用。

2. 结构性知识网络

统计在我们的生活中无处不在，很多领域都要用到统计知识和统计思想，如教育、体育、物理等，如图 7.2.13 所示，不同领域皆与统计有着联系。

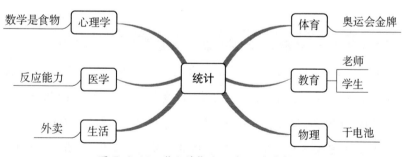

图 7.2.13　"统计"项目的活动结构图

要利用数据为我们提供做决策的依据，我们要具备以下一些数学知识和计算机技术（图 7.2.14）。

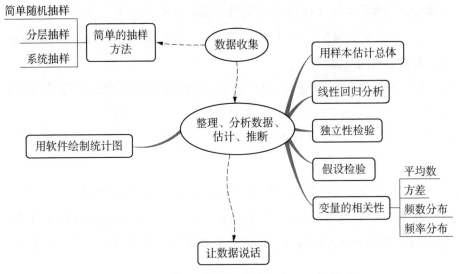

图 7.2.14   "让数据说话"项目的知识结构图

3. 提出各种活动建议

围绕统计知识我们可以进行各种有趣而又有挑战性的活动,这里提供了一些活动供学生选择。学生分组后可以就以下某个活动建议进行研究,也可以提出其他感兴趣的话题进行研究。在活动中,每个小组要收集可靠的数据,只有可靠的数据才能提供客观的信息,根据这些信息提出观点和建议。

建议 1: 奥运会中国各项目优势分析与金牌预测研究

中国是体育大国,那么中国的奥运优势项目有哪些呢?下届奥运会可能获得多少金牌?期待你们完成以下任务后,制作有创意的海报(包括数据的来源、制作的统计图、回归模型的建立、数据的分析、对金牌的预测)。

🔸 收集中国在历届奥运会上的金牌数据并整理数据,你有什么发现呢?

🔸 作出金牌数据和年份散点图,根据散点图猜想它们之间的关系。

🔸 建立年份为解释变量,金牌数为预报变量的回归模型。

🔸 从图表和回归模型中可得到什么信息?请用这些信息来做出预测。

在活动过程中需要经历数据收集,利用计算机软件绘制统计图,分析变量的相关关系,线性回归分析等。

建议 2: 买哪种干电池更划算?

市场上有很多品牌的干电池,有的很便宜,有的比较贵,选择哪种电池性价比更高呢? 期待你们完成以下任务后,提交有理有据的实验报告或海报(包括实验的设计、实验中数据的收集、绘制的图表、数据与图表的分析、电池性价比的建议)。

⬇ 收集干电池的实验样品。

⬇ 设计实验研究这些干电池的放电时间及放电曲线,如,把电池放在电动玩具车里,测量不同时间电动玩具车的路程和速度;把电池与小灯泡接在一起,测量灯泡发亮的时间、不同时间电池两端的电压……别忘了请教你的物理老师。

⬇ 利用得到的实验数据,绘制图表,分析图表,并给出你的建议。

在活动中,你们会经历到从实验中收集数据,拟合曲线等过程,会用到曲线的性质等。另外,需要事先准备干电池、电动玩具车、小灯炮、电压表等。

建议 3: 测量反应能力

在发生某种紧急情况时,需要灵敏的反应,以便能及时采取相应措施避免危险。请你们根据以下问题,完成任务。期待你们提交有理有据的实验报告或海报(搜集资料的整理、实验数据的搜集、数据的整理、绘制的图表、数据与图表的分析)。

● 什么是反应能力?

● 反应能力如何测量? 你可用尺子和你学到的自由落体运动的知识计算出反应时间,还可以用秒表和小灯泡测量反应时间。

● 选择合适的样本,测量他们的反应时间,并分析反应能力与性别有关吗? 反应能力与年龄有关吗?

在活动中,会经历到从实验中收集数据、简单的抽样方法等,会利用计算机软件绘制统计图,独立性检验。你们需要事先准备尺、秒表、小灯泡等。

建议 4：调查外卖产生的垃圾与处理

如今点外卖已是人们习以为常的事情。那么外卖产生哪些种类的垃圾呢？一天能产生多少外卖垃圾呢？这些垃圾有没有参与到垃圾回收过程中？期待你们完成以下任务后，制作有创意的调查报告或小论文（设计调查问卷、外卖垃圾数据的收集、绘制统计图、分析数据）。

⬇ 设计调查问卷或访谈提纲，收集自己所居住小区产生的外卖垃圾情况。关注垃圾的种类、数量以及受访者处理垃圾的方式。

⬇ 如何对你所居住的小区进行抽样最合理？在选择合理的抽样方法后实施调查。

⬇ 整理并分析调查数据，你能得到什么结论？是否能给有关部门提出建议？

在活动中，需要经历调查问卷的设计，访谈提纲的设计，简单的抽样方法，用计算机软件绘制统计图的技能，分析数据的能力。

建议 5：假如数学是一种食物

在过去的学习生活中，数学一直陪伴着我们，就像我们一日三餐提供的营养，是身心不可或缺的。那么假如数学是一种食物，你觉得用什么食物来形容数学最恰当呢？期待你们完成以下任务后，制作有创意的调查报告或小论文（设计调查问卷、关于"数学像什么食物？"、数据的收集、绘制统计图、分析数据）。

⬇ 设计调查问卷或访谈提纲，收集自己身边的老师同学们关于"数学像什么食物？"的看法。

⬇ 如何对你所在的学校进行抽样最合理？在选择合理的抽样方法后实施调查。

⬇ 整理并分析调查数据，你能得到什么有趣结论？是否有值得思考的地方？

在活动中，需要经历调查问卷的设计，访谈提纲的设计，简单的抽样方法，提升用计算机软件绘制统计图的技能，分析数据的能力。另外，在活动中，可能需要查阅相关资料,收集相关信息,设计调查问卷收集数据,实地走访收集信息,用统计知识整理分析数据。

4. 关于实施建议

每个项目活动需要5个学时。这5个学时又可分为几个阶段。

第一阶段(第1个学时):与老师共同探讨,明确活动主题,分活动小组。每个小组制定活动计划,填写活动计划书(见第262页的附录)。

第二阶段(第2~4学时):小组开始按照活动计划书活动。小组成员要明确自己在分组活动中的角色,合作完成项目。小组也许还要花费一些课余时间来收集数据、制作海报或撰写调查报告。

第三阶段(第5学时):开一个总结会,在总结会上展示各组的报告和海报。请每个组都对全班进行报告,学生之间互相找出各个报告的优点和缺点。特别要关注报告中用了什么数据来说明问题,这些数据是否可靠,用这些数据得到的结论是否可靠。

最终成果也是多形式的,可以是制作统计海报。统计海报要有一个简明的大标题,用简洁的文字介绍研究目的,研究方法,研究问题,用直观的图表反映主要数据,基于图表、数据,回答提出的问题,或者是撰写调查报告。调查报告有封面、标题、目录,要清楚列出研究主题、分析数据的过程和结果并扼要说明所得的结论,要注明引用的数据及参考资料。整个报告不要超过20页。建议在学校里布置一个统计海报展。

5. 关于评价建议

活动结束,需要学生思考在整个活动中有哪些收获,有哪些困惑,有哪些建议,并将想法写在下面的三张表格中。

表7.2.3 "让数据说话"项目的学习评价表

内容 ＼ 定量评价	4(高)	3(较高)	2(一般)	1(较低)
参加这个项目活动的兴趣程度、投入程度				
调查报告/海报的质量				

续　表

内容　＼　定量评价	4(高)	3(较高)	2(一般)	1(较低)
用计算机处理数据的能力				
利用统计知识来说明问题的能力				
与同学的交流、合作能力				

你在项目活动中运用到哪些数学知识和能力？请详细列举。

请你用文字进一步描述在这个项目活动过程中的感受。

你的收获：

你的困惑：

你的建议：

附录：

以下活动计划书供参考使用

活动主题(参照上述活动建议)	
小组成员名单：	备注

小组成员分工： 活动过程（包括具体的活动日期、内容、形式）： 可能有的学习成果： 学习成果展示的形式：	

第八章 高中数学项目实施与数学素养分析

在前一节,我们分别选取了数与代数、图形与几何、概率与统计的相关内容,设计了以"身边的函数""神奇的几何体""让数据说话"为挑战性主题的数学项目学习。在项目学习中,学生所表现出的数学素养很丰富。那么本章将从学生"做数学"的实例出发,分析学生在数学项目学习过程中的数学素养。

第一节 "身边的函数"项目

本节以"身边的函数"项目为例,首先分析通过该项目活动期待学生发展的数学素养,然后介绍该项目的实施案例,并系统分析学生在参与项目学习中的行为以及创作出的学习作品,阐释学生的数学素养的具体表现。

一、"身边的函数"与数学素养

驱动性主题、项目产品和评价是数学项目活动的三个要素。① 在本次"身边的函数"项目学习活动中,学生需要在教师的引导下,自主回顾初中与高中阶段已经学习过的函数相关知识,同时也需要适当了解未学过的知识和技术,在小组协作下完成相关的主题任务。在驱动性主题"身边的函数"项目活动中,学生以自身兴趣为出发点,需要以数学素养作为驱动,才能将大脑里的知识转化为产品。在这个项目里,学生体现的能力涉及交流表达、几何直观、作图、推理、运算、概括和反思的能力,与之对应的能够促进学生直观想象、数据分析、逻辑推理、数学运算和数学抽象等数学核心素养的培养,以及数学交流、

① 詹传玲.中学数学项目活动的开发[D].上海:华东师范大学,2007.

问题提出能力的发展。图 8.1.1 展示了"身边的函数"数学项目活动与数学素养的关系。

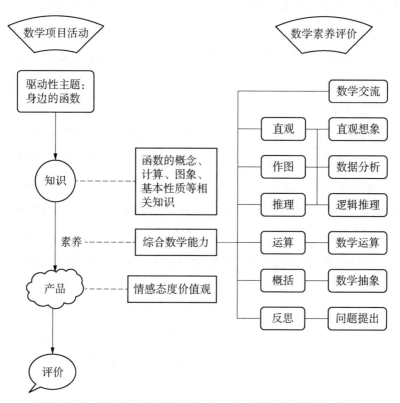

图 8.1.1　"身边的函数"数学项目活动与数学素养的关系

下面将结合数学项目学习的具体执行过程，根据项目学习与数学素养之间的关系，阐述分析活动过程中学生体现和发展的数学素养。

二、项目实施与数学素养分析

如第七章所示，"身边的函数"数学项目活动建议由多个活动组成，因此班级开展的活动通常是多个小组同时进行，下面将分总体课程安排、详细项目活动过程和项目学习发展的数学素养三部分介绍。

（一）项目学习的课程安排

经过"身边的函数"数学项目学习活动的设计,在 A 市某高中的高一(X)班开展了"身边的函数"数学项目学习活动。该班级在年段中属于普通班,全班共 32 人。

考虑到高中学习生活节奏较快,课时紧张,该数学项目活动缩短为 4 个课时,历时两周完成。

具体安排如下:

第 1 课时,由教师向学生发放函数项目学习的所有材料,包括项目学习单、个人项目学习情况表,同时介绍什么是项目学习,阐明此次以"身边的函数"为主题的项目学习的目的、时间安排、将要完成的任务,并大致说明各项目活动的内容。在学生充分了解各项目活动内容的基础上,组织学生依据自身兴趣选择一个项目学习建议并进行分组。经过短暂讨论后,学生完成分组,推选组长,教师收集各组信息。余下时间由小组进行讨论,教师在本次课时结束前强调最终产品完成时间。

第 2 课时,由于教师在第 1 课时结束前曾要求各组利用周末时间将分工安排清楚,并收集相关材料。因此,每个小组成员根据分工进行活动。本课时各小组将准备好的材料进行整合,小组成员之间相互讨论切磋,研究如何解决活动建议中的问题。教师在此期间了解各组的活动进度,并针对存在的问题进行指导。

第 3 课时的主要任务是继续上一课时的内容,并开始制作产品。教师与各个小组进行交流,了解各小组的学习情况,有针对性地参与到在制作产品过程中遇到困难的小组的讨论中,指导解决困难。与此同时,教师注意观察每个学生的投入程度,需保证每个成员都能参与其中。由于课时时间较短,结束后各小组的产品并没有全部完成,因此教师要求各组利用周末时间加以完善,并强调在最后一课时进行成果展示。

第 4 课时,各小组依次汇报他们的项目学习结果,并展示完成的产品,回答其他组同学的提问。结束后各组长将小组的项目学习情况表及成果上交。

（二）学生项目学习情况分析

X班共 32 名学生，分成 5 个小组进行活动。由于篇幅所限，根据上述课时安排，记录并分析了"我是班级设计师"及"我是城市小主人"两个项目学习活动。五个小组中，第一小组和第二小组分别选择了"我是班级设计师"主题和"我是城市小主人"主题，每个小组各有 6 名成员参与。

1."我是班级设计师"的数学项目活动过程与数学素养[①]

该项目活动要求学生使用数学软件画出函数图象，并利用函数图象制作班徽，写出相对应的函数关系式。在第 1 课时，小组成员们初步的分工是 3 人学习如何用数学软件画出函数图象，另外 3 人上网查找有关函数图象构成的图案，寻找设计班徽的灵感。

第 2 课时，小组成员间相互交流，讨论对于班徽设计的想法，下文截取部分交流实录。

学生 A：我在网上发现了笛卡儿（R. Descartes，1596—1650）用"心形函数"向瑞典公主表白的趣事，那个"心形函数"画出来的图象就是心形的，比较好看，和我们平常的函数图象很不一样。但是它的函数关系式我不是很明白，是 $r=a(1-\sin\theta)$，我也不太明白图象是怎么画出来的。

学生 B：但是心形这样图象的不是函数吧，不是应该一个 x 对应唯一的一个 y 么，如果是心形就有两个 y 了。

学生 A：这里写的不是 x 和 y，不是我们现在所学的函数吧。

学生 C：我们还是用学过的函数画图吧。我百度了下，发现 Excel 是可以用来画函数图象的，我们学过的都能画，但是这个好像不是专门的作图软件，和老师平时 PPT 上的不太一样。

学生 D：这个只要能画出来就可以了，我们还是先想想班徽大概怎么设计吧。

小组成员们尝试在纸上设计：

学生 E：我们是高一（6）班，我觉得就简单些"一"和"6"就可以了。"一"直

---

① 李颖慧. 面向基本活动经验的高中函数项目学习的设计与实施[D]. 上海：华东师范大学，2015.

接一次函数就可以了。

学生 F：这也太 low 了吧，可以把"一"画得弯一些，用指数函数或对数函数。

所有人一致赞成，但是对于图形"6"，大家觉得比较困难，图形"6"上的圆明明不是函数，又怎么能用函数图象画出来呢？学生 A 坚持她查的没有错，确实是函数。在此引发学生表达各自的数学问题处理过程，有助于发展学生的数学交流、直观想象素养。

一些学生开始想其他设计方案。一个课时过去了，该组学生似乎并没有获得很大进展，后面交流的内容主要针对班徽的图案，并没有涉及到具体函数的图象等数学内容。学生在第 2 课时针对心形函数进行了讨论，并提出班徽的初步方案，发展了数学交流素养。在观察心形函数图象时并大胆质疑心形函数是否是函数，以及提出以"6""一"拼合的图形作为班徽的过程中，发展了直观想象素养。

第 3 课时，看到其他小组开始制作产品了，该小组学生也加快了节奏。学生 A 对"心形函数"念念不忘，又上网搜索了心形函数的资料，发现这并不是直角坐标系下的函数，但也是函数，因为一个 θ 对应唯一的一个 r 并没有错。在此对心形函数的辨析，突破了学生对坐标系认识的局限，了解了极坐标的概念，发展了学生的数学抽象素养。

学生 B 指出问题的关键是如何画函数图象，学生 A 拿出在网上搜索到的两个函数式：

$$y = \frac{x^{\frac{2}{3}} + \sqrt{x^{\frac{4}{3}} - 4x^2 + 4}}{2} \text{ 和 } y = \frac{x^{\frac{2}{3}} - \sqrt{x^{\frac{4}{3}} - 4x^2 + 4}}{2}。$$

学生 C 在课前借了电脑，就想着先尝试用 Excel 作图，看看是否能画出心形图，考虑到 Excel 是取点连线而成的，因此 C 同学表示尽量将 x 的取值间断小些，从而使图象能显得更加平滑，做出的图形如图 8.1.2 所示。

才画了右半部分的图象，看着上下不同颜色的两段图象，学生 C 突然有了灵感，他指出"我们也可以用上下两段不同的函数图象构造'6'"。其余学生受

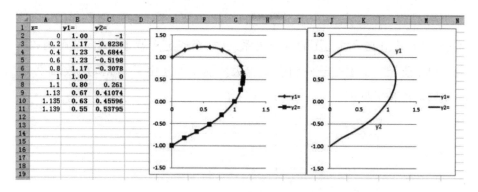

图 8.1.2　小组学习过程中的心形图

到启发,纷纷表示赞同,懊恼怎么没有早点想到。为了抓紧时间,学生 D 在纸上画出了"一"和"6",号召其他成员先在纸上把班徽设计出来,写出函数关系式,再由学生 C 在 Excel 上作图。经过所有组员的讨论,根据已学过的函数图象的大致走势,最后确定的设计图如图 8.1.3 所示。虽然在该节课即将结束时,学生们只是给出了含有系数的函数表达式,函数系数还需要计算并确定,但是在该课时里,小组成员间更多地对函数图象、函数表达式进行交流,与前一课时相比,更多地采用数学语言交流,说明相比第 2 课时,数学交流能力有了一定的提高。此外,无论是借助计算机取点画图或是函数系数的计算,都能培养学生的数学运算素养。

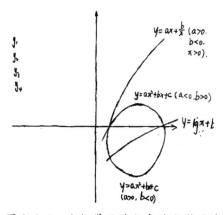

图 8.1.3　小组学习过程中的班徽设计

第 4 课时的汇报,第一小组学生的产品并没有令大家失望。如图 8.1.4 所展示的,该组展示了具体的函数关系式,甚至连定义域也给出了,用函数图象画出了班徽。学生 C 还在讲台上给大家演示如何用 Excel 画函数图象,让全班同学增长了见识。

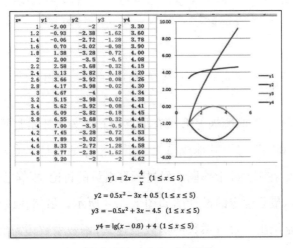

图 8.1.4　小组产品图

2. "我是城市小主人"的数学项目活动过程与数学素养[①]

"我是城市小主人"这一活动建议,要求搜集近几年上海老龄人口数,绘制表格,画出图象,并且需要用函数进行拟合和预测,形成海报或小论文。在第 1 课时中,第二小组成员还有所犹豫,原因是他们不清楚什么是拟合,但是组长觉得任务有难度才更有意思,并且教师也鼓励选定了就要坚持去完成,因此他们决定挑战这项任务。该小组初步的分工是 2 人搜集近几年老龄人口数量,4 人搜集函数图象拟合的材料。

在第 2 课时,由于教师在数据库中提供了上海市老龄人口数量的网址,因此周末学生 G 和 H 很容易地找到了近年来的数据,并且绘制成了如下表格（如表 8.1.1 所示）。

---

① 李颖慧. 面向基本活动经验的高中函数项目学习的设计与实施[D]. 上海：华东师范大学,2015.

表 8.1.1　第二小组学习过程中的老龄人口数据表

年份	2007	2008	2009	2010	2011	2012	2013	2014
数量/万人	286.83	300.57	315.70	331.02	347.76	367.32	387.62	413.98

因此数据和表格的处理很快便完成了,小组成员们都很兴奋,但是绕不开的一个难点摆在了小组成员们面前,即"拟合"这个概念。下文截取学生讨论的实录片段:

学生 I:我查过百度,上面的解释是"已知离散点,通过确定函数中的系数,使得该函数与已知点集的差别(最小二乘法)最小",但是感觉这个解释有点玄乎。

学生 J:我也查了,我觉得应该是根据这些点来确定函数,让函数更符合这些点吧。但是我们怎么找这样的函数呢?

学生 K:要不我们先自己画画看吧。

于是组员们开始画图,但是只有一些数字,怎么画图象又成了当前面临的困难。

学生 H:我觉得这里其实是一个年份对应着一个人口数量,比如 2007 年就是 286.83 万人,2008 年就是 300.57 万人,所以可以把年份看成自变量,老龄人口数看成因变量。

学生 J:那我知道了,x 是年份,y 是老龄人口数量,那这样画出来就是一个个点嘛!

于是小组得到如图 8.1.5 所示的散点图:

学生 J:可是这一个个点不就是函数图象了嘛。

学生 G:这怎么能算函数图象?

学生 I:算的吧,一个 x 对应一个 y,完全符合定义啊。而且列表法也是函数的表达方式之一,这个表格表示的

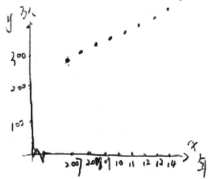

图 8.1.5　第二小组学习过程中制作的散点图

本来就是函数。

小组其他成员表示赞同。

学生 L：老龄人口数越来越多,从这些点能看出来应该是增函数。

学生 I：对的,年份越大,人口数越大,肯定是增的。把这些点连起来看着像是一次函数。

在此时,学生 J 展示了他所作的表格,并对图象是一次函数这个观点提出异议。

学生 J：肯定不是,你看它们的差,越来越大的。

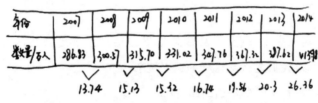

图 8.1.6   第二小组学习过程中的计算

在这一课时上,组员们对所得的这些数据进行了一定的处理,围绕数据的呈现进行了讨论,并挖掘了数据所隐含的信息,这个过程发展了数学交流与数据分析的素养。但该项目的难点——"拟合"仍没有解决。第 2 课时后,学生 J 向教师请教什么是拟合,并询问是否有相关的材料。教师便额外提供了苏教版教材函数章节后的探究材料"数据拟合",供小组成员们参考。

在第 3 课时,小组的同学们先一同阅读了"数据拟合"的材料,并对其进行了如下讨论：

学生 H：就是把这些点用线连起来。

学生 I：不一定都在线上吧,你看,这里有些不在的,但这些点都应该在线的附近,越靠近越好。

学生 J：嗯,对的,用我们熟悉的函数图象去靠近,这里的 R^2 就是衡量靠近程度的,材料上写了越接近 1 越好。

小组长事先从老师那里借来了电脑,按照指导材料上的操作步骤进行操作。由于年份数字比较大,他们将其从 1 开始计数。根据材料上的提示,用一

次函数拟合,得到如图 8.1.7 所示的结果:

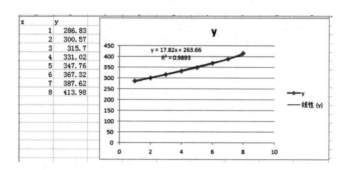

图 8.1.7　第二小组学习过程的一次函数拟合图

这里 R^2 为 0.9893 已经很接近 1 了,小组成员们难掩激动的心情。学生 J 提出上一课时计算的结果:相邻年份的老龄人口差是越来越大。并指出应该使用指数函数或者二次函数进行拟合会更加符合,因此小组成员们尝试用指数函数和二次函数进行拟合,得到结果如图 8.1.8、图 8.1.9 所示的拟合图:

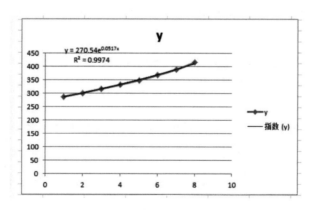

图 8.1.8　第二小组学习过程的指数函数拟合图

相比较而言,二次函数拟合的 R^2 为 0.9994,最接近于 1。于是,小组成员一致决定使用二次函数作为拟合函数。但是函数式的变量 x 是年份,起始年份是 2007,而不是 1,如果将年份数字代入拟合函数,那么函数式的系数就太

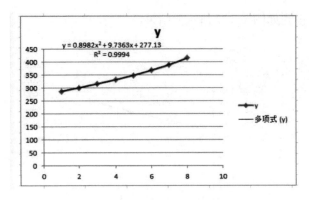

图 8.1.9 第二小组学习过程中的二次函数拟合图

小了,Excel 上无法显示。关于怎样将年份和老龄人口数的函数关系式表达出来,小组成员们又进行了新一轮讨论:

学生 G:我觉得这样够了吧,确实把函数模型写出来了呀,也能对后面的年份进行预测。

学生 H:我觉得可以用初中画图时的小折线表示,相当于把前面的省略了。

学生 L:那就是把图象往右移,1 对应 2007,2 对应 2008,这样下去都往右移 2006 吧。

学生 I:有道理,那就是所有的 x 都变成 $x+2006$,也就是:

$$y=0.8982(x+2006)^2+9.7363(x+2006)+277.13。$$

学生 K:不是吧,你把 2007 代进去,算出来的值太大了吧,肯定超过 300。

学生 J:应该减 2006,

$$y=0.8982(x-2006)^2+9.7363(x-2006)+277.13,$$

这样 $x=2007$ 代进去括号里就是 1,就对了。左加右减,上加下减,我记得老师有提到过。

其余组员表示赞同。

第 3 课时进一步发展了学生的数学交流和数据分析素养。此外通过材料阅读,学生了解了数据拟合的概念,这要求学生有一定的数学抽象素养。就数据的特点选择适合的拟合函数,在学习数据拟合概念的基础上运用所学的知识,发展了数学抽象素养。

在第 4 课时,学生 J 作为第二小组组长,展示了如图 8.1.10 所示的产品并且进行汇报,汇报时他在黑板上画出了表格和图象,写出了拟合的函数表达式,而且根据该表达式算出了 2015 年往后三年的数据。其他组学生对拟合的概念以及怎样拟合存在很多疑问,他都一一做出了解释。

我是城市小主人

"煎饼侠"小分队:羊隽、孙翀燕、虞黄禅、王辰怡、杨轩琪、张懿赟

上海市近几年老龄人口数量:

年份	2007	2008	2009	2010	2011	2012	2013	2014
数量/万人	286.83	300.57	315.70	331.02	347.76	367.32	387.62	413.98

拟合的函数为:$y = 0.8982(x-2006)^2 + 9.7363(x-2006) + 277.13$

图像:

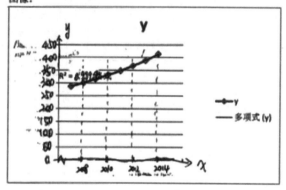

$x = 2015$, $y = 0.8982 \times (2015-2006)^2 + 9.7363 \times (2015-2006) + 277.13 \approx 437.51$

$x = 2016$, $y = 0.8982 \times (2016-2006)^2 + 9.7363 \times (2016-2006) + 277.13 \approx 463.31$

$x = 2017$, $y = 0.8982 \times (2017-2006)^2 + 9.7363 \times (2017-2006) + 277.13 \approx 492.91$

对策:

(一)高度重视和密切关注人口老龄化问题,并将解决老龄问题纳入国民经济和社会发展总体战略。

(二)广泛动员社会力量兴办社会化养老事业。

(三)推动医疗卫生机构积极为老年人提供卫生服务。

(四)加强老年福利服务体系建设。

图 8.1.10　第二小组产品图

三、数学素养的行为表现

(一)"我是班级设计师"项目学习的数学素养行为表现

由图 8.1.11 可以看出,总体上在"我是班级设计师"的活动过程中,第一小组同学在设计班徽的过程中,经历了搜集资料、设计图案、画出图象的过程。学生的数学素养表现为数学交流、直观想象、逻辑推理、数学抽象、问题提出和数学运算。在每个环节都有较为突出的素养。

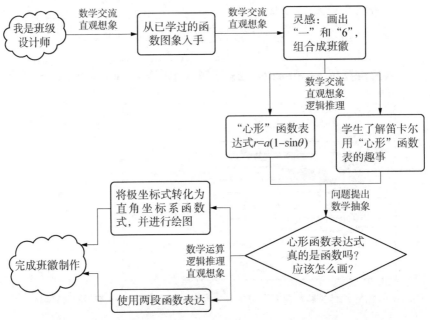

图 8.1.11 "我是班级设计师"的活动过程及发展的数学素养

首先项目学习始终在提升学生的数学交流能力。数学交流是一种基本的数学学习活动,既有助于学生对所学数学内容的理解和掌握,又有利于学生数学思维和语言表达的培养。[1] 有学者认为在教学中让学生经常运用准确、精

_____

[1] 简韵珊.巧用"说理"自评数学作业法[J].基础教育参考,2016(8):46-47.

炼、清晰的数学语言来表述自己的观点,既能够培养学生运用数学语言表达的能力,又有利于促进学生数学思维的发展。[①] 实际上,在项目活动中,学生尝试表述自己的观点,有同样的作用。在本案例中,最突出的环节在构思由"一"和"6"组成班徽的过程,所有学生都参与其中。其中 A 同学敢于表达自己的观点,受到笛卡儿的启发,提出用"心形"函数构图,同时也敢于说出自己的疑问或者不足,大胆质疑了自己没有见过的极坐标函数。A 同学的表达,在无形之中促进了小组之间的交流,同时也促进了项目学习的进展。第 2 课时全体成员针对心形函数是否为函数,以及班徽如何设计这两个问题展开了讨论,看似毫无进展,但这一过程使得学生对函数概念有了更深刻的认识。

《普通高中数学课程标准(2017 年版)》明确指出,数学运算是解决数学问题的基本手段。数学运算是演绎推理,是计算机解决问题的基础。[②] 在该项目学习中,主要体现在小组成员运用 Excel 软件作图的能力上,和各函数系数的确定过程中。Excel 软件的应用需要学生理解运算对象,探究运算思路并设计运算程序求得结果。在函数类型的选择方面,学生通过对不同函数图象的形状进行探索,巩固已学过函数图象的相关知识,并在确定系数的过程中,也就是对函数表达式的求解过程中,提高了数学运算素养。

此外,数学抽象素养同样得到了发展。由于此前学生未学习心形函数的极坐标表达式,并且存在"只有 x 和 y 的关系式才可能是函数"这样的迷思概念,因此已有的认知结构无法用于理解新的知识,自然地产生了认知冲突。心形函数从图象上看,并不是一个 x 值对应一个 y 值,表达式是关于 r 和 θ 的关系式。学生们甚至并不理解为什么 r 和 θ 之间的函数关系能够画出心形。通过相关文献的查找与阅读,学生们了解到极坐标的概念,并从心形图形中理解了 r 与 θ 的关系,这恰恰说明学生的数学抽象素养进一步得到提升。

第 3 课时,学生 C 观察画了右半部分的图象(详见图 8.1.2),看着上下不同颜色的两段图象灵感忽现,指出可以用上下两段不同的函数图象构造"6"。

① 陈志华. 谈谈数学教学中学生说理能力的培养[J]. 基础教育研究,2010(15): 44.
② 中华人民共和国教育部. 普通高中数学课程标准(2017 年版)[S]. 北京:人民教育出版社,2018: 7.

因而小组成员们由两段函数可以画出心形线而得到启发：可以用不同函数图象整合构造班徽。该项目学习的难点得到化解。这体现了学生 C 直观想象素养的成长，在半边心形绘制的过程中不断观察变化，感知心形上下部分的不同，利用心形的这一特点带来灵感，解决问题。已有研究指出，要想培养、发展高中生的直观想象素养，就要注重创造"直观感知"的机会，同时要引导学生参与教学活动。① 这个全员参与的项目学习阶段，为学生提供直观感知的机会。

该组学生的产品以报告单的形式呈现，画出了班徽的设计图案，也写出了具体函数表达式，班徽图案突出了"一"和"6"，符合要求，小组成员之间相互交流切磋、合作完成了产品，可以说综合能力也得到了很大的锻炼。

（二）"我是城市小主人"项目学习的数学素养行为表现

图 8.1.12 展示了"我是城市小主人"项目学习的活动基本流程及培养学生素养的过程。从图中可以看出，在项目学习的过程中，学生的数学素养表现为数学交流、数据分析、问题提出、数学抽象、数学运算、逻辑推理和直观想象。

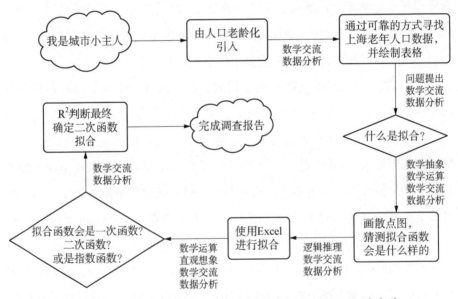

图 8.1.12 "我是城市小主人"的活动过程及发展的数学素养

① 孙丹. 基于高中生直观想象素养发展的教学策略[J]. 数学教学通讯，2019(18)：70-71.

从第二小组的交流和作图来看,他们能够绘制表格、画出图象,并且小组成员们基本上都能用数学语言进行交流。可以说该组学生整体数学素养比较高,在每个环节都有较为突出的素养。值得一提的是,学生数据分析素养,在"让数据说话"项目中一以贯之,有较为突出的体现。在整个数学项目学习的过程中,学生经历了搜索数据、绘制表格、分析数据、阅读材料、绘制图象、比较结果、预测结果的过程,数学操作能力、推理能力、综合解决问题的能力得到了锻炼,基本活动经验也有所增强。

无论是在工作还是生活中,我们都在从各种电子渠道获取大量数据信息,这标志着我们已经进入互联网时代。因此,获取的数据不仅包括记录通过调查和实验所获得的相关数据,还包括通过互联网、文本、声音、图象、视频等数字化得到的数据。自然而然,数据处理和分析能力便成为当代人的核心素养。[①]"我是城市小主人"项目学习要求学生经历收集数据,整理数据,提取信息,构建模型,进行推断,最后获得结论的活动过程,因此数据分析能力在项目中得以体现。过程中,小组同学们合作在网站上找到了上海老龄人口数据,并绘制了表格。通过对表格数据的观察与处理,尝试猜测并自主绘制拟合图象,说明学生们尝试进行理解和处理数据。在确定了自变量和因变量后,对由离散的点构成的图象是否是函数进行了讨论,这使得学生对函数概念的理解也更深了一步。此外,学生能主动学习课本中打"﹡"的材料"借助计算器观察函数递增的快慢",将其内容用来分析老龄人口数量增长的快慢,对函数单调性有了更深的认识,锻炼了分析问题、解决问题的能力。在阅读了相关材料,学生们使用 Excel 进行数据拟合,并能够比较使用不同函数进行拟合时产生的不同 R^2,判断更为准确的拟合函数,可见学生在不断理解和处理数据的过程中,数据分析能力在不断成长。最终小组完成了一份海报,并针对处理后的数据所得的结论反映的社会问题,提出了具有建设性的建议。

除了数据分析素养之外,该项目学习同样关注到学生的数学交流能力。由前文的介绍可见,学生在完成项目的过程中,基本上是围绕数学问题展开讨

---

① 殷伟康. 例析"数据分析"数学核心素养的培育[J]. 中学数学,2019,577(3): 77-79.

论,多数想法是在交流中产生的,数学交流能力得到了发展。数学交流包括用数学语言与他人以及自我的互动过程。[①] 该项目学习两者兼顾。在第 3 课时,小组成员首先阅读了教师额外提供的"数据拟合"阅读材料。这个过程,学生使用数学语言进行自我互动,对数学材料的阅读理解水平有一定提高。此后根据材料对"拟合"进行讨论,对手头上的数据用不同函数加以拟合、比较,选出最为合适的拟合函数类型。另外,讨论过程中,学生运用了函数的概念、单调性、图象变换等知识,在无形中进行了巩固和提升。在数据处理的过程中,学生 H 认为拟合只需用线把点连起来,而学生 I 纠正,数据点并非都在线上,而是越靠近线越好。可见也许是受其他因素干扰,H 同学对材料的阅读并不准确,在运用数学语言进行自我互动过程中所出现的问题,需要通过与其他同学的互动弥补。此外,J 同学补充了运用 R^2 判断拟合函数是否能够拟合数据点的方法,促进项目活动的进一步开展。因此,学生数学交流的过程,能够不断帮助学生巩固已有知识,学习新知识,逐渐清晰解决问题的思路,也能帮助那些没有充分阅读材料的学生查缺补漏。总体上看,整个小组分析问题、解决问题的能力有了进一步的增强,最后函数关系式的确立,又使得小组成员们对图象变换有了一定认识。该组学生自主探究的积极性很高,思维相当活跃。

数学概念获得的过程是典型的数学抽象过程。在该项目中,学生遇到的最大阻碍是理解"拟合"这个概念。因此能否成功突破这个难点,成为该项目学习的关键。已有研究指出,在函数拟合部分的教学中,由于例题涉及的数据比较庞大,计算也显得复杂,如果采取一些信息技术,这一情况就可以大为改观,不仅上课内容显得多姿多彩,学生上课的兴趣也大大提高。[②] 说明通过信息技术,为学生更为直观地呈现实例,不仅能够有效发展学生直观想象的素养,也能促进数学抽象素养的发展。教师提供的关于"函数拟合"的额外材料正提供了这样一个契机,学生根据材料的提示,利用 Excel 软件进行函数的拟

① 王志玲. 小学六年级学生数学交流推理能力教学研究——基于美国 SBAC 评价系统[D]. 上海:华东师范大学,2019.
② 张军. 新教材中函数模型应用实例的教学方法——谈 Mathematics 下函数的拟合[J]. 中学数学(高中版)上半月,2014(1):65-66.

合操作。Excel 所显示的图表直观体现了函数拟合的状态,通过材料阅读与图象观察,学生在交流中提到了拟合概念的关键点"越靠近越好"。可见随着活动不断进行,学生数学抽象素养也正潜移默化地成长。

该组学生的产品是海报,写出了近年来上海老龄人口的数量、表格以及函数模型,并对后三年进行了预测,写出了应对"老龄化"的策略,结果令人满意。

(三)总结

在"身边的函数"的数学项目活动过程中,学生的数学素养表现如表 8.1.2 和表 8.1.3 所示。

表 8.1.2 "我是班级设计师"数学项目活动流程中的数学素养

"我是班级设计师"活动流程	数学素养							
	数学抽象	逻辑推理	数学建模	直观想象	数学运算	数据分析	数学交流	问题提出
1. 数学项目活动的介绍				√			√	
2. 设计班徽图形		√		√			√	√
3. 学习心形函数的解析式与绘制	√			√				√
4. 使用绘图软件绘制班徽		√			√			
5. 完成班徽制作并展示				√			√	

表 8.1.3 "我是城市小主人"数学项目活动流程中的数学素养

"我是城市小主人"活动流程	数学素养							
	数学抽象	逻辑推理	数学建模	直观想象	数学运算	数据分析	数学交流	问题提出
1. 数学项目活动的介绍						√	√	
2. 搜寻上海老年人口数据						√		√
3. 绘制散点图,猜测拟合函数	√			√		√		√
4. 使用 Excel 软件进行数据拟合并绘制拟合函数		√		√	√	√		√
5. 完成调查报告并展示						√	√	

比较表 8.1.2 和表 8.1.3 我们可以发现,两个项目任务均培养了学生的数学交流素养。数学交流是"做数学"的前提,也是数学学习过程中始终需要的能力。我们在与他人交流的过程中,需要不断理解、解释他人的观点,因此数学交流的过程能够充分挖掘学生的深层次数学思维。[①] 不同的是,除数学交流素养外,两个项目学习任务培养的学生数学素养侧重不同,"我是班级设计师"侧重直观想象素养的培养,而"我是城市小主人"则侧重数据分析素养的培养。关于高中数学学科核心素养每一个要素的落地,背后都离不开体验与反思,也就是说学生的体验与反思,支撑着数学知识的建构,保证着数学学科核心素养的落地。[②] 项目执行过程中,教师始终应该注意提供学生发展素养的机会,让学生有机会进行体验与尝试,也要保留充足的时间让学生在体验过后进行反思。案例表明,教师指导下的学生合作使学生在不断体验的过程中反思,从而克服项目中的难点,数学核心素养的发展得到落实。

第二节   "神奇的几何体"项目

本节以"神奇的几何体"项目为例,首先分析通过该项目活动期待学生发展的数学素养,然后介绍该项目的实施案例,并系统分析学生在参与项目学习中的行为以及创作出的学习作品,阐释学生的数学素养的具体表现。

一、"神奇的几何体"和数学素养

在数学项目活动中,主要包括三个要素:驱动性主题、产品以及评价。[③] 在本次数学项目活动"神奇的几何体"中,需要学生运用所学的或未学过的几何、三角等知识去完成主题任务,学生一方面运用知识,另一方面去展示

① 朱彩霞. 促进农村小班小学生数学交流的行动研究[D]. 赣州:赣南师范学院,2015.
② 吴苹. 高中数学学科核心素养落地的关键元素:——以"直观想象"核心素养要素落地为例[J]. 数学教学通讯,2019(21):42-43.
③ 詹传玲. 中学数学项目活动的开发[D]. 上海:华东师范大学,2007.

综合的数学能力，此项目需要学生观察、交流、表达、度量、作图、运算、推理、抽象概括、反思等，在各方面素养的协调下，完成"产品"，再进行自我评价与他人的评价。同时，在此过程中，也需要学生对该项目有浓厚的兴趣，便会提高项目过程的质量。下图8.2.1展示了"神奇的几何体"数学项目活动与数学素养的关系。

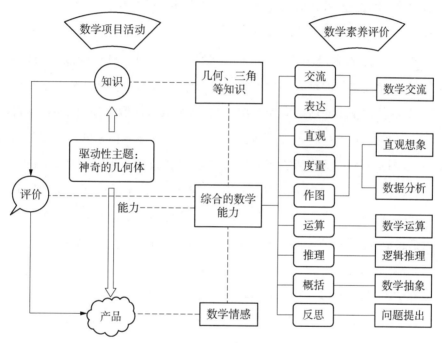

图 8.2.1 "神奇的几何体"数学项目活动与数学素养的关系

　　以下将根据建构的数学素养评价模型，结合数学项目活动的具体流程，分析活动过程中学生体现并发展的数学素养。

二、项目实施与数学素养分析

　　在广西壮族自治区某市普通完全中学高二年级某班，学生正在学习立体几何中的线面平行以及线面垂直的判定与性质，于是在该班级开展了"神奇的几何体"的数学项目活动。[①]

整个活动共历时 6 天,每天开展 40 分钟,共 4 个小时。活动主要分为两大部分,首先在教师的帮助下,学生认识多姿多彩的多面体并制作正多面体;紧接着,学生动手制作星状多面体及一些简单的组合多面体,或者自己设计几何体。以下将以活动建议 1 和活动建议 2 为例,介绍"神奇的几何体"数学项目活动的具体流程,及在活动过程中学生体现并发展的数学素养。

(一) 数学项目活动的介绍

第 1 学时:首先,教师为学生介绍数学项目学习,以身边的函数、曲线与曲面的艺术、生活中的测量为例讲解数学项目学习的整个过程以及最终要呈现的"产品",使得学生对活动有所了解。之后,发放本次数学项目学习"神奇的几何体"的活动建议材料,并说明此次项目活动的总体目标是做出多姿多彩的多面体,同时为达成此目标需要一些三角与几何的知识,并较为细致地讲解几个活动建议。接着,引导学生完成分组,该班级共 43 人,分为 7 组,每组 5—7人,在学生分组并确定各活动主题后,让学生明确项目活动的各项任务与计划以及最终成果的展现形式,指导学生讨论活动计划的详细过程以及任务分配,最后填写《活动计划书》。

在学生刚开始接触到数学项目活动时,通过教师多种形式、多种案例的介绍,活动建议材料的阅读,与同学沟通后明确了活动的计划与任务,在用数学语言与他人和自我的互动过程中,理解了教师布置的任务,也明白了本次项目学习最终要呈现的"产品",在阅读本次项目活动"神奇的几何体"的过程中,需要空间想象能力与直观想象素养,才能读懂活动的目的。与此同时,在此过程中,学生也要有较好的阅读理解能力,能进行数学语言表达,解释他人对文本的说明,对于数学思考与解决方式有清晰的书面与口头的表述,学生展现出一定的交流技能,也发展了学生的数学交流素养,并开始了数学的探究。

---

① 黎文娟. 促进理解的数学活动设计与实施——以"多面体"数学项目活动为例[D]. 上海:华东师范大学,2007.

（二）正多面体的认识与制作

第2学时：教师从学生熟悉的正多边形引入，让学生回忆正多边形内角度数的计算方法，并了解常见的多边形内角的度数（如表 8.2.1 所示），作为简单的知识铺垫。接着，让学生观察如图 8.2.2 五个正多面体，并了解各种正多面体的面是由同一种正多边形组成的，这将为制作正多面体做好数学知识上的准备。之后，由正多边形的无数多种，到正多面体的 5 种，引起学生的认知冲突，激发学生进行深入的思考。在这里，学生只要说清"为什么正多面体只有五种"即可，不要求进行严格的数学证明。如果学生此时无法回答该问题，可以暂时跳过，在他们动手制作正多面体后再讨论。

表 8.2.1　多边形内角的度数

图形	正三角形	正四边形	正六边形	正七边形	正八边形
内角度数					

图 8.2.2　正多面体

学生们随后也能发现能拼成正多面体的正多边形只有正三角形、正四边形、正五边形这三种，而用正六边形，或者正七边形，或者正八边形等等都不能拼成正多面体。是因为过正多面体的每一个顶点至少有 3 个或者 3 个以上的正多边形，3 个正六边形内角的和是 360°，拼在一起形成了一个平面而不是"尖顶"，因此不能拼出正多面体；3 个正七边形内角大于 360°，也不能拼出正多面体；同理，正八边形、正九边形等均不能拼出正多面体。

而如果每一个顶点上有 3 个正三角形，那么拼成的多面体是正四面体；如果每一个顶点上有 4 个正三角形，那么拼成的多面体是正八面体；如果每一个顶点上有 5 个正三角形，那么拼成的多面体是正二十面体；如果每一个顶点上有 6 个正三角形,那么拼出的是平面,不能拼出正多面体;7 或 7 个以上正三角形内角和大于 360°,不能拼出正多面体。如果每一个顶点上有 3 个正四边形,那么拼成的多面体是正六面体;如果每一个顶点上有 4 个正四边形,那么拼出的是平面,不能拼出正多面体;5 或 5 个以上正四边形内角和大于 360°,不能拼出正多面体。如果每一个顶点上有 3 个正五边形,那么拼成的多面体是正十二面体;4 或 4 个以上正五边形内角和大于 360°,不能拼出正多面体。所以,正多面体只有五种。

然后,让学生分组进行动手操作,每个小组合作制作五种正多面体,如图 8.2.3 所示。此时,每个小组要讨论如何进行合理的分工,如何设计好正多面体的展开图。在一番激烈的讨论后,有的学生发现有些正多面体的展开图不止一种,由于提供的纸张规格是 A4,这时他们就要思考选择哪种展开图更节省纸张,同时还要考虑展开图的放置位置,也要为展开图留出多余部分,方便拼接。有些学生觉得正十二面体和正二十面体很好看,提出要做这两种正多面体,但当要设计展开图时便开始手足无措,此时有学生提出可以先剪出十二个正五边形和二十个正三角形,然后再分别拼起来。学生有这样的想法和勇气,教师不一定要去阻拦,重要的是在学生的制作完成后一定要引导学生去反

图 8.2.3 学生分组制作正多面体

思如何设计展开图。教师的行为有助于学生数学交流、直观想象、数学运算、数据分析或问题提出素养的培养。

在学生认识并制作正多面体的过程中,充分地发展了学生的数学素养,其过程与体现的数学素养如图 8.2.4 所示。

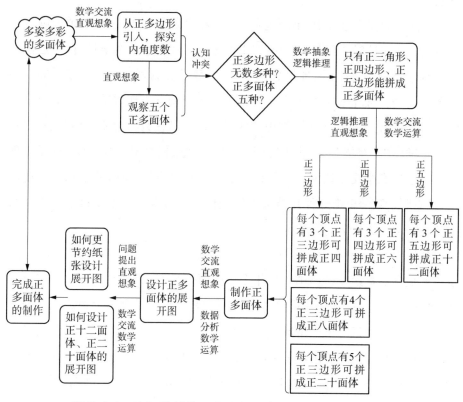

图 8.2.4　认识并制作正多面体的过程及发展的数学素养

从图 8.2.4 中可以看出,在认识并制作正多面体的过程中,学生的数学素养表现为:数学交流、直观想象、数学抽象、逻辑推理、数据分析、数学运算、问题提出。其中数学交流、直观想象贯穿始终。

该数学项目学习是在"图形与几何"的内容范畴中,因此需要借助几何直观和空间想象能力感知立体的形态与变化,同时,也能了解到通过观察图形、设计展开图是培养学生空间思维能力的一个重要途径,苏霍姆林斯基(B. Сухомлинский,1918—1970)在谈直观性问题中阐述道,应当逐步地由实物的直观手段向绘画的直观手段过渡,然后再向提供事物和现象的符号描述的直观手段过渡。[①] 在学生制作正多面体的过程中,也充分地体现了从实物到绘画到符号描述的过程,在此过程中发展了学生的直观想象素养。

在问题的探究过程中,不断地与他人、自我交流互动,在互动中理解他人的口头表述或呈现的文本,以口头或书面形式表述自己的数学见解,评述他人的策略,在此过程中,不断地反思修正,因此数学交流是学生学习数学的一种重要方式,也是必备的数学素养。建构主义者强调学生在教师、同学的协作下建构对新知识的理解,学生对知识的深层次理解是在数学交流中形成的,在数学交流过程中,双方通过不断提问、反馈、反思、概括获得对问题的真正理解。[②] 此外,数学交流提供了一条数学学习的有效途径,使得数学思维快速简洁,又克服了数学思维过程和结果的模糊性。同时也能看出项目学习中能培养并发展学生的数学交流素养。

具体来看,在制作正多面体的过程中,除了需要直观想象与数学交流外,也需要数学抽象素养,当面临"为什么正多面体只有五种,而正多边形却有无数种"的提问时,提炼出该问题的数学本质:是如何用正多边形拼成正多面体的? 从而发现了只有正三角形、正四边形、正五边形能拼成正多面体,这是数学抽象的过程,是对本质的探讨,是提炼抽取数学对象的过程,是概括的过程。[③] 同时,在该过程中,需要学生拥有简单的逻辑推理能力,首先,因为过正多面体的每一个顶点至少有 3 个或者 3 个以上的正多边形,而 3 个正六边形内角的和是 360°,拼在一起形成了一个平面,3 个正七边形内角的和大于360°,同理,正八边形、正九边形等内角和均大于 360°,故不能拼出正多面体,因此只有正三边形、正四边形、正五边形能拼成正多面体。通过对正多边形拼成正多面体的逻辑性思考,用数学思维分析其原因,学生掌握了推理的基本形

① 苏霍姆林斯基. 给教师的建议[M]. 武汉:长江文艺出版社,2014.
② 李亚玲. 建构观下的课堂数学交流[J]. 数学通报,2001(12):5-7.
③ 何小亚. 数学核心素养指标之反思[J]. 中学数学研究(华南师范大学版),2016(13):封二,1-4.

式,并表述论证的过程,理解数学知识之间的联系[①],在项目活动的过程中形成了有论据、有条理、合乎逻辑的思维品质。

在设计正多面体的展开图时,需要数据分析、数学运算的数学素养,当面对大量、多元的数据,如何从大量信息中获取有意义的信息,并加以解读和分析,这需要具备数据分析的相关能力。[②] 在该项目活动中,学生们通过对正多面体中的正多边形的分析,从而获取到展开图中正多边形的个数、内角等数据,结合 A4 纸的大小,在这些的基础上,运用三角与几何的运算知识,根据算理和算法对数与式进行正确、迅速、合理的运算,并对运算结果的正确性进行判断与验算[③],从而画出正多面体的平面展开图。在制作过程中,学生发现耗费纸张,便会提出“如何节约纸张?”的问题,这时候就会带动学生去思考“选择哪种平面展开图?”,从给定的情境中提出问题,或者通过修改已知问题的条件去产生新的问题,这是促进问题解决的一种手段。[④] 当学生发现只能先剪出十二个正五边形和二十个正三角形,然后再分别拼出正十二面体、正二十面体,这时候会让学生产生新问题:“如何设计出正十二面体、正二十面体的整体平面展开图的问题?”这是学生问题提出的素养,需要通过学生自己动手操作、思考,在解决问题的过程中,才能生成新的独立的数学问题。

在制作正多面体的过程中,学生使用的不仅仅是几何知识,还要运用到代数内容;同时,还需要通过观察图形并动手制作模型,这不仅要有解决数学问题的能力,还要有动手操作、交流合作等能力;此外,学生还要发自内心地喜欢数学,喜欢做数学,喜欢用数学,这需要综合的数学素养。

(三) 正多面体的展示与探究

第 3 学时: 让各个组去展示自制的正多面体,并讲解制作全过程,包括如何确定正多面体的棱长,展开图的设计以及分工情况等。再进行师生共同评

---

① 周雪兵. 基于质量监测的初中学生逻辑推理发展状况的调查研究[J]. 数学教育学报,2017,26(1):16-18.

② 李星云. 论小学数学核心素养的构建——基于 PISA2012 的视角[J]. 课程·教材·教法,2016,36(5):72-78.

③ 何小亚. 学生“数学素养”指标的理论分析[J]. 数学教育学报,2015,24(1):13-20.

④ 聂必凯,汪秉彝,吕传汉. 关于数学问题提出的若干思考[J]. 数学教育学报,2003(2):24-26.

价,评价的目的不在于一较高下,而在于提供一个交流的机会让学生去向其他人介绍自己作品的特色,同时发现别人作品的特色。

在完成展示和评价后,教师引导学生对自制的正多面体进行探究,教师提供如表 8.2.2 所示的表格,引导学生通过观察表格的数据,让学生发现问题,提出问题,解决问题,从而得到"顶点数＋面数－棱数＝2"这个著名的欧拉定理,作为拓展,还可以让学生自己去观察其他的多面体是否符合这个定理;另一方面,引导学生观察表格的数据,学生还发现正多面体的对偶关系。如果两个多面体的棱数相等,并且其中一个多面体的顶点数和面数等于另一个多面体的面数和顶点数,则称这两个多面体为对偶多面体。正六面体与正八面体是互为对偶的,正十二面体与正二十面体也互为对偶,正四面体则与自身对偶。

表 8.2.2   正多面体的顶点数、面数与棱数

正多面体	顶点数	面数	棱数

学生在正多面体的展示与探究过程中,发展了学生的数学素养,其过程与体现的数学素养如图 8.2.5 所示。

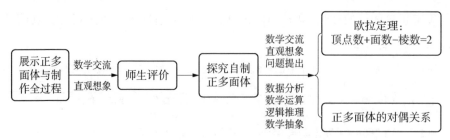

图 8.2.5   正多面体展示与探究的过程及发展的数学素养

从图 8.2.5 中可以发现,在正多面体展示与探究的过程中,体现的数学素养有:数学交流、直观想象、问题提出、数据分析、逻辑推理、数学抽象。其中全程均发展了数学交流与直观想象,因为在书面或口语展示正多面体及其制作方案的过程中,均需要学生能够理解他人描述的内容,并能够在评价的过程中或者在探讨中使用精确的数学语言来表达自己的想法,数学交流是学生数学的重要素养,数学交流是完善数学认知的有效手段,有助于学生的社会化并促进其情感教育[①],同时可以看出在项目活动中能够充分发展学生的数学交流素养;在展示与讲解正多面体的过程中,学生需要具备直观想象素养,从而理解其制作过程,正如克莱因所阐述的,数学是依靠在正确的直观上的[②],通过展示实实在在的正多面体,让学生建立正确的直观,从而发展其空间想象与直观想象素养。

在探究自制正多面体的过程中,教师让学生经历数学发现的全过程,使他们明白数学的发现就在身边,数学的发现在于仔细的观察和认真的思考。于是学生通过数据的观察,从特殊到一般,归纳推理发现了"顶点数＋面数－棱数＝2"这一欧拉定理,在教学中除了培养学生演绎推理能力,还应加强对学生归纳推理能力的培养,数学教学的任务之一,是将逻辑演绎编写的教材还原成活泼的思维创造活动。[③] 在该项目活动中,教师放手,让学生自己去发现,自己去推理,自己去创造。

对于学生抽象出的欧拉定理,是学生从数量与数量关系中抽出的数学规律,并用数学符号来表征,同时通过对五个正多面体的顶点数、面数、棱数的观察,在空间形态与数量关系中抽象出了正多面体的对偶关系,数学是通过抽象得到一般结论,在此过程中,让学生学会了用数学的眼睛看。[④] 抽象素养是形成理性思维的重要基础,应注重抽象能力的培养,有利于学生养成一般性思考

---

① 李亚玲.建构观下的课堂数学交流[J].数学通报,2001(12):5-7.
② 克莱因 M.古今数学思想(第3册)(英文版)[M].上海:上海科学技术出版社,2014.
③ 冯跃峰.推理是数学思维的核心[J].中学数学,1996(4):15-17.
④ 史宁中.学科核心素养的培养与教学——以数学学科核心素养的培养为例[J].中小学管理,2017(1):35-37.

问题的习惯。[①] 该项目活动,通过对正多面体的研究,发展了学生数学抽象素养。

同时,该过程也是学生反思产品的过程,在此过程中,学生可能会有新的问题提出,也可能会学习到新的知识和技能,又可能会得到新的发现,这时让学生不由地思考并提出是否所有的多面体都满足"顶点数+面数-棱数=2"这一问题。问题的提出可以不断地促进学生的思考,并不断地促进问题的解决。当然,在提出问题时,会伴随着需要数据的分析,数学的运算,逻辑的推理,数学的抽象,在活动过程中,需要的是综合的整体的数学素养,数学素养相互关联,相互促进。

在"展示与探究正多面体"中,发展的数学素养已经远远超过了"图形与几何"本身的内容领域,项目活动的开展能使学生全面地发展数学素养,当然,这也使得我们能更综合地分析与评价学生的数学成就。

(四)"星状几何体"的制作

第4~5学时:根据5个活动建议的要求,并按照计划书的安排,在同学及教师的帮助下收集、整理相关几何体的资料,与小组成员合作讨论,设计平面展开图,并完成几何体的制作,同时撰写制作说明等。本节以"制作星状几何体"项目活动为例,分析学生制作几何体过程中的数学素养。

对于"制作星状几何体"项目活动,"多面体0205"组首先通过查阅书籍或者通过互联网,了解星状几何体的定义,指的是等边、等(平面)角、等二面角的凹多面体,可以从正多面体经过"加法""减法"作出星体。他们也了解到了开普勒-普安索星体有四种,分别是小星状正十二面星体、大正十二面星体、大星状正十二面星体、大正二十面星体[②]。通过阅读书面的文本,学生们进行数学交流。

他们决定先一起制作小星状正十二面星体,再分组分工完成其他三种星体。以下将介绍学生"制作小星状正十二面星体"的过程。

---

① 洪燕君,周九诗,王尚志,等.《普通高中数学课程标准(修订稿)》的意见征询——访谈张奠宙先生[J].数学教育学报,2015,24(3):35-39.
② 沈康身.数学的魅力[M].上海:上海辞书出版社,2006:170-186.

通过阅读资料,他们知道了小星状正十二面星体是由正十二面体同一面的五个相邻面延展后,交于一点,与底面形成正五棱锥,如图 8.2.6 所示。类似地,其他十一个面上都会形成全等的正五棱锥,直观图如图 8.2.7 所示。学生们借助几何直观和空间想象,感知到几何体的形态与变化过程,对于几何直观素养的发展有一定帮助。

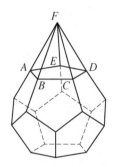

图 8.2.6 正十二面体同一面的五个相邻面延展后形成的几何体

图 8.2.7 小星状正十二面星体直观图

这时候有位学生 A 说:"我们已经做好了正十二面体,那只要在每个面贴上一个正五棱锥,就能做好小星状正十二面星体了!所以我们可以先研究其中一个正五棱锥。"

学生 A 发现组成每一个正五棱锥的五个等腰三角形的底角恰好是正五边形内角的外角,由于正五边形的内角为 108°,故 $\angle FBC=72°$,$\angle BFC=36°$;还有另一位学生 B 说:"我还有另一种求法,在小星状正十二面星体中,共面的五个等腰三角形组成了一个正五角星,如图 8.2.8 所示,因此,小星状正十二面星体是由顶角为 36° 的等腰三角形围成的。"在交流讨论中,学生发散了思维,从不同的角度得到了不同的解法。学生在交流中迸发出新的思路,也提升了学生的逻辑推理素养,还推动了活动进程。同时,他们还计算出了棱 $FB=\dfrac{BC}{2\cos 72°}$。

有一位学生 C 说:"那么 5 个顶角为 36° 的等腰三角形可以围成小星状正十二面星体的一个凸角,即一个无底的正五棱锥。"如图 8.2.9 所示。

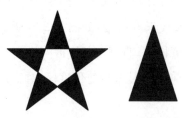　　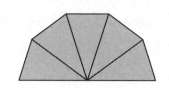

图 8.2.8　小星状正十二面星体中　　　图 8.2.9　正五棱锥 F-$ABCDE$
　　　　　共面的五个等腰三角形　　　　　　　　侧面的平面展开图

　　学生 D 惊喜地说:"太棒了,那么作出 12 个正五棱锥侧面展开图,就完成了!"如图 8.2.9 所示。

　　学生 A 说:"对了,我们还要注意一点,在展开图中要留出多余部分,方便到时候拼接。"

　　学生们便开始分工做了起来,两两合作,一人画图,一人裁剪加拼装,在制作过程中他们发现耗费了挺多的纸张,而且也不容易粘牢。完成后学生们很开心地向指导教师展示他们的成果(如图 8.2.10),但也表明了他们的苦恼。指导教师肯定并赞赏了他们的思路,但又引导他们进行思考:"纸张用的多,也能看出你们做的星状体较大,由此引发星状体的大小是由什么的大小控制?"从而引导学生找出"小星状正十二面星体外接圆的半径与小星状正十二面星体棱长之间的关系",再进一步让学生思考:"如果需要更节约纸张而且没有粘不牢的苦恼的话,是不是可以思考按什么样的方式把部分展开图拼起来,得到小星状正十二面星体的展开图?"教师表示如果觉得没有那么充裕的时间去思考这些问题,可以先跳过。制作好几何体后,在与教师的数学交流中,提出新的数学问题。

图 8.2.10　制作的小星状正十二面星体

其他同学准备继续分组做剩下的三种星体,但学生 A 对小星状正十二面星体的展开图很感兴趣,于是继续研究,在查阅资料中发现可以将正五棱锥侧面展开图作 12 组,如图 8.2.11 所示,即得到小星状正十二面星体的展开图(展开图中留出多余部分,方便拼接)。他还发现并画出了另一种展开图,在展开图中留出了多余部分,如图 8.2.12 所示。

图 8.2.11　小星状正十二面星体的展开图

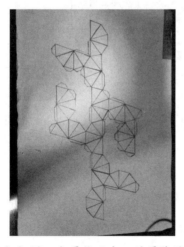

图 8.2.12　小星状正十二面星体另一
种展开图(留出多余部分)

图 8.2.13　制作的小星状
正十二面星体

于是,作出了如图 8.2.13 所示的小星状正十二面星体,制作完成后又加入到其他小分队的制作过程中。

在制作小星状正十二面星体的过程中,发展了学生的数学素养,其过程与体现的数学素养如图 8.2.14 所示。

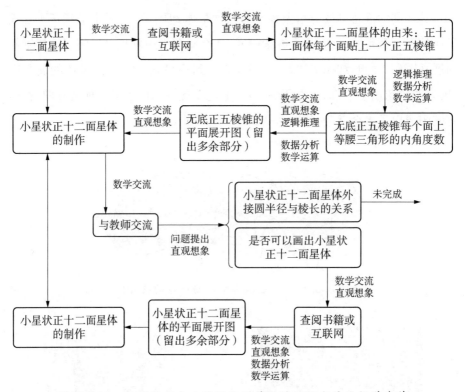

图 8.2.14 小星状正十二面星体制作的过程及发展的数学素养

从图 8.2.14 中可以看出,学生在小星状正十二面星体制作的过程中,发展的数学素养有:数学交流、直观想象、逻辑推理、数学运算、问题提出、数据分析。

"多面体 0205"组成员们查阅资料,对文本有一定的理解与思考,这体现出了数学交流能力[1],同时也经历了与他人合作交流解决问题的过程,蔡金法等认为数学交流作为学生学习数学的一种方式,在交流中能够学习数学语言,并运用数学语言中特定的符号、词汇、句法去交流,从而逐渐获得知识的积累。[2] 在该活动中,学生不断地倾听并理解他人的思路和方法,对他人提出的问题与方法进行反思,并清晰地表达和解释自己的思考过程与结果,在"头脑

---

[1] 徐斌艳. 关于德国数学教育标准中的数学能力模型[J]. 课程·教材·教法,2007(9):84-87.
[2] 蔡金法,徐斌艳. 也论数学核心素养及其构建[J]. 全球教育展望,2016,45(11):3-12.

风暴"中学会了更多的数学知识,知道了更多的解决思路,在交流中提升了对几何的认知,也不断地完善了解决的方法。在项目活动的过程中,学会了如何更好地与他人的合作交流,从中可以发现,数学交流是数学探究的前提。

当然,在几何问题中,直观想象是必备的素养。高中数学中直观想象包含了空间想象,空间想象分为三方面,一是掌握描述空间图形的符号语言,二是掌握空间图形与直观图形之间的相互转化,三是能够对空间几何体进行分解与组合,并分析新几何体的数量和位置关系。[①] 在制作小星状正十二面星体的过程中,学生需要通过资料中查到的直观图形想象出其空间形态,经过自己的理解,将该几何体的"凸角"分解为 12 部分,并将该"凸角"这个空间形态转化为直观图形展示给其他伙伴看,分别制作好了 12 个"凸角"后,又将其组合到正十二面体的每个面上,最后完成了立体的制作,同时,运用空间图形的符号语言将该过程展示到海报中。在操作实践中,充分地展示了学生的空间想象能力,也提升了直观想象素养。有学者也表示在面对制作立体模型这个问题,以及在制作过程中,学生体验了直观想象和空间想象的感知过程,并对这个过程中获得的数学知识进行反思,有效地促进了直观想象素养的落地。[②] 也有一线教师认为通过引导学生看图,运用形象资料或者开展实践操作等,均能锻炼直观想象能力,培养学生直观想象素养。[③]

当学生查阅了资料,便开始思考与推进问题的解决,从了解小星状正十二面星体的由来开始,便一步步有逻辑性地往下一步推进,了解了在正十二面体每一个面上贴一个正五棱锥,于是逻辑连贯地想到需要计算正五棱锥侧面三角形的内角度数,为了制作立体模型,下一步想到的是如何画出展开图,就这样逻辑连贯地展开了学习的过程。在数学的课堂教学中,要以数学地认识问题和解决问题为核心任务,以数学知识的发生发展过程和理解数学知识的心

---

① 朱立明,胡洪强,马云鹏. 数学核心素养的理解与生成路径——以高中数学课程为例[J]. 数学教育学报,2018,27(1):42-46.

② 吴苹. 高中数学学科核心素养落地的关键元素:——以"直观想象"核心素养要素落地为例[J]. 数学教学通讯,2019(21):42-43.

③ 陈瑶. 刍议高中数学教学中直观想象素养培养策略[J]. 数学学习与研究,2019(13):79.

理过程为基本线索,让学生构建前后逻辑连贯的学习过程。① 同样地,在学生自行地合作探究过程中,能够把握住事物的关联,并把握发展的脉络,在该项目活动中,也充分体现并发展了逻辑推理能力。

在展开图的绘制过程中,需要学生具有数据分析的素养,也要有数学运算的功底,当前社会,人们在实际生活和各行各业中面临的数据越来越多,必须树立利用数据的意识,收集数据,通过分析作出判断,使得学生产生对数据的亲切感。② 在该活动过程中,通过对小星状正十二面星体的资料分析,从中获取"凸角"的数据,从而得到无底正五棱锥每个面上等腰三角形的内角等数据,并结合 A4 纸的大小,运用三角与几何的运算知识,画出无底正五棱锥的平面展开图。在此过程中,发展了学生数据分析与数学运算的素养。

在与教师交流后,引发了学生思考"星状体的大小是由什么的大小控制的?"从而引导学生去寻找"小星状正十二面星体外接圆的半径与其棱长之间的关系",虽然学生在后续的探讨中并没有求出半径和棱长的关系,但这个思考过程教会了学生要形成问题意识,问题意识对学生的主动学习有着调节、导向和促进作用,良好的问题意识有利于学生发现问题和提出问题,促进学生自主学习,形成表达自己的见解、认识并进行交流的强烈愿望。③ 在该项目活动中,学生通过动手制作出 12 个无底正五棱锥,并将其粘在正十二面体上,从而作出了小星状正十二面星体后,教师引导学生思考,并让学生提出:"是否可以作出小星状正十二面星体的展开图?"于是促使学生 A 画出了小星状正十二面星体的展开图。在学生解决问题后,教师引导学生带着数学的眼光去发现问题、提出问题、解决问题,在此过程中,培养了学生的创新精神和实践能力。项目活动作为载体,让学生发展了提出问题的素养。

在完成了"小星状正十二面星体"的制作后,他们开始分工完成其他三种

---

① 章建跃. 构建逻辑连贯的学习过程使学生学会思考[J]. 数学通报,2013,52(6):5-8,66.
② 史宁中,张丹,赵迪."数据分析观念"的内涵及教学建议——数学教育热点问题系列访谈之五[J]. 课程·教材·教法,2008(6):40-44.
③ 杨跃鸣. 数学教学中培养学生"问题意识"的教育价值及若干策略[J]. 数学教育学报,2002(4):77-80.

星状体。在制作过程中,通过查阅资料,了解各类星体的由来以及制作过程,运用三角与几何的知识,确定星状几何体的部分或整体平面展开图,再完成星状几何体模型的制作。

在学校教育中,学生经常面对的是常规、书面的问题,很少接触动手操作问题,但一个人的数学能力,只有在做数学的过程中才能展现出来[①],在学生制作"星状几何体"的合作交流中,发展了学生综合的数学素养。

(五) 组合多面体的展示

第6学时:在班级范围内召开总结会,总结会上各小组展示制作的组合多面体,并进行汇报,汇报主要包括资料的查阅、设计的平面展开图,并向全班同学展示合作制作的组合多面体的模型,如图8.2.15所示。在这个过程中,其

图 8.2.15　学生在班级的成果汇报与展示

---

① 苏洪雨. 学生几何素养的内涵与评价研究[D]. 上海:华东师范大学,2009.

他各组可以对该组的设计与制作过程提出问题,或者指出该组制作过程中的优
缺点,师生共同进行评价。同时,制作出的几何体及其设计说明在校园公共区域
中展出,如图 8.2.16 所示,图 8.2.17 展示了学生们与神奇的几何体的大合影。

图 8.2.16   学生在校园公共区域中展出自制的几何体及设计说明

图 8.2.17   学生与自制几何体的大合影

在展示的过程中,发展了学生的数学交流、直观想象、数据分析、数学运算
的数学素养。做展示的学生把自己"做数学"的过程用口头的、书面的、直观的
形式表达出来,做评价的学生通过听、视、触等知觉,以交谈、活动等方式接受
他人的数学思想和方法[①],在此过程中培养了学生数学交流素养。同时,在展

---

① 陈静安.关于培养数学交流能力的认识与思考[J].云南师范大学学报,2000(2):83-86.

示和评价几何模型的过程中,需要学生拥有一定的直观想象能力,在展示与交流中也能发展学生直观想象素养。此外,做展示的学生在阐述图形内角度数产生的过程时,需要学生有一定的数据分析与数学运算的基础,虽为"图形与几何"内容,但也能发展代数方面的素养,此过程发展了学生数据分析、数学运算素养。

三、数学素养的行为表现

在"神奇的几何体"的数学项目活动过程中,学生的数学素养表现如表8.2.3所示。

表8.2.3 "神奇的几何体"数学项目活动流程中的数学素养

"神奇的几何体"活动流程	数学素养							
	数学抽象	逻辑推理	数学建模	直观想象	数学运算	数据分析	数学交流	问题提出
1. 数学项目活动的介绍				√			√	
2. 正多面体的认识与制作	√	√		√	√	√		√
3. 正多面体的展示与探究	√	√		√	√	√		
4. "星状几何体"的制作		√		√	√		√	√
5. 组合多面体的展示				√	√	√	√	

从表8.2.3可以看出,数学交流与直观想象是"神奇的几何体"项目活动每一个环节中都需要的素养。在活动过程中,学生自己总结、完善,直至给出了完整的、正确的制作过程,并展示了自制几何体,同时,对制作过程产生过质疑,从而也促进了数学交流。[①] 数学交流是"做数学"的前提,也是"做数学"过程中至始至终都要拥有的能力,是数学学习必备的素养,同时,也能看出在数学项目活动中能充分地发展学生数学交流素养。此外,该项目隶属于"图形与几何"领域,直观想象是全程必不可少的素养,直观想象承载了几何的特点,能

---

① 苏洪雨. 中学课堂中的数学交流[J]. 数学通报,2002(7):13-15.

培养学生的直观能力和想象能力[①]，同时，在观察图形与制作平面展开图的过程，也能发展学生的直观想象素养，让学生养成运用几何图形和空间想象来思考问题的习惯。

我们从表8.2.3中还能发现，除了流程1之外，其他流程均需要数据分析与数学运算素养，因为在制作立体几何模型之前，均需要画出其平面展开图，这时候就需要学生有获取数据、整理数据、分析数据的能力，还需要依据运算法则对数据进行计算；此外，在其他学生展示立体模型及其计算过程时，也需要从中获取、分析数据，还需要简单的数学运算。我们知道，几何与代数是高中数学课程的一条主线[②]，在"图形与几何"的学习中，可以将几何直观与代数运算进行融合，在解决几何问题时，不仅需要几何方法，也需要运用代数方法，数学知识之间具有一定的关联性。同样地，在几何问题中，也能发展学生的数据分析与数学运算素养。

我们知道，数学项目活动是综合性的活动，需要学生较为全面的能力，虽然"神奇的几何体"这个活动属于"图形与几何"内容范畴，但同样也需要学生有适当的逻辑推理能力，在立体几何证明中，需要学生通过直观想象将图形语言转化为文字语言、符号语言，这是进一步推理论证的思维基础[③]，同时，把握住计算与制作过程中逻辑思考的脉络方向，知道自己的目标，也明确自己已经获取的资料与知识，从而进行一步步地逻辑推理。不仅如此，在该项目活动中，需要学生在制作立体模型前、制作立体模型时、制作立体模型后不断地进行自我反思，如何去制作立体模型？ 如何更节约纸张地制作立体模型？ 是否可以画出立体模型整体的平面展开图？ 能否探究出自制立体模型中的数量关系、空间关系？ 这是数学学习的素养。此外，在该活动中，也能通过对得到的数量关系、空间关系从具体到抽象，探索出立体模型的数学本质。[④] 当然，通过

① 吴立宝,王光明. 数学特征视角下的核心素养层次分析[J]. 现代基础教育研究,2017,27(3)：11-16.

② 中华人民共和国教育部. 普通高中数学课程标准(2017年版)[S]. 北京：人民教育出版社,2018.

③ 李华. 再谈立体几何教学中逻辑推理素养的培养[J]. 中学数学研究(华南师范大学版),2018(24)：22-24,19.

④ 张胜利,孔凡哲. 数学抽象在数学教学中的应用[J]. 教育探索,2012(1)：68-69.

这类综合性的项目活动,能提升学生逻辑推理、数学抽象、问题提出的数学素养。

在表 8.2.3 中,我们还能看到在该项目活动中,并没体现出学生的数学建模素养,因为该项目从立体几何模型出发,回归到立体几何模型的制作,在过程中并没有对现实问题的数学抽象,也没有搭建数学与外部世界的桥梁,因此无法发展学生数学建模素养。

根据分析,我们可以看出,一方面,在项目活动过程中,需要的是综合的数学素养,且各数学素养之间相互关联,相互促进。另一方面,在综合的数学项目活动过程中,能发展学生丰富的数学素养,但也不一定能同时发展以上这 8 类数学素养,从中也能感受到选择项目活动案例的重要性,如果该案例不能让学生从活动主题中发掘出问题,也无法进行深入的探究,那么必然会影响学生充分展示数学素养,也影响了学生发展数学素养;同时,根据活动的内容范畴,发展的数学素养具有偏向性,由于该项目隶属于“图形与几何”,本活动就偏向于发展学生的直观想象素养;此外,数学交流素养是学生数学活动中不可或缺的素养。

在数学项目活动中,学生在“做数学”的过程,可能需要运用到几何、代数等各方面的数学知识,也需要丰富的数学素养,在这类综合性的活动中,更能加强学生对数学整体性的理解。同时,在数学项目活动中,我们可以更加综合地对学生的数学表现作出判断,并不是单纯地从数学知识与数学技能来确定,而是依据学生在项目活动中的整体表现。数学项目学习已经超出了数学内容本身,数学项目活动作为一个载体,能更加全面地展示学生的数学素养。

第三节　　“让数据说话”项目

本节以“让数据说话”项目为例,首先分析通过该项目活动期待学生发展的数学素养,然后介绍该项目的实施案例,并系统分析学生在参与项目学习中的行为以及创作出的学习作品,阐释学生的数学素养的具体表现。

一、"让数据说话"与数学素养

驱动性主题、项目产品和评价是数学项目活动的三个要素。[①] 在本次"让数据说话"项目学习活动中,学生需要自主或在教师的引导下回顾初高中阶段已经学习过的概率与统计相关知识,同时也需要了解未学过的知识和技术,在小组协作下完成相关的主题任务。在驱动性主题"让数据说话"下的项目活动中,学生以自身兴趣为出发点,在将脑海里的知识转化为产品的这一过程,需要数学学科核心素养作为驱动。在项目里,涉及学生交流表达的能力、几何直观、作图、推理、运算、概括和反思的能力,相应地能够促进学生直观想象、数据分析、逻辑推理、数学运算和数学抽象等数学核心素养和数学交流、问题提出能力的发展。如图 8.3.1 所示,展示了"让数据说话"数学项目活动发展的数学素养。

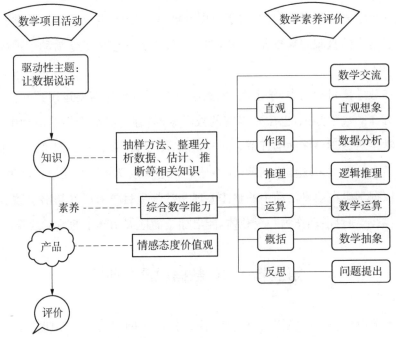

图 8.3.1 "让数据说话"数学项目活动发展的数学素养图

---

① 詹传玲. 中学数学项目活动的开发[D]. 上海:华东师范大学,2007.

二、项目实施与数学素养分析

"让数据说话"数学项目活动由多个活动建议组成,因此班级开展的活动通常由多个小组的多个活动同时进行,下文将结合数学项目活动的具体执行过程,根据其与数学素养之间的关系,阐述分析活动过程中学生体现和发展的数学素养。

（一）项目学习的课程安排

经过"让数据说话"数学项目学习活动的设计,在 A 市某高中的高一（Y）班开展了"让数据说话"数学项目学习活动。该班级背景为刚入校的新高一班级,全班共 50 人。完成数学项目学习活动共 5 个课时,历时 5 天。

具体安排如下:

第 1 课时,由教师向学生介绍数学项目学习的活动方式,及本次"让数据说话"数学项目学习相关的所有任务,其中包括各项任务的目的、时间安排以及将要完成的任务。在学生充分了解各项目活动内容的基础上,组织学生依据自身兴趣选择一个项目学习建议并进行分组。经过短暂讨论后,学生完成分组,推选组长,教师收集各组信息。余下时间由小组进行讨论和任务分配,教师在本次课时结束前强调最终产品完成时间。

由于是新高一学生,因此第 2 课时开始,由教师带领学生复习初中的概率与统计知识,并向学生介绍高中概率与统计部分的基础内容。这个环节可视学生具体学情而定。由于第 1 课时学生已经分组并有明确的任务分工,因此本课时各小组将准备好的材料进行整合,小组成员之间相互讨论切磋,研究如何解决活动过程中可能面临的问题。教师在此期间了解各组的活动进度,并针对存在的问题进行指导。

第 3 课时与第 4 课时,两课时的主要任务均是继续上一课时的内容,并在教师的督促下制作并完善产品。教师与各个小组进行交流,了解小组的学习情况,针对在制作产品过程中遇到困难的小组,教师参与共同讨论,指导解决困难。

第 5 课时，各小组依次汇报他们的项目学习结果，并展示完成的产品，回答其他组同学的提问。结束后各组长将小组的项目学习情况表和产品上交。

（二）学生项目学习情况分析

参与项目学习的班级共有 50 名学生，分成各 25 人的两个大组，其中 25 名学生参与本次"让数据说话"数学项目学习，并且分成 5 个小组进行活动。根据上述课时安排，在此记录并分析"奥运会中国各项目优势分析与金牌预测研究"及"假如数学是一种食物"两个活动。选择这两活动的小组各有 5 名成员。

1."奥运会中国各项目优势分析与金牌预测研究"的数学项目活动过程与数学素养

该项目活动要求学生通过真实可靠的方式收集历届奥运会的获奖数据，如互联网或查阅文献等。根据奥运会获奖情况，使用 Excel 或 SPSS 等数据分析软件，选择合适的统计图表进行可视化描述，并选择恰当的数据分析方法，对中国各优势项目进行估计，最后对未来的获奖情况进行推断。

在第 1 课时，小组的成员们明确了项目的两个主要目的。一是分析中国的奥运会优势项目，因此首先需要了解 2016 里约奥运会中国的具体获奖情况，以此为线索结合往届奥运会获奖情况推断我国的奥运优势项目。二是预测下届奥运会的获奖情况，但是针对第二个问题的行动方案，小组成员并未达成统一意见，他们决定分头将数据收集好再讨论如何预测获奖情况。据此，5 名小组成员初步的分工是，3 人上网查阅相关资料及历年的奥运金牌数据，剩余 2 人对收集到的数据进行汇总统计并在计算机中录入，最后 5 人共同尝试学习如何用 Excel 和 SPSS 软件画出图表进行分析。

在第 2 课时，小组成员们对收集到的数据进行汇总。三名组员一致在新浪网的奥运板块搜集到了中国历届金银铜牌数量，如图 8.3.2 所示。组长 K 同学在事先准备好的笔记本电脑里录入了这些数据，并和组员们准备分析，但很快组员们发现了问题：

学生 K：那么我们就用这些数据开始分析吧。我们可以用条形统计图或折线统计图来表示金牌、银牌和铜牌的数量变化。你们觉得怎么样？

	A	B	C	D
1	**届数**	**金**	**银**	**铜**
2	31	26	18	26
3	30	38	27	23
4	29	51	21	28
5	28	32	17	14
6	27	28	16	15

图8.3.2　金牌分析小组最初收集的数据

其他同学表示赞同,但在制作图表的过程中,负责使用 Excel 绘制图表的 L 同学突然提出他的疑问。

学生 L:我发现一个问题,我们收集了几种奖牌的数量,但是我们是要找到我们国家的优势项目,那这个数据好像不太够,你们昨天找的时候有没有看到这些奖牌分别是什么项目啊?

学生 M:你说的有道理,好像我们只需要金牌数量和获得这些金牌的项目,银牌和铜牌的数量不太重要。

学生 K:不过我们收集了金牌的数量也是有用的,正好可以用来预测下届奥运会金牌的数量,但问题是怎么预测呢?

学生 L:那我先把这个图(金牌数量的条形图)画出来看看。

几名学生经过一段时间的讨论和尝试,画出了历年的金牌数量统计图,如图8.3.3所示。并从条形统计图中可以看出,近两届奥运会中国的金牌数量

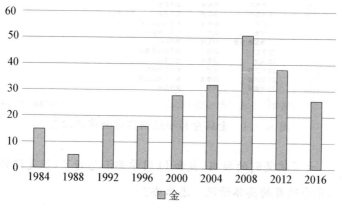

图8.3.3　金牌分析小组绘制的历年金牌走势图

呈下降趋势，但对于如何预测金牌数量仍然没有头绪。此外，经过学生 L 的提示，组员们一致决定课后需要补充金牌的详细信息，并对此进行了分工。

该课时学生对所收集的数据进行了多元表征，并试图挖掘所需的信息。在分析数据的过程中发现，收集的数据无法支持他们达到目标。学生对自己具体需要什么数据产生了疑问，因此讨论了进一步需要收集的数据。虽然看似进展不大，但学生在交流过程中对数据存在的问题不断质疑，潜移默化地提升了数据分析素养。

在第 3 课时，小组成员经过课后的协作，最终将自 1984 年许海峰取得中国首金起，至 2016 年共 9 届奥运会所有金牌数据，包括奖牌数、获奖年份、获奖人以及获奖运动所属大项、获奖运动所属小项在内的信息，录入 Excel 表格（如图 8.3.4 所示），并利用 Excel 软件统计各届奥运会中国奖牌情况。

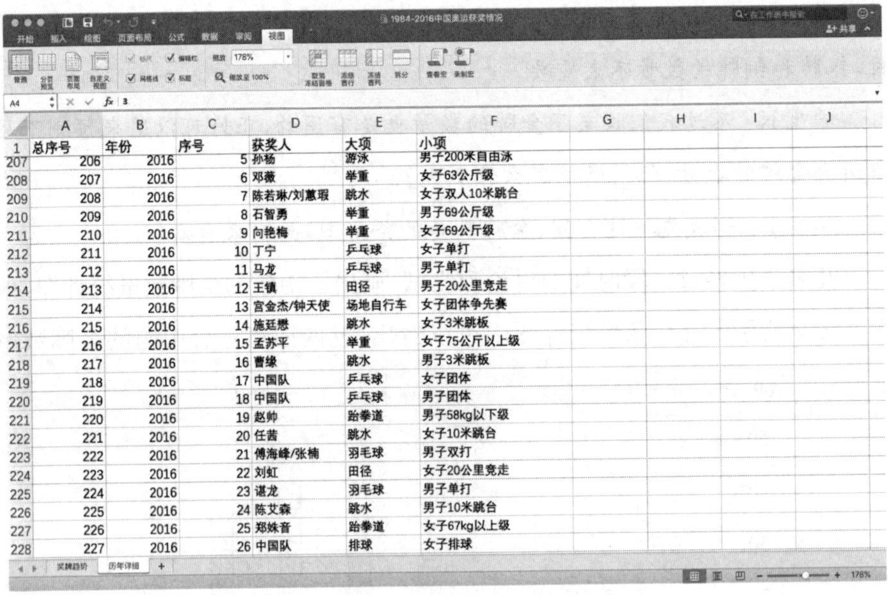

1	总序号	年份	序号	获奖人	大项	小项
207	206	2016	5	孙杨	游泳	男子200米自由泳
208	207	2016	6	邓薇	举重	女子63公斤级
209	208	2016	7	陈若琳/刘蕙瑕	跳水	女子双人10米跳台
210	209	2016	8	石智勇	举重	男子69公斤级
211	210	2016	9	向艳梅	举重	女子69公斤级
212	211	2016	10	丁宁	乒乓球	女子单打
213	212	2016	11	马龙	乒乓球	男子单打
214	213	2016	12	王镇	田径	男子20公里竞走
215	214	2016	13	宫金杰/钟天使	场地自行车	女子团体争先赛
216	215	2016	14	施廷懋	跳水	女子3米跳板
217	216	2016	15	孟苏平	举重	女子75公斤以上级
218	217	2016	16	曹缘	跳水	男子3米跳板
219	218	2016	17	中国队	乒乓球	女子团体
220	219	2016	18	中国队	乒乓球	男子团体
221	220	2016	19	赵帅	跆拳道	男子58kg以下级
222	221	2016	20	任茜	跳水	女子10米跳台
223	222	2016	21	傅海峰/张楠	羽毛球	男子双打
224	223	2016	22	刘虹	田径	女子20公里竞走
225	224	2016	23	谌龙	羽毛球	男子单打
226	225	2016	24	陈艾森	跳水	男子10米跳台
227	226	2016	25	郑姝音	跆拳道	女子67kg以上级
228	227	2016	26	中国队	排球	女子排球

图 8.3.4　金牌分析小组制作的金牌详细表

学生 L：大家收集到的数据，我和 O 同学都汇总好了，但是这样的表格好像没法看出每个项目的具体情况。怎么办？

学生 K：对，我们应该把表格稍微调整一下，既然是要找到优势项目，我想我们是不是可以看看每个小项都在哪几年获得过金牌？

学生 M：我想象一下那样的表格……但是我们的小项太多了，那样是一个很长的表格，好像做起来不太方便，也不好展示。

学生 O：你说的有道理，那我想我们就把小项目归到大项目里，看看每一届奥运会的大项目得到的金牌有多少。

学生 K：那就是把大项目做成列，对应的年份排成行，这样表格里可以填写，每个项目在那一年得到的金牌数量。我们试试看。

经过简短的讨论，组员们统一意见，以奥运大项为代表，统计各大项的获奖情况，在这些初始数据的基础上，对所需数据进行整理，形成各大项目在历届奥运会中获奖情况的统计表，如图 8.3.5 所示。

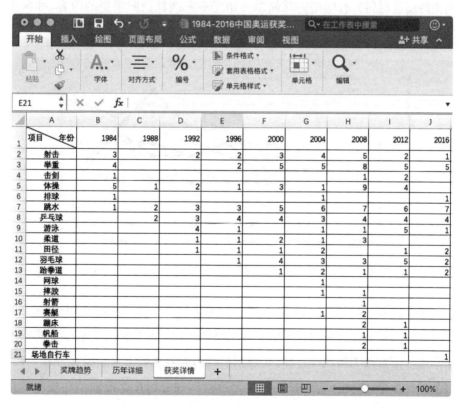

项目＼年份	1984	1988	1992	1996	2000	2004	2008	2012	2016
射击	3		2	2	3	4	5	2	1
举重	4			2	5	5	8	5	5
击剑	1						1	2	
体操	5	1	2	1	3		1	4	
排球	1					1			1
跳水	1	2	3	3	5	6	7	6	7
乒乓球		2	3	4	4	3	4	4	4
游泳			4	1		1	1	5	1
柔道			1	1	2	1	3		
田径			1		1	2		1	2
羽毛球				1	1	3	3	5	2
跆拳道					1	1	1		2
网球						1			
摔跤						1	1		
射箭							1		
赛艇						1	2		
蹦床							2	1	
帆船							1	1	
拳击							2	1	
场地自行车									1

图 8.3.5　金牌分析小组制作的各大运动项目获奖情况表格

在第 3 课时临近结束时,虽然完成了表格,但这个表格的表征并不能直观分析我国奥运会的优势项目。针对这个问题,小组成员们决定使用带数据标记的折线图将数据表征出来,得到如图 8.3.6 所示的奥运优势项目推测图。学生们根据推测图分析,我国的跳水、举重、乒乓球及羽毛球等大项目,在历届奥运会上,都能斩获稳定数量的金牌,这些项目尤其在 2008 年北京奥运会上表现非凡。因此他们认为:跳水、举重、乒乓球及羽毛球这四大项体育运动为我国奥运会的优势项目。

第 3 课时主要攻克了奥运优势项目分析这个难题。数据表征从表格到折线图的过程发展了直观想象素养。在第 3 课时的结尾,组长 K 同学在其余组员的举荐下,向老师询问关于如何预测下届奥运金牌数的策略,并询问是否有相关的阅读材料。教师便向其简单介绍了一元线性回归模型的内容,并向小组成员提供了 SPSS 软件进行数据处理。

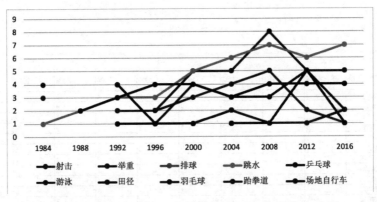

图 8.3.6   金牌分析小组制作的奥运优势项目推测图

第 4 课时,组员们专注于攻克本项目的最后一个难题,即预测中国在下届奥运会将获得的金牌数量。同学们先是将第 2 课时制作的关于历年金牌数的条形统计图修改为折线统计图,在观察折线图时发现数据点呈条状分布,有较好的线性关系,因此决定尝试使用一元线性回归分析建立模型。在教师的指导下,同学们在 SPSS 软件中选取了奥运会年份为自变量,获取的金牌数为因变量,并设置好各变量的属性,录入数据。一元线性回归分析的结果如

图 8.3.7 所示：

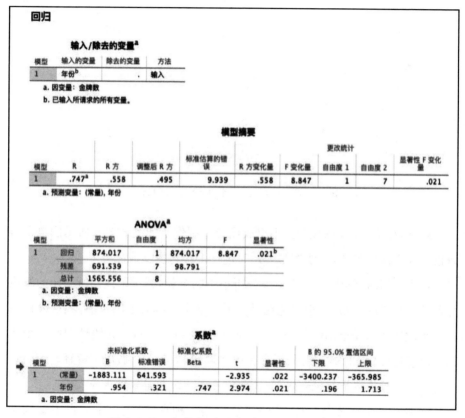

图 8.3.7　金牌数关于年份的 SPSS 分析结果

根据系数表格的数据,可以得到金牌数关于年份的回归方程:

$$y = -1883.111 + 0.954x。$$

据此,同学们绘制了回归方程,如图 8.3.8 所示。将下一届奥运会的年份 2020 代入回归方程,得到预测值为 43.969。因此最终他们预测中国将在 2020 年奥运会赢得 44 枚金牌。

学生在不断优化数据表征的过程中,提升了直观想象素养,虽然是在教师的提示下选择使用一元线性回归模型进行金牌预测,但在运用过程中,数学抽象素养得以发展。

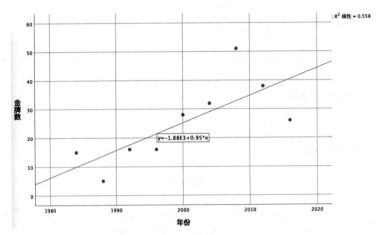

图 8.3.8 金牌数关于年份的回归方程

最终，在第 4 课时的结尾，小组成员合作制作了如图 8.3.9 所示的电子版海报。并于课后打印，方便在第 5 课时进行汇报与提交成品。

在第 5 课时，学生 K 作为金牌分析小组的组长，展示了他们所制作的海报并且进行结果的汇报，汇报时他在讲述了海报中金牌总数图、优势项目分析图和一元线性回归模型图制作的来龙去脉。其他组学生对一元线性回归这个概念以及怎样使用 SPSS 进行分析存在很多疑问，他都一一做出了解释。

2. "假如数学是一种食物"的数学项目活动过程与数学素养

该项目活动要求学生基于"假如数学是一种食物"这个主题自主编制问卷，并根据实际情况选择合适的样本发放和回收问卷，采用科学合理的方式处理并分析数据，最后形成成品并在班级进行汇报。在第 1 课时，该小组的成员们初步的分工是，所有成员一起编制问卷，两人分工打印、发放和回收问卷，此后所有成员一同对回收的数据进行统计并在计算机中录入，由组长学习如何用 Excel 和 SPSS 软件画出图表进行分析。

在第 1 节课的讨论，小组成员得出了较为一致的结论并编制了问卷，如表 8.3.1 所示。他们希望收集同学们眼中"数学像什么食物"的信息。此外，经过讨论引申出了这个活动建议的深层次目的，即从同学们的回答中可以反映出他们持有的数学情感态度。因此本活动拓展成为一次数学情感调查。下面展示学生讨论片段：

中国奥运会
优势项目分析和金牌数预测！

目标： 根据中国历届奥运获金牌情况，分析优势项目；并预测2020年中国奥运金牌数。

表1为2016年里约奥运会中国的夺金名单，尚有历届奥运会的夺金名单由于篇幅所限，暂未列出。数据来源于百度百科，关键词：中国历届奥运会金牌榜。

概述

自1984年许海峰斩获中国奥运史上首枚金牌以来，我国在奥运会上共获得了227枚金牌。平均每届奥运会获得25.2枚金牌。其中2008年北京奥运会更是取得了51枚金牌的好成绩，在2016年里约奥运会上，我国赢得了26枚金牌，其中跳水大项取得金牌数最多，共7枚金牌；举重大项次之，共5枚；乒乓球项目获得了4枚；田径、羽毛球和跆拳道等各获得2枚；排球和游泳各获得一枚金牌。

序号	获奖者	大项
1	张梦雪	射击
2	吴敏霞/施廷懋	跳水
3	龙清泉	举重
4	陈文嘉/林跃	跳水
5	孙杨	游泳
6	邓薇	举重
7	陈若琳/刘慧瑕	跳水
8	石智勇	举重
9	向艳梅	举重
10	丁宁	乒乓球
11	马龙	乒乓球
12	王镇	田径
13	宫金杰/钟天使	自行车
14	施廷懋	跳水
15	孟苏平	举重
16	曹缘	跳水
17	中国男队	乒乓球
18	中国女队	乒乓球
19	赵帅	跆拳道
20	任茜	跳水
21	傅海峰/张楠	羽毛球
22	刘虹	田径
23	谌龙	羽毛球
24	陈文嘉	跳水
25	郑姝音	跆拳道
26	中国队	排球

表1.2016年奥运会中国夺金名单

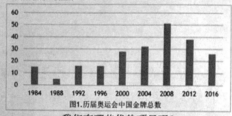

图1.历届奥运会中国金牌总数

我们有哪些优势项目呢？

结合往届奥运会获奖情况，我们选择带数据标记的折线图来反映数据结果。由图2可见，我国的跳水、举重、乒乓球及羽毛球等大项在历届奥运会上，都能斩获稳定数量的金牌，因此可以判定，跳水、举重、乒乓球及羽毛球等四个大项体育运动是我国奥运优势项目。

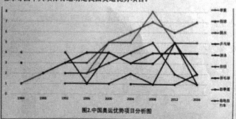

图2.中国奥运优势项目分析图

2020年奥运会金牌数量预测！

为预测2020年中国的奥运金牌数，选取年份为自变量，金牌数为因变量，做散点图（如左图所示）。数据点呈条状分布，有较好的线性关系。采取一元线性回归分析的方法，建立一元回归模型，由此得到线性拟合方程：

$$y = 1883.111 + 0.954x$$

将2020带入方程，可得预测值 $y_{max} = 43.969$，由此预测我国在2020年奥运会上可能获得44枚金牌。

该结果为预测值，不一定为预报变量的精确值，仅供参考。那么2020年我国能获得多少金牌呢？让我们拭目以待吧！

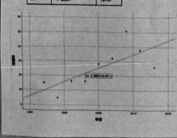

图 8.3.9　金牌分析小组的最终成果图

表 8.3.1   数学情感调查组编制的问卷

假如数学是一种食物调查问卷
亲爱的同学,你好! 这是一份关于数学情感的问卷,你所填写的问卷内容仅供这次项目学习活动使用,我们将对你的个人信息进行保密处理,请放心填写。谢谢!

姓名:	性别:	班级:
Q1 你认为数学最像什么食物?		
Q2 请说明你的理由:		

　　学生 P:我们活动的第一件事是把问卷弄出来,好像我们学过怎么编写调查问卷,我先把它写出来,题目是:假如数学是一种食物调查问卷。

　　学生 Q、R、S、T 赞同:是的。

　　学生 P:还有姓名、班级。然后问题是,你认为数学像一种什么食物? 就这样? 这个问卷好像太简单了。

　　学生 Q:不是,我平时看到的问卷都有一小段话写在前面,我看看……叫问候语,大概是要说明我们调查的目的。

　　学生 P:好,我补上……你们看看,亲爱的同学,你好! 这是一份"假如数学是一种食物"的调查问卷,我们希望了解你认为数学最像什么食物。谢谢。

　　一阵思索过后……教师观察到 R 同学与 P 同学突然发生了一段有意思的对话,教师从中做了适当的引导。

　　学生 R:P 你觉得数学像什么食物?

　　学生 P:我觉得……数学像毒苹果。

　　学生 R:啊哈? 为什么像毒苹果?

　　学生 P:因为一开始很甜,但吃了就中毒。

　　学生 R:哈哈,那你是喜欢吃苹果的吗?

　　学生 P:嗯……算是喜欢吧,但有时遇到难题时就觉得有毒了。

　　教师：也就是说你是喜欢数学的。那么其他同学的回答是不是也有类似的情感？

　　学生 S：对耶，那我们应该加一个问题，写上问题 2：请说明你的理由，从他的理由里看看他是不是喜欢数学。

　　教师：是的，那么把问卷补充完整，还有问候语不要忘了修改。

　　片段展示了学生编制问卷的主要过程，很明显小组讨论衍生出了很多有意思的对话，其中包含了学生可能没有注意到但很重要的信息，教师适当进行引导，有时能够帮助学生更深入挖掘任务背后的意义。

　　由于活动时间有限，问卷调查的样本受到限制，小组成员最终决定将参与项目活动的两个班级作为调查对象。在第 2 课时，教师询问该小组数据收集情况，得到的结果是已经将自己班级的问卷收回，但还有另一个班级未收回。由此小组成员开始尝试对问卷进行统计。

　　最初小组成员进行问卷统计时，教师没有进行干预，但在统计过程中，问题很快就出现了。首先是对食物的分类，负责统计的 S 和 T 同学仅仅用纸笔进行正字统计，直接将食物名称写下。下面截取组员们的讨论片段：

　　学生 S：T 同学，就由你来唱票，我来统计吧。

　　学生 T：好，这个同学写的是优酸乳，理由是酸酸甜甜，但是味道好极了。下一个同学写的是……

　　学生 R：食物我们越写越多了，然后，理由怎么办？我发现大家的理由都不一样，难道一个个写下去？

　　学生 P：确实这样写下去没完没了，要不，我们试试把这些东西分类吧？同样的道理，理由也挺好处理的，这个"味道好极了"明显是喜欢数学，我们就分喜欢和不喜欢吧？

　　经过讨论，学生们将食物和理由都做了分类。初步将食物分为水果、零食、饮品和主食，将理由分为喜欢和不喜欢。但在统计过程中，对于某些食物的分类很快就出现了分歧，如在统计过程中，S 同学很自然地将圣女果归结到水果类，但是这个决定很快就遭到两名组员的质疑，她们认为圣女果不属于水果，应该属于蔬菜。就在组员们僵持不下时，教师从中调解。

教师：你们是在食物的分类上出现了问题，这说明其他人拿你们的这个分类框架，再对问卷做一次统计，结果可能会不一样，或者没法做。我建议你们需要完善你们的分类框架，并用编码的方式来处理问卷。

学生 S：那怎么样保证我们的这个分类是可信的？

教师：为了保证分类的可信度，我们可以做编码的一致性检验。

之后教师向学生简单介绍了问卷的编码方法，及编码一致性检验的要求。小组成员便一同进行背靠背编码一致性检验。但由于第 2 课时即将结束，所以一致性检验在第 3 课时进行。

第 2 课时学生就食物的分类问题产生了争端，但由此引发一连串的提问，除了最后教师指导一致性检验以外，其余问题都是学生自行思考解决，说明学生的思路是能够自主达到清晰严密的程度。得益于此，学生的问题提出素养得以发展。

在第 3 课时，组员们将所有数据收齐，对每一份问卷进行编号，并制定了一套由性别编码-食物编码-喜好编码三位数字组成的编码系统，抽取 30 份问卷进行一致性检验。共经历两次一致性检验。第一次一致性检验结果未达到 85% 以上，在进行编码校对的时候，组员们讨论了原来的编码框架。最终将食物分为主食、饮品、水果、零食、蔬菜、肉类、热菜和其他等 8 类，分别用数字 1 到 8 表示；而对数学的情感，经过商议，将表示对数学又爱又恨的表述定义为中立情感，将空白定义为未表态，因此分别为积极情感、中立情感、负面情感和未表态，分别用数字 1 到 4 表示；对于学生的性别，令人意外的是，有同学填写了不确定，因此将原编码扩充了不确定类别，使用 1 到 3 表示。第二次一致性检验的一致性高于 90%，小组成员们的情绪受到了鼓舞。如图 8.3.10 为小组成员在教师指导下进行编码一致性检验。

图 8.3.10　小组成员在教师指导下进行编码一致性检验

　　学生虽然在学习生活中曾接触过各种图表,也有一定的图表阅读经验,但处理问卷这个环节是此前不曾经历的,尤其开放性问题的处理更是难点。因此第3课时学生在教师指导下体验了编码一致性检验和编码框架的修订完善过程,有了一定的处理问卷经验,发展了数学抽象及数据分析素养。

　　在第4课时,小组成员使用通过一致性检验后的编码框架进行问卷的全面编码,编码结束后便在教师事先准备好的电脑上进行数据录入工作。使用SPSS软件,选择了问卷编号、性别、食物和喜好为变量,并设置好变量参数,最后分析结果制作汇报PPT。如图8.3.11所示,小组成员正进行数据录入。

图 8.3.11　小组成员进行数据录入

　　在第5课时,根据数据结果,数学情感调查小组向全班展示了如下图表,由组长P同学向大家汇报她们的发现,结合图8.3.12、8.3.13、8.3.14可以看出,两个班级的男女比例较为均衡。而在食物的选择上,有40%的学生认为数学像水果,这部分学生占比最大。有趣的是,8%的学生认为数学像零食,其中男生数量是女生的两倍,也许这表现出男生比女生更喜欢吃零食,有12%的学生认为数学像蔬菜,其中女生的数量是男生的三倍,也许这表现出男生比女生

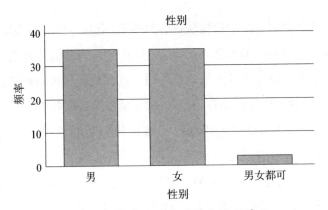

图 8.3.12   填写问卷的学生性别情况

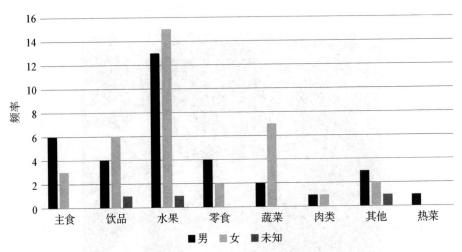

图 8.3.13   问卷反映的食物情况

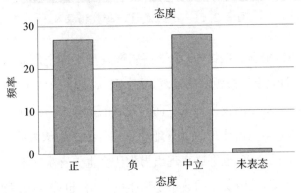

图 8.3.14   学生对数学的态度情况

更不爱吃蔬菜。在情感方面,持中立态度的学生占比最高,为 38%,其次是持积极态度的学生,有 37%,持消极态度的学生数量占 23%,由此可见多数学生还是热爱数学的,但有部分学生处在中间摇摆不定。在组长 P 同学的汇报过后,又由几位组员向全班同学宣读了几条他们认为有趣的回答。

三、数学素养的行为表现

(一)"奥运会中国各项目优势分析与金牌预测研究"项目学习的数学素养行为表现

从图 8.3.15 中可以看出,在"奥运会中国各项目优势分析与金牌预测研究"的过程中,学生的数学素养表现为数学交流、数据分析、问题提出、数学运算、逻辑推理、直观想象和数学抽象。下面具体分析学生各素养在项目学习中的具体体现与成长。

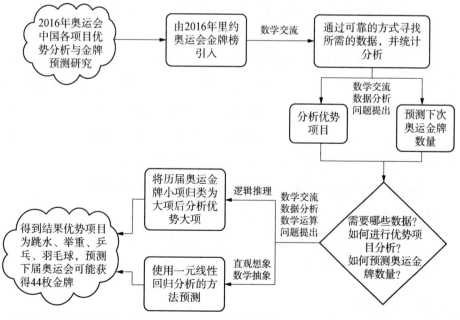

图 8.3.15 "奥运会中国优势项目分析与金牌预测"的过程及发展的数学素养

　　首先,数学交流是数学素养的重要组成成分①。数学交流是人们学习数学的方式之一,亦是应用数学的一种途径,学生能够在交流中学习数学语言,并使用数学语言,学会运用特定的符号、词汇、句法进行交流,从而逐渐积累常识,由此认识世界。在该项目学习过程中,学生始终保持良好的交流与沟通,小组内部和谐。在第 2 课时的讨论中,学生 K 作为组长,始终起到了引领小组成员进行活动的作用,小组成员各司其职。K 同学在交流过程中,能够使用较为正确的数学语言,例如他认为"可以用条形统计图或折线统计图来表示金牌、银牌和铜牌的数量变化。"

　　但美中不足的是,小组成员们最初的想法与任务计划的制定并不严谨。在实际绘制图表的过程中,学生 L 发现,他们起初收集的数据并不充足,项目的其中一个目标是分析我国的优势体育项目,但数据内容仅有金牌总数,并没有包含金牌奖项的详情。组员 L 同学发现并指出了这个问题,在成员们讨论过后,活动计划及时进行了调整。由此可见,在实际交流的过程中,学生存在反思行为,并伴随反思提出数学问题。有相关研究将问题提出作为一个相对独立的数学活动,分析学生的数学问题提出能力,结果显示整体上学生的问题提出能力和所提问题的水平较低②。但水平低并不代表没有,在该项目学习活动中,学生们所体现的问题提出能力不局限于第 2 课时。在第 3 课时,L 同学将重新收集的数据通过详细列表的方式汇总完成,并在汇总的过程中,反思详细列表统计的方式。他发现,项目的目标是分析优势项目,仅了解每个金牌的详细情况尚远远达不到目标,因此他提出了疑问。在第 3 课时最后,小组成员提出了关于回归分析的相关问题,并在教师提供的材料帮助下最终解决问题。学生在项目学习中的表现显示,任务进行的过程中,学生不断根据现状进行反思,不断提出问题,合作讨论解决问题。

　　其次,"让概率说话"项目学习的设计符合数学抽象素养的培养条件。《普通高中数学课程标准(2017 版)》指出:通过高中数学课程的学习,学生

---

① 蔡金法,徐斌艳. 也论数学核心素养及其构建[J]. 全球教育展望,2016,45(11):3-12.
② 王甲. 关于高中生问题提出能力的调查研究[D]. 上海:华东师范大学,2009:1.

能在情境中抽象出数学概念,命题、方法和体系,积累从具体到抽象的活动经验。[①] "奥运会中国各项目优势分析与金牌预测研究"项目的设计,包含了"回归分析"概念的学习,项目中主要问题的研究方法涉及简单的定性和定量研究。实际在预测金牌数量这个任务上,学生表现确实围绕回归分析这个概念进行合作学习,最终掌握并运用一元线性回归分析的方法进行预测,切实结合了统计概念,渗透数学抽象核心素养。[②]

最后,相比较课程标准而言,新课程标准在统计知识部分,更加注重让学生经历收集、处理数据的全过程,从而增加学生的活动经验。[③] 由于是新高一学生,尚未开始学习高中知识,项目活动难度较大,但如流程图所展示,学生在项目学习的过程中,基本上经历了针对研究对象收集数据,运用数学的方法整理分析数据并获得结论的数据分析过程,在积累活动经验的同时,数据分析素养得以发展。

(二)"假如数学是一种食物"项目学习的数学素养行为表现

从图 8.3.16 中可以看出,在"假如数学是一种食物"项目学习的过程中,学生的数学素养表现为数学交流、数据分析、问题提出、逻辑推理、数学抽象和直观想象。下面具体分析学生各素养在项目学习中的具体体现与成长。

与前一个项目相似,"假如数学是一种食物"项目的活动过程中,始终提供学生数学交流的机会。这种机会包括解释自身想法的机会、分析观点的机会、通过辩论来批判和解决不同观点的机会、观察其他小组成员策略的机会等。例如问卷编制阶段,学生通过讨论,不断对问卷的内容和结构进行更新,教师在观察学生讨论的过程中,适当地提问引导,启发学生对项目主题的思考,最终小组成功地将这份问卷,定义为一份关于数学情感的调查

① 中华人民共和国教育部.普通高中数学课程标准(2017版)[S].北京:人民教育出版社,2018:5.
② 高雪松,郭方奇,欧阳亚亚.基于核心素养的高中统计教学研究[J].中国数学教育,2019(12): 17-20.
③ 朱亚丽,张慧慧,刘月.高中数学新旧课标中概率与统计内容的比较研究[J].教学与管理,2019(6): 77-80.

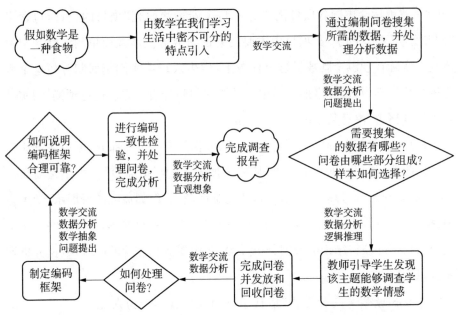

图 8.3.16 "假如数学是一种食物"的过程及发展的数学素养

问卷。

　　和概率与统计知识相关的项目学习,很重要的一个关注点在于培养学生的数据分析素养。在大数据时代,数据已经渗透到当今各个行业和业务职能领域,有价值的数据不是凭空想象和恣意捏造出来的。[①] 项目活动中,学生的一切数据来源于身边的其他学生,通过问卷的方式收集,可以得到较为真实的数据。在讨论编码框架并执行一致性检验的阶段,组员们遇到了一些特殊的问卷。包含了个别填写问卷不用心、表述含糊等回答,这些回答让小组在这个阶段吃了苦头。但也正因此暴露了小组制定的编码框架的不完善。最后,通过编码框架的修订,经历了两次一致性检验,才通过检验。上述种种数据分析的过程,从点滴上累积数据分析的经验。最后项目汇报阶段,小组展示了统计过后的图表,并针对图表的数据进行了解释,得到了有一定现实意义的结论,

① 常磊,鲍建生.情境视角下的数学核心素养[J].数学教育学报,2017,26(2):24 - 28.

一定程度上学生树立了依据数据表达现实问题的意识,并在合作讨论中养成了选择恰当且正确的数据进行分析的思路和方法,形成数据分析素养。完整经历问卷编制、发放、回收,以及编码、分析得到结论的过程,让组员们体会到了采集数据、分析数据的不易,在汇报的最后,组员们还告诫台下的同学"问卷可以选择不填写,但填写问卷一定要认真"。

项目活动过程中,学生使用了一课时的时间对活动情境进行探索,其中包含了了解活动目的,问卷编制等活动。按照克雷斯珀(S. Crespo)和辛克莱(N. Sinclair)的研究结果①——为了让学生更为高效地提出问题,学生需要有充足的时间对数学情境和学习材料进行探索,在其中找到可质疑的点——可见,学生能够在"将数学比作食物"的情境下,协作编制问卷的过程中,提出高质量的问题。由于先前对调查目的的充分掌握,了解问卷的问题 2 是在询问被调查者对数学的态度,因此,在处理问卷、编码等阶段,能高效地发现并解决问题。

此外,问卷编制阶段,R 同学询问 P 同学认为数学像什么食物,并在不经意间询问了 P 同学是否喜欢数学。此时 S 同学迅速反应,由 P 同学的个案意识到,通过调查对象对食物的解释能够反映其对数学的态度是喜欢、讨厌或是保持中立。可见 S 同学能够快速地进行从特殊到一般的归纳,体现了较强的合情推理能力。合情推理是一类逻辑推理素养,是从经验过的东西推断未曾经验过的东西,用于发现猜想。② 另一类是由一般到特殊的演绎推理。案例体现的是学生逻辑推理素养发展的其中一个方面。

(三) 总结

在"让数据说话"的数学项目活动过程中,学生的数学素养表现如表 8.3.2和表 8.3.3 所示。

---

① CRESPO S, SINCLAIR N. What makes a problem mathematically interesting? Inviting prospective teachers to pose better problems [J]. Journal of mathematics teacher education,2008,11(5):395 - 415.

② 朱立明,胡洪强,马云鹏. 数学核心素养的理解与生成路径——以高中数学课程为例[J]. 数学教育学报,2018,27(1):42 - 46.

表 8.3.2 "奥运会中国各项目优势分析与金牌预测研究"
数学项目活动流程中的数学素养

"奥运会中国各项目优势分析与金牌预测"活动流程	数 学 素 养							
	数学抽象	逻辑推理	数学建模	直观想象	数学运算	数据分析	数学交流	问题提出
1. 数学项目活动的介绍							✓	
2. 收集各届奥运金牌相关数据						✓	✓	✓
3. 数据处理绘制优势项目相关图表并分析		✓		✓	✓	✓	✓	
4. 学习一元线性回归分析的方法并预测奥运金牌	✓	✓				✓	✓	
5. 完成海报并展示							✓	✓

表 8.3.3 "假如数学是一种食物"数学项目活动流程中的数学素养

"假如数学是一种食物"活动流程	数 学 素 养							
	数学抽象	逻辑推理	数学建模	直观想象	数学运算	数据分析	数学交流	问题提出
1. 数学项目活动的介绍							✓	
2. 编制问卷,选择样本进行调查						✓	✓	✓
3. 学习使用编码的方法对问卷数据进行量化处理	✓	✓				✓	✓	✓
4. 分析结果				✓		✓	✓	
5. 完成幻灯片并在班级展示						✓	✓	

从总体上看,"让数据说话"项目涉及培养的学生素养较为全面。通过表8.3.2 和表 8.3.3 我们可以发现,学生在两个项目任务中数据分析素养的培养均贯穿始终。此外,有研究表明,通过有效的数学交流,关注课堂时间的使用率,能使学生在有效的教学时间内最大化学习目标[①],良好的数学交流有助于

① 李长敏. 关于普通高中数学交流的调查与实验研究[D]. 北京：首都师范大学,2008.

促进教学目标的实施。[①] 项目活动是通过小组合作的方式进行,相较传统数学课堂,更有效促进了学生数学交流能力的发展。同时数学交流可以使学生的思维可观察化[②],通过学生的交流,教师能更容易观察学生的学习情况,从而及时调整教学策略。

除此之外,关于其他素养的培养,两个任务各有侧重。"奥运会中国各项目优势分析与金牌预测研究"项目突出了数学运算素养的培养,而"假如数学是一种食物"项目并没有涉及。原因是,前者的项目活动中关于优势运动项目的数据处理,学生是自己摸索讨论而寻找到恰当的方式统计分析,而后者对数据的处理等更多地依赖于电脑软件。这里想说明的是,解决问题有多种途径,不同途径突出学生不同类型的素养,有时可以同时发展素养。《普通高中数学课程标准(2017 年版)》提出的数学核心素养从低到高可分为数学思维素养(包括直观想象和数学抽象),数学方法素养(包括数学运算和逻辑推理)和数学工具素养(包括数据分析和数学建模)。[③] 这提示我们,项目学习设计时需要把握好六大核心素养之间的关系,给予学生用数学的眼光观察世界、用数学的思维思考世界、用数学的语言表达世界的机会。[④]

---

① 沈忱. 高中课堂数学交流的调查研究[D]. 上海:上海师范大学,2015.
② National Council of Teachers of Mathematics. Principles and standards for school mathematics [M]. Reston,VA:NCTM,2000.
③ 宁锐,李昌勇,罗宗绪. 数学学科核心素养的结构及其教学意义[J]. 数学教育学报,2019,28(2):24-29.
④ 史宁中. 高中数学课程标准修订中的关键问题[J]. 数学教育学报,2018,27(1):8-10.

参考文献

[1] ADDERLEY K, et al. Project methods in higher education[J]. Society for research into higher education,1975.

[2] ATLANTIC T. The Nobel Prize in Physics is really a Nobel Prize in Math [EB/OL]. [2016 - 09 - 19]. http://www. theatlantic. com/technology/archive/2013/10/the-nobel-prize-in-physics-is-really-a-nobel-prize-in-math/280430/.

[3] BELL S. Project-based learning for the 21st century: Skills for the future[J]. The clearing house, 2010(83): 39 - 43.

[4] BLUMENFELD P C, et al. Motivating project-based learning: sustaining the doing, supporting the learning [J]. Educational psychologist, 1991, 26(3 - 4): 369 - 398.

[5] BLUM W, GALBRAITH P L, HENN H W, et al. Modelling and applications in mathematics education [M]. Berlin: Springer, 2007: 12.

[6] CAI J, FRANK K, LESTER J R. Solution representations and pedagogical representations in Chinese and U. S. classrooms [J]. Journal of mathematical behavior, 2005(24): 221 - 237.

[7] CAI J, MERLINO F J. Metaphor: A powerful means for assessing students' mathematical disposition [J]. National council of teachers of mathematics, 2011: 147 - 156.

[8] CRESPO S, SINCLAIR N. What makes a problem mathematically interesting? Inviting prospective teachers to pose better problems [J]. Journal of mathematics teacher education, 2008,11(5): 395 - 415.

[9] Department for Education. The national curriculum in England [S]. Framework document, 2014.

[10] DUSCHL R A, BISMACK A S. Reconceptualizing STEM education: the central role of practices [M]. Laramie, WY: University of Wyoming, 2013: 120.

[11] HELLE L, TYNJALA P, OLKINUORA E. Project-based learning in post-secondary education: Theory, practice and rubber sling shots [J]. Higher education, 2006,51 (2): 287 - 314.

［12］ HMELO-SILVER C E. Problem-based learning: What and how do students learn［J］. Educational psychology review, 2004,16(3): 235 – 266.

［13］ HUMENBERGER, et al. Festschrift fuer HWH［M］. Huldesheim: Franzbecker, 2007: 8 – 23.

［14］ ISTE, CSTA. Operational definition of computational thinking for K – 12 education. ［EB/OL］.［2016 – 07 – 28］. http://csta. acm. org/Curriculum/sub/CurrFiles/ CompThinkingFlyer. pdf.

［15］ JONES M A. Dangers and possibilities of the project［J］. The English journal, 1922, 11(8): 497 – 501.

［16］ KNOLL M. Die projektmethode in der paedagogik von 1700 bis 1940, Diss［D］. Erlangen: Kiel, 1991: 11.

［17］ KNOLL M. The project method: Its vocational education origin and international development［J］. Journal of industrial teacher education, 1997, 34(3).

［18］ KRAJCIK J S, BLUMENFELD P C. Project-based learning［M］//SAWYER R K. The cambridge handbook of the learning sciences. Oxford: Cambridge University Press, 2006.

［19］ LEUNG S S. Mathematical problem posing: The influence of task formats, mathematics knowledge and creative thinking ［M］//HIRABAYASHI I, NOHDA N, SHIGEMATSU K, et al. Proceedings of the 17th international conference of the international group for the psychology of mathematics education, 1993(3): 33 – 40.

［20］ LUDWIG M. Projekte im Mathematikunterricht des Gymnasiums［M］. Hildesheim: Verlag Franzbecker,1998.

［21］ MARKHAM T, LARMER J, RAVITZ J. Project based learning handbook: A guide to standards-focused project based learning［M］. 2nd ed. Novato, CA: Buck Institute for Education, 2003.

［22］ MELIS E, FAULHABER A, EICHELMANN A, et al. Interoperable competencies characterizing learning objects in mathematics［J］. Lecture notes in computer science, 2008: 416 – 425.

［23］ Ministry of Education Singapore. 21st Century Competencies［EB/OL］.［2016 – 09 – 19］. https://www. moe. gov. sg/education/education-in-sg/21st-century-competencies.

［24］ National Council of Teachers of Mathematics. Principles and standards for school mathematics［M］. Reston, VA: NCTM, 2000.

［25］ NISS M. Mathematical competencies and the learning of mathematics: The danish

KOM project[EB/OL]. [2011 - 11 - 02]. http://w3. msi. vxu. se/users/hso/aaa_niss. pdf.

[26] OECD (2006). Assessing scientific, reading and mathematical literacy: A framework for PISA 2006[EB/OL]. [2008 - 03 - 30]. http://www. oecd. org/dataoecd/38/51/33707192. pdf

[27] OECD (2012). PISA 2012 mathematics framework[EB/OL]. http://www. oecd. org/dataoecd/38/51/33707192. pdf.

[28] Partnership for 21st Century Skills. P21 Framework Definitions [EB/OL]. [2012 - 9 - 12]. http://www. p21. org/storage/documents/P21_Framework_Definitions. pdf.

[29] SILVER E A. On mathematical problem posing [J]. For the learning of mathematics, 1994(14): 19 - 28.

[30] TURNER R. Exploring mathematical competencies [J]. Research developments, 2011(24): 5.

[31] UNESCO. Education 2030 Incheon declaration and framework for action: Towards inclusive and equitable quality education and lifelong learning for all [R]. 2016: 7.

[32] WARREN M L. The project method-(i)[J]. The journal of education, 1921, 94(7): 176 - 177.

[33] WARREN M L. The project method-(ii)[J]. The journal of education, 1921, 94(8): 207 - 209.

[34] WARREN M L. The project method-(iv)[J]. The journal of education, 1921, 94(10): 259 - 260.

[35] WEINTROP D, BEHESHTI E, HORN M, et al. Defining computational thinking for mathematics and science classrooms [J]. Journal of science education and technology, 2016(25): 127 - 147.

[36] WERDELIN I. The mathematical ability: Experimental and factorial studies [M]. Lund: Gleerups, 1958.

[37] What dose math literacy mean? [EB/OL]. (2010 - 05 - 05)[2016 - 09 - 19]. http://www. oxfordlearning. com/what-does-math-literacy-mean/.

[38] WING J M. Computational thinking [J]. Communications of the ACM, 2006, 49(3): 33 - 35.

[39] 爱因斯坦. 爱因斯坦晚年文集[M]. 方在庆,韩文博,何维国,译. 海口：海南出版社,2014.

[40] 巴克教育研究所.项目学习教师指南：21 世纪的中学教学法[M].北京：教育科学出

版社,2008.

[41] 蔡金法,江春莲,聂必凯. 我国小学课程中代数概念的渗透、引入和发展：中美数学教材比较[J]. 课程·教材·教法,2013(6)：57 - 61.

[42] 蔡金法,聂必凯,许世红. 做探究型教师[M]. 北京：北京师范大学出版社,2015.

[43] 蔡金法,徐斌艳. 也论数学核心素养及其构建[J]. 全球教育展望,2016,45(11)：3 - 12.

[44] 曹才翰. 中学数学教学概论[M]. 北京：北京师范大学出版社,1990.

[45] 常磊,鲍建生. 情境视角下的数学核心素养[J]. 数学教育学报,2017,26(2)：24 - 28.

[46] 陈蓓. 国外数学素养研究及其启示[J]. 外国中小学教育,2016(4)：17 - 23.

[47] 陈竟蓉. 陶行知与克伯屈[J]. 河北师范大学学报(教育科学版),2017(1)：33 - 38.

[48] 陈静安. 关于培养数学交流能力的认识与思考[J]. 云南师范大学学报,2000(2)：83 - 86.

[49] 陈蕾. 让小学生感受"数形结合"的教学策略[J]. 上海教育科研,2016(2)：83 - 87.

[50] 陈瑶. 刍议高中数学教学中直观想象素养培养策略[J]. 数学学习与研究,2019(13)：79.

[51] 陈志华. 谈谈数学教学中学生说理能力的培养[J]. 基础教育研究,2010(15)：44.

[52] 程靖,孙婷,鲍建生. 我国八年级学生数学推理论证能力的调查研究[J]. 课程·教材·教法,2016(4)：17 - 22.

[53] 褚洪启. 杜威教育思想引论[M]. 长沙：湖南教育出版社,1997.

[54] 凡勇昆,邬志辉. 美国基础教育改革战略新走向——"力争上游"计划述评[J]. 比较教育研究,2011(7)：82 - 86.

[55] 范燕. 小学数学统计教学的问题与策略研究[D]. 上海：华东师范大学,2012.

[56] 冯跃峰. 推理是数学思维的核心[J]. 中学数学,1996(4)：15 - 17.

[57] 弗赖登塔尔. 数学教育再探——在中国的讲学[M]. 刘意竹,杨刚,等译. 上海：上海教育出版社,1999.

[58] 弗里德曼. 世界是平的：21 世纪简史[M]. 何帆,等译. 长沙：湖南科学技术出版社,2008.

[59] 高雪松,郭方奇,欧阳亚亚. 基于核心素养的高中统计教学研究[J]. 中国数学教育,2019(12)：17 - 20.

[60] 郭华. 项目学习的教育学意义[J]. 教育科学研究,2018(1)：25 - 31.

[61]《国家高中数学课程标准》制订组.《高中数学课程标准》的框架设想[J]. 数学通报,2002(2)：2 - 6.

[62] 国家研究理事会,杰瑞,戈勒博,等. 学习与理解[M]. 陈家刚,等译. 北京：教育科学出

版社,2008.

[63] 哈代.一个数学家的辩白[M].李文林,戴宗铎,高嵘,编译.南京：江苏教育出版社,1996.

[64] 韩龙淑.高中"课标"与"大纲"中立体几何内容比较研究及启示[J].数学教育学报,2006(2)：71-73.

[65] 郝连明,綦春霞,李俐颖.项目学习对学习兴趣和自我效能感的影响[J].教学与管理,2018,745(24)：38-40.

[66] 何声清,綦春霞.国外数学项目学习研究的新议题及其启示[J].外国中小学教育,2018(1)：64-72.

[67] 何声清,綦春霞.数学项目式课程资源开发的理论与实践[J].中小学教师培训,2017(10)：41-45.

[68] 何小亚.数学核心素养指标之反思[J].中学数学研究(华南师范大学版),2016(13)：封二,1-4.

[69] 何小亚.学生"数学素养"指标的理论分析[J].数学教育学报,2015,24(1)：13-20.

[70] 洪燕君,周九诗,王尚志,等.《普通高中数学课程标准(修订稿)》的意见征询——访谈张奠宙先生[J].数学教育学报,2015,24(3)：35-39.

[71] 胡典顺.数学素养研究综述[J].课程·教材·教法,2010(12)：50-54.

[72] 黄华.PISA2012基于计算机的数学素养测评分析[J].上海教育科研,2015(2)：20-23.

[73] 黄友初.欧美数学素养教育研究[J].比较教育研究,2014(6)：47-52.

[74] 郏超超,杨涛.TIMSS课程模型及测评框架的演变及启示[J].外国中小学教育,2019(6)：25-32.

[75] 简韵珊.巧用"说理"自评数学作业法[J].基础教育参考,2016(8)：46-47.

[76] 教育部基础教育课程教材专家工作委员会.义务教育数学课程标准(2011年版)解读[M].北京：北京师范大学出版社,2012.

[77] 康世刚.数学素养生成的教学研究[D].重庆：西南大学,2009.

[78] 克莱因M.古今数学思想(第3册)(英文版)[M].上海：上海科学技术出版社,2014.

[79] 克莱因M.西方文化中的数学[M].张祖贵,译.上海：复旦大学出版社,2005.

[80] 克鲁捷茨基.中小学生数学能力心理学[M].李伯黍,洪宝林,艾国英,等译校.上海：上海教育出版社,1983.

[81] 课程教材研究所,数学课程教材研究开发中心.小学数学教学与研究[M].北京：人民教育出版社,2006.

[82] 黎文娟.促进理解的数学活动设计与实施——以"多面体"数学项目活动为例[D].上

海：华东师范大学,2007.

［83］李长敏.关于普通高中数学交流的调查与实验研究[D].北京：首都师范大学,2008.

［84］李华.再谈立体几何教学中逻辑推理素养的培养[J].中学数学研究(华南师范大学版),2018(24)：22－24,19.

［85］李其龙,张可创.研究性学习国际视野[M].上海：上海教育出版社,2003.

［86］李星云.论小学数学核心素养的构建——基于 PISA2012 的视角[J].课程·教材·教法,2016,36(5)：72－78.

［87］李雅慧.基于项目活动的教学案例研究[D].上海：华东师范大学,2013.

［88］李亚玲.建构观下的课堂数学交流[J].数学通报,2001(12)：5－7.

［89］李颖慧.面向基本活动经验的高中函数项目学习的设计与实施[D].上海：华东师范大学,2015.

［90］廖运章,卢建川.2014 英国国家数学课程述评[J].课程·教材·教法,2015(4)：116－120.

［91］刘达,徐炜蓉,陈吉.基于 PISA2012 数学素养测评框架的试题设计一例[J].外国中小学教育,2014(1)：15－21.

［92］刘兼,黄翔,张丹.数学课程设计[M].北京：高等教育出版社,2003.

［93］刘新求,张垚."数学情感"的内涵分析和合理定位[J].太原教育学院学报,2005(3)：21－24.

［94］刘喆,高凌飚.西方数学教育中数学素养研究述评[J].中国教育学刊,2012(1)：62－66.

［95］龙正武,陈星春.近三年概率统计内容的高考特点及相关教学思考[J].数学通报,2018,57(11)：31－34.

［96］卢锋.运用比较策略提升数学素养[J].教学与管理,2013(11)：47－49.

［97］吕世虎,王尚志.高中数学新课程中函数设计思路及其教学[J].课程·教材·教法,2008(2)：49－52,86.

［98］罗丹.美国小学数学科中表现性评价档案袋的收集与实施——以米尔沃基帕布里克学区为例[J].外国中小学教育,2007(10)：52－56.

［99］聂必凯,汪秉彝,吕传汉.关于数学问题提出的若干思考[J].数学教育学报,2003(2)：24－26.

［100］宁锐,李昌勇,罗宗绪.数学学科核心素养的结构及其教学意义[J].数学教育学报,2019,28(2)：24－29.

［101］綦春霞,周慧.基于 PISA2012 数学素养测试分析框架的例题分析与思考[J].教育科学研究,2015(10)：46－51.

[102] 钱月丽. 数学教学中空间想象力的培养[J]. 上海教育科研,2015(3)：94-96.

[103] 乔纳森. 学习环境的理论基础[M]. 郑太年,任友群,译. 上海：华东师范大学出版社,2002.

[104] 全美数学教师理事会. 美国学校数学教育的原则和标准[M]. 北京：人民教育出版社,2004.

[105] 全美数学教师理事会. 美国学校数学课程与评价标准[M]. 人民教育出版社数学室,译. 北京：人民教育出版社,1994.

[106] 全美州长协会和首席州立学校官员理事会. 美国州际核心数学课程标准：历史、内容和实施[M]. 蔡金法,孙伟,等译、编. 北京：人民教育出版社,2016.

[107] 任友群,隋丰蔚,李锋. 数字土著何以可能？——也谈计算思维进入中小学信息技术教育的必要性和可能性[J]. 中国电化教育,2016(1)：2-8.

[108] 任子朝,佟威,陈昂. 高考数学与 PISA 数学考试目标与考查效果对比研究[J]. 全球教育展望,2014(4)：38-44.

[109] 沈忱. 高中课堂数学交流的调查研究[D]. 上海：上海师范大学,2015.

[110] 沈康身. 数学的魅力[M]. 上海：上海辞书出版社,2006.

[111] 史宁中. 高中数学课程标准修订中的关键问题[J]. 数学教育学报,2018,27(1)：8-10.

[112] 史宁中. 林玉慈,陶剑,等. 关于高中数学教育中的数学核心素养——史宁中教授访谈之七[J]. 课程·教材·教法,2017(4)：8-14.

[113] 史宁中,柳海民. 素质教育的根本目的与实施路径[J]. 教育研究,2007(8).

[114] 史宁中. 学科核心素养的培养与教学——以数学学科核心素养的培养为例[J]. 中小学管理,2017(1)：35-37.

[115] 史宁中,张丹,赵迪. "数据分析观念"的内涵及教学建议——数学教育热点问题系列访谈之五[J]. 课程·教材·教法,2008(6)：40-44.

[116] 斯坦. 干嘛学数学[M]. 叶伟文,译. 台北：天下远见出版股份有限公司,2002.

[117] 斯托利亚尔. 数学教育学[M]. 丁尔陞,王慧芬,钟善基,等译. 北京：人民教育出版社,1985.

[118] 苏洪雨. 学生几何素养的内涵与评价研究[D]. 上海：华东师范大学,2009.

[119] 苏洪雨. 中学课堂中的数学交流[J]. 数学通报,2002(7)：13-15.

[120] 苏霍姆林斯基. 给教师的建议[M]. 武汉：长江文艺出版社,2014.

[121] 孙丹. 基于高中生直观想象素养发展的教学策略[J]. 数学教学通讯,2019(18)：70-71.

[122] 孙晓天. 数学课程发展的国际视野[M]. 北京：高等教育出版社,2003.

[123] 孙艳明.小学数学探究式课堂教学案例研究[D].长春：东北师范大学,2012.

[124] 孙煜颖,黄健,徐斌艳.核心素养指向下中学数学项目学习活动探索——以"共享单车中的数学"为例[J].课程教学研究,2019：81-86.

[125] 涂荣豹.数学教学认识论[M].南京：南京师范大学出版社,2003.

[126] 王建明.《高中课标》和《高中大纲》之"空间向量与立体几何"的比较[J].北京教育学院报,2005(2)：65-69.

[127] 王明祥.在实践中积累数学活动经验[J].新课程导学,2012(33).

[128] 王嵘,张蓓.数学习题的多样化设计与学生数学素养的提高[J].课程·教材·教法,2012(10)：67-73.

[129] 王瑞霖,张歆祺,刘颖.搭建课堂与社会的桥梁：社会性数学项目学习研究[J].数学通报,2016(10)：25-32.

[130] 王万红,夏惠贤.项目学习的理论与实践——多元智力视野下的跨学科项目设计与开发[M].上海：百家出版社,2006.

[131] 王莺雨.数学项目学习的研究现状分析[J].新课程研究(上旬刊),2018(7)：51-52.

[132] 王志玲.小学六年级学生数学交流推理能力教学研究——基于美国SBAC评价系统[D].上海：华东师范大学,2019.

[133] 吴立宝,王光明.数学特征视角下的核心素养层次分析[J].现代基础教育研究,2017,27(3)：11-16.

[134] 吴苹.高中数学学科核心素养落地的关键元素：——以"直观想象"核心素养要素落地为例[J].数学教学通讯,2019(21)：42-43.

[135] 吴亚萍.在教学转化中促进学生素质养成——以"如何备好一类课"为例[J].人民教育,2012(10)：45-49.

[136] 夏雪梅.从设计教学法到项目化学习：百年变迁重蹈覆辙还是涅槃重生？[J].中国教育学刊,2019(4)：57-62.

[137] 徐斌艳.初中(高中)数学的项目学习[M].上海：华东师范大学出版社,2007.

[138] 徐斌艳.关于德国数学教育标准中的数学能力模型[J].课程·教材·教法,2007(9)：84-87.

[139] 徐斌艳,江流.积累"基本数学经验"的教学案例设计与实施[J].数学教学,2009(8)：11,12,28.

[140] 徐斌艳.20世纪以来中国数学课程的数学情感目标演变[J].数学教育学报,2019,28(3)：7-11,29.

[141] 徐斌艳.数学教育展望[M].上海：华东师范大学出版社,2001.

[142] 徐斌艳.学习文化与教学设计[M].北京：教育科学出版社,2012.

[143] 徐斌艳.中学数学课程发展研究[M].上海：上海教育出版社,2019.

[144] 徐斌艳,朱雁,鲍建生,等.我国八年级学生数学学科核心能力水平调查与分析[J].全球教育展望,2015(11)：57-67.

[145] 徐品方.女数学家传奇[M].北京：科学出版社,2005.

[146] 杨跃鸣.数学教学中培养学生"问题意识"的教育价值及若干策略[J].数学教育学报,2002(4)：77-80.

[147] 叶金标,陈文胜.立足课堂教学发展数学素养[J].内蒙古师范大学(教育科学版),2014(4)：128-130.

[148] 叶立军,王思凯.两版高中课程标准"概率与统计"内容比较研究——以2017年版课标和实验版课标为例[J].中小学教师培训,2019(7)：71-74.

[149] 殷伟康.例析"数据分析"数学核心素养的培育[J].中学数学,2019,577(3)：77-79.

[150] 尹小霞,徐继存.西班牙基于学生核心素养的基础教育课程体系构建[J].比较教育研究,2016(2)：94-99.

[151] 詹传玲.中学数学项目活动的开发[D].上海：华东师范大学,2007.

[152] 张春莉.小学生数学能力评价框架的建构[J].教育学报,2011(10)：69-75.

[153] 张奠宙.20世纪数学经纬[M].上海：华东师范大学出版社,2002.

[154] 张建珍,郭婧.英国课程改革的"知识转向"[J].教育研究,2017(8)：152-158.

[155] 张军.新教材中函数模型应用实例的教学方法——谈Mathematics下函数的拟合[J].中学数学(高中版)上半月,2014(1)：65-66.

[156] 张胜利,孔凡哲.数学抽象在数学教学中的应用[J].教育探索,2012(1)：68-69.

[157] 张维忠,陆吉健,陈飞伶.南非高中数学素养课程与评价标准评介[J].全球教育展望,2014(10)：38-46.

[158] 章飞.数学解题教学中变式的意义和现代发展[J].课程·教材·教法,2008,28(6)：45-48.

[159] 章建跃.构建逻辑连贯的学习过程使学生学会思考[J].数学通报,2013,52(6)：5-8,66.

[160] 赵庭标.涵育素养：课堂教学的应然追求[J].上海教育科研,2013(11)：64-65.

[161] 赵莹婷.空间向量对高中立体几何教学中能力培养影响的研究[D].上海：华东师范大学,2009.

[162] 郑毓信.数学教育视角下的"核心素养"[J].数学教育学报,2016,25(3)：1-4.

[163] 中华人民共和国教育部.国家中长期教育改革和发展规划纲要(2010—2020年)[EB/OL].(2010-07-29)[2016-09-19].http://www.moe.gov.cn/srcsite/A01/s7048/201007/t20100729_171904.html.

［164］ 中华人民共和国教育部.普通高中数学课程标准(2017 年版)［S］.北京:人民教育出版社.2018.

［165］ 中华人民共和国教育部.义务教育数学课程标准(2011 年版)［S］.北京:北京师范大学出版社.2012.

［166］ 周雪兵.基于质量监测的初中学生逻辑推理发展状况的调查研究［J］.数学教育学报,2017,26(1):16－18.

［167］ 朱彩霞.促进农村小班小学生数学交流的行动研究［D］.赣州:赣南师范学院,2015.

［168］ 朱立明,韩继伟.高中"数与代数"领域的核心内容群:函数——基于核心内容群内涵、特征及其数学本质的解析［J］.中小学教师培训,2015(7):40－43.

［169］ 朱立明,胡洪强,马云鹏.数学核心素养的理解与生成路径——以高中数学课程为例［J］.数学教育学报,2018,27(1):42－46.

［170］ 朱亚丽,张慧慧,刘月.高中数学新旧课标中概率与统计内容的比较研究［J］.教学与管理,2019(6):77－80.

人名索引